U0251924

编委会

主　编： 王　炼（成都市疾病预防控制中心）

骆春迎（成都市疾病预防控制中心）

副主编： 李永新（四川大学）

李　阳（成都中医药大学）

苏会岚（成都医学院）

白　玉（成都市疾病预防控制中心）

王希希（成都市疾病预防控制中心/成都海关技术中心）

参　编： 周　琛（四川大学）

张　弛（成都医学院）

范　雨（成都中医药大学）

张　珂（成都市疾病预防控制中心）

张　蜀（成都市疾病预防控制中心）

四川大学出版社
SICHUAN UNIVERSITY PRESS

本项目由四川省预防医学会资助

亲水作用色谱技术与应用

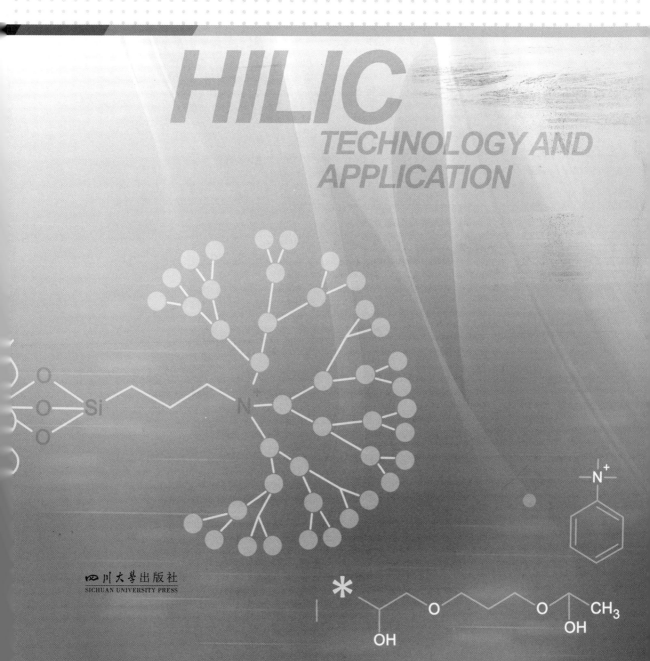

HILIC
TECHNOLOGY AND
APPLICATION

四川大学出版社
SICHUAN UNIVERSITY PRESS

图书在版编目（CIP）数据

亲水作用色谱技术与应用 / 王炼，骆春迎主编．—
成都：四川大学出版社，2024.5
ISBN 978-7-5690-6882-5

Ⅰ．①亲… Ⅱ．①王… ②骆… Ⅲ．①色谱法—研究
Ⅳ．① O657.7

中国国家版本馆 CIP 数据核字 (2024) 第 092063 号

书　　名：亲水作用色谱技术与应用
　　　　　QinShui ZuoYong SePu JiShu yu YingYong
主　　编：王　炼　骆春迎

选题策划：许　奕
责任编辑：许　奕
责任校对：蒋　玙
装帧设计：胜翔设计
责任印制：王　炜

出版发行：四川大学出版社有限责任公司
　　　　　地址：成都市一环路南一段 24 号（610065）
　　　　　电话：（028）85408311（发行部）、85400276（总编室）
　　　　　电子邮箱：scupress@vip.163.com
　　　　　网址：https://press.scu.edu.cn
印前制作：四川胜翔数码印务设计有限公司
印刷装订：四川煤田地质制图印务有限责任公司

成品尺寸：185 mm×260 mm
印　　张：13.75
字　　数：300 千字

版　　次：2024 年 6 月　第 1 版
印　　次：2024 年 6 月　第 1 次印刷
定　　价：68.00 元

扫码获取数字资源

四川大学出版社
微信公众号

前言

亲水作用色谱法（Hydrophilic Interaction Chromatography，HILIC）的概念由美国杰出科学家 Andrew·J. Alpert 教授在 1990 年首次提出。三十多年来，该技术得到了迅猛发展，已成为分离强极性、亲水性、可电离化合物的有力工具。时至今日，研究者更科学地诠释了 HILIC 的多重保留机制。新种类的商品化色谱柱不断涌现，实验室合成的固定相填料也层出不穷，加上离子液体、碳纳米、石墨烯等新型材料的运用，极大地推动了该技术在食品安全、环境污染、药物分析、生物化学等领域的应用。随着组学研究的兴起，HILIC 在蛋白质组学、代谢组学、糖组学等中的分离优势也得以体现。多维液相色谱以及色谱与光谱、质谱等技术的联用拓展了 HILIC 的应用范围。

本书编者在参考大量国内外研究成果的基础上，从分离原理、固定相种类、方法建立以及在多领域的应用等几方面对 HILIC 做一简要介绍，希望对从事色谱工作的技术人员有所帮助。

本书由四川大学李永新教授团队、成都中医药大学李阳副教授团队、成都医学院苏会岚副教授团队以及四川省医学重点实验室——成都市疾病预防控制中心理化中心实验室团队联合编写，得到了成都市疾病预防控制中心、四川省预防医学会的大力支持，特此致谢。

限于编者的知识水平，书中难免有不妥之处，衷心希望各位专家和同行指正。

王　炼　骆春迎

2024 年 4 月

目录

第一章　亲水作用色谱的基本原理

第一节　概述

众所周知，在分离科学领域，液相色谱法（Liquid Chromatography，LC）是最为重要、应用最广的技术之一。按照固定相和流动相的极性差异，LC 可分为正相色谱法（Normal Phase Chromatography，NPC）和反相色谱法（Reverse Phase Chromatography，RPC）。NPC 中固定相的极性大于流动相，即采用极性固定相和相对非极性流动相，适合分离极性化合物；RPC 则正好相反，固定相的极性小于流动相，即采用非极性固定相和极性流动相，适合分离非极性和弱极性化合物。

最初的 NPC 多采用极性无机颗粒填料（氧化铝、碳酸钙等）作为固定相，而以非极性的无水溶剂（如正己烷）作为流动相，并通过添加极性更强的溶剂（如乙酸乙酯）来促进洗脱。后来又出现了氧化镁、弗罗里硅土（含水硅酸镁）、硅藻土（主要成分为二氧化硅）等无机填料。20 世纪 70 年代以后，裸硅胶以及键合极性基团的硅胶逐渐成为主流固定相。同一时期，随着键合固定相技术的发展，RPC 强势兴起，而 NPC 则日趋衰落。一方面，RPC 擅长分离较宽极性范围的化合物，且使用便利；另一方面，NPC 自身存在一些不易克服的缺点，比如重现性差（对流动相甚至实验环境中的含水量异常敏感）、溶剂易分层、柱平衡时间过长、色谱峰拖尾和对分析物的不可逆吸附[1-2]。目前，NPC 除了在分析手性异构体、强极性化合物等少数领域尚有一些应用之外，绝大部分已被 RPC 替代。据估计，在适合 LC 分析的化合物中，有 70%～80% 可用 RPC 来分析。

在 21 世纪的前十年里，一种新颖的 NPC——亲水作用色谱法（Hydrophilic Interaction Chromatography，HILIC），又译为"亲水相互作用色谱法"（通常简称"亲水作用色谱"），呈现出崛起的态势。HILIC 是指使用极性固定相以及通常含 70% 以上有机溶剂（主要为非质子溶剂乙腈）的水（通常 10% 以上）为流动相的色谱模式[3-4]。在 PubMed 数据库中，输入"Hydrophilic Interaction Chromatography"或"Hydrophilic Interaction Liquid Chromatography"进行主题词检索，发现 1990 年至今相关文献总数已将近 7000 篇。从 2005 年起，每年发表的文献数量超过 100 篇，且在接下来的十多年里迅猛增长（图 1-1）。其重要原因在于，以高灵敏度、高特异性著称的液相色谱-串联质谱法近年来日益成熟，在食品[5-7]、药物[8-9]、天然产物、环境[5,10]、生物化学[11]、毒理、临床检测，以及代谢组学[12-14]、蛋白质组学[12,14-15]、糖组学[15-17] 和本草物质组学等领域广泛应用，使复杂基质样品中极性化合物的分析需求有被更好满足的可能。

HILIC 由于良好的质谱兼容性，迅速得到越来越多研究者的青睐，形成一股研究浪潮。随着理论研究的不断深入，多种类型商品化色谱柱的持续涌现，HILIC 得到了快速发展，被视为重要性仅次于 RPC 的又一极具前景的色谱分离模式。

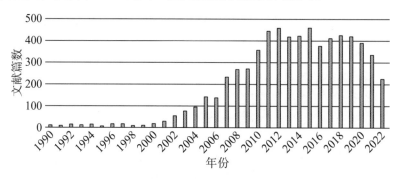

图 1-1 每年发表的亲水作用色谱相关文献

HILIC 的概念最先是由美国学者 Alpert[3] 于 1990 年提出的。然而，它的起源可能比一些人想象的要早得多。在 LC 发展早期，一些采用大颗粒填料的分离实验，可能就已经运用了与 HILIC 相关的机理。1941 年，Martin 和 Synge[18] 在他们关于经典 LC 的开创性论文中，使用水饱和的氯仿作为流动相，在硅胶柱上分离氨基酸，并将保留机理归因于溶质在柱表面的薄水层和氯仿之间的分配。后来发现不混溶的有机溶剂的存在不是实现这些分离的先决条件。1967 年，Wieland 和 Determann[19] 认识到基于凝胶载体的分配色谱法中，在凝胶-水体系中加入有机溶剂，亲水凝胶相将比流动相含有更多的水，这已涉及分配色谱法的保留机理探索。1975 年，Linden 和 Lawhead[20] 使用氨基硅胶柱分离多种糖类化合物，并用 75%~90% 不等的乙腈进行洗脱。类似的研究还有 Palmer[21] 同年开展的实验。以今天的眼光来看，1975 年的研究属于典型的 HILIC 模式，这也是最早关于此类模式的报道。直到 1990 年，HILIC 的概念才最终形成，这无疑具有里程碑意义。Alpert[3] 发现在亲水色谱柱（极性固定相）上，采用极性更强（相对于正己烷等）的流动相（如乙腈，通常含水）洗脱时，溶质（分析物）在柱上的保留，跟采用正己烷作为流动相的 NPC 一样，随其自身亲水性的增强而增加。这一规律正好与 RPC 相反。他为了更准确地描述这种特殊的 NPC 模式，专门提出了"HILIC"这一概念，以区别于传统的 NPC。同样，为了表述更清晰，本章下文提及的 NPC，如无特别说明，均指不包括 HILIC 在内的传统 NPC。亲水作用是指亲水化合物与固定相表面的富水层因均具亲水性而发生相互作用，与之相对的是疏水作用。这里需要指出的是，亲水作用是 HILIC 最根本但并非唯一的保留机理。亲水作用色谱的英文首字母缩略词之所以采用"HILIC"而非"HIC"，是因为"HIC"已被疏水作用色谱（Hydrophobic Interaction Chromatography）用作缩略词。后者属于 RPC，专指采用疏水性相对较弱的固定相（如 C4、C8 替代 C18），以盐溶液为流动相，分离蛋白质、核糖核酸等生物大分子化合物的色谱模式。

HILIC 可以使用 NPC 所用的裸硅胶及键合硅胶（如氨基、氰基）色谱柱，但更常用的是经改造的、专为 HILIC 设计制造的裸硅胶及键合硅胶柱。HILIC 使用的流动相的极性虽然比 NPC 大，但仍小于固定相的极性（流动相含水量足够低以保持极性远低于固定相），因此 HILIC 仍属于广义 NPC 的范畴，是它的一种变体。但由于使用水－极性溶剂（乙腈、甲醇等）组成的混合流动相，不同于 NPC 所用的非水流动相（正己烷、三氯甲烷、乙酸乙酯、异丙醇等非极性和弱极性溶剂），因此被称为"含水的正相色谱法"。HILIC 虽然使用跟 RPC 一样的流动相，但固定相的极性却与 RPC 正好相反，因此又称为"反反相色谱法"。HILIC 固定相和流动相的独特性质，使其既具有 RPC 的一些优点，又避免了 NPC 的一些缺点，特别适合分析强极性、亲水性、可电离化合物，这一点正好弥补了 RPC 的不足。

对于普通 RPC 无法保留的易电离的亲水性化合物，离子对－RPC 或离子色谱法是可选方案。但离子对试剂的挥发性有限，而离子色谱法流动相为盐－水体系，二者与质谱法（Mass Spectrometry）的兼容性均较差。还有一大类不易电离的强极性化合物，无法采用上述方案解决，有时通过衍生化的气相色谱法分析[22]。HILIC 的出现，不仅为离子化合物[23-24]，也为那些在 RPC 上保留很弱、不溶于 NPC 非水流动相以及缺乏离子色谱法所需的带电基团的化合物，提供了新的选择方案[25]。图 1－2 反映了 NPC、RPC 和 HILIC 各自适宜的分析物极性范围。弱极性或中等极性化合物在三种色谱模式下均可分离。但亲水性强（如碳水化合物）或极性强的小分子化合物，在 RPC 中保留微弱，即使采用 100% 水性流动相，也常于死时间附近被洗脱。强极性化合物在非水流动相体系的 NPC 中能很好保留，但若该化合物在非极性或弱极性有机溶剂中溶解不佳，则可考虑含水流动相体系的 HILIC[26]。可见，RPC 与 NPC/HILIC 具有高度互补的正交选择性。图 1－3 为分别采用 HILIC 和 RPC 分离 9 种肽混合物的色谱图，从出峰顺序可见肽在两种色谱柱上的保留几乎没有相关性，表明二者的互补性很好。如果将 HILIC 和 RPC 组成二维色谱法，则可实现复杂样品中更多不同种类和极性化合物的高效分离[27-28]。

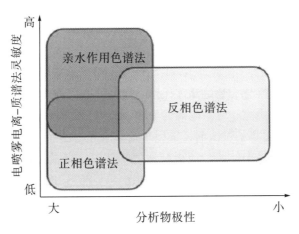

图 1－2 NPC、RPC 和 HILIC 适用范围示意图

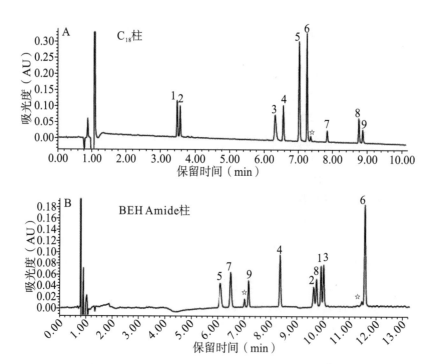

图 1-3　HILIC 和 RPC 分离肽混合物的色谱图[29]

与 NPC 或 RPC 相比，HILIC 的优点包括但不限于以下几个方面[22,30-32]：流动相中有机溶剂含量高，挥发性好，黏度低，与质谱法兼容性好，在大气压电离源（如电喷雾电离源）中易于雾化和脱溶剂，有利于提高检测灵敏度；有机溶剂含量高，还可降低色谱系统背压（若用核壳色谱柱可进一步降低背压），利于使用长色谱柱提高柱效以及高流速洗脱缩短分析时间；流动相黏度低，有利于增加溶质扩散系数，从而在范第姆特（Van Deemter）曲线中呈现更高的最佳流速、更小的传质阻力项和更高的最大耐压流速，有可能减少高流速下柱效的损失程度；带正电荷的碱性化合物在反相色谱柱上经常拖尾，而 HILIC 可得到更佳的峰形；在分析可电离化合物时，HILIC 有着更高的柱容量，出现"过载效应"的阈值高于 RPC；具有比 RPC、NPC 更为复杂的多重保留机理，不仅有利于实现极性化合物的高度保留，而且可根据分析物性质选择最佳的固定相和流动相条件，选择面更宽；分析电离能力较强的化合物时，可利用离子交换机理实现保留，无需像 RPC 采用离子对试剂；采用水及与水互溶的有机溶剂作为流动相，使得极性分析物（如生物样品中的肽）能很好地溶解其中，克服了在 NPC 中经常遇到的溶解性差的问题；使用跟 RPC 一样的流动相，相比 NPC 能更方便地实现梯度洗脱，提高分离效能；HILIC/RPC 的正交选择性要强于 RPC/RPC（虽然 NPC 和 RPC 的正交性最好，但二者的流动相不互溶，难以用于二维分离）；与固相萃取、分散固相萃取等前处理方法的兼容性好，净化完毕后样品溶液中的乙腈等有机溶剂在 HILIC 中属于弱洗脱溶剂，不会因溶剂效应导致峰形展宽或分裂，因此可省去前处理过程中的溶剂转化步骤。

当然，与 RPC 相比，HILIC 也存在一些缺点[32]：目前对分离机理的认识尚不如 RPC 清楚，众多不同官能团固定相的分离选择性不易识别，色谱条件变化对分离结果的影响有时也难以预测，这些问题在方法开发过程中都可能令使用者感到困惑；适合分析的化合物范围不如 RPC 广泛，对不带电的非极性化合物保留弱；硅胶表面带负电的硅醇基存在排斥力，导致对可电离的酸性化合物保留弱；柱平衡时间一般比 RPC 长，尤其是流动相中存在添加剂（如甲酸、乙酸、甲酸铵、乙酸铵）的情况下；消耗有机试剂较多，对环境欠友好。

固定相被喻为色谱法的"心脏"。自 20 世纪 90 年代以来，具有各种载体（如纯硅胶、有机杂化硅胶、聚合物、多孔石墨碳、二氧化钛和氧化锆）和键合材料的 HILIC 固定相家族不断扩大，以解决棘手的分离问题。目前商品化的各种官能团的 HILIC 固定相有近百种之多，且还在持续增加。按带电状态（包括裸硅胶以及键合固定相），各种官能团的 HILIC 固定相可分为中性基团（如酰胺基、氰基、二醇基、环糊精和天冬酰胺）、正电荷基团（如氨基、多胺、咪唑和三唑）、负电荷基团（如裸硅胶、聚天冬氨酸和聚磺乙基天冬酰胺）、两性离子基团（如磺基甜菜碱、磷酰胆碱和多肽）以及各种混合模式基团[2]。种类丰富、结构多样的固定相，为 HILIC 的发展和应用奠定了良好的基础，同时也成为 HILIC 存在复杂保留机理的重要原因。然而，HILIC 的固定相不像 RPC（如 C18、C8 和苯基）那样有着较强的通用性，也不易通过固定相的命名直接识别非极性的强弱。因此，如何选择"正确"的固定相用以分离感兴趣的目标物，是研究者面临的一大挑战。对于一些重要的固定相，将在第二章详加介绍。

HILIC 在诞生早期，只局限地应用于碳水化合物、核酸、肽等化合物的分析[3]。后来应用范围越来越广，出现了大量适合不同类别的极性小分子和大分子化合物的分析方法，例如丙烯酰胺、儿茶酚胺、腺苷、乙磷铝、乙酰基六肽-8、维生素、酚类、黄酮、氨基糖苷、β-内酰胺、四环素、肾上腺素受体拮抗剂、聚糖、氨基酸、糖肽和蛋白质以及食品、水、体液和人体组织提取物中存在的各种其他亲水性代谢产物分析[5,11,17,22,34-45]。不断扩大的应用领域，促使研究者对 HILIC 的保留机理进行深入研究。反过来，对机理等基本理论的深入理解又促进了 HILIC 在更广泛领域的应用。

第二节 亲水作用色谱的保留机理

HILIC 保留机理的研究具有重要意义，可对成功应用起到关键性的指导作用。例如，有助于从种类繁多的固定相中选择合适的类型；有助于更好地优化流动相等色谱条件，提高选择性和分离效能[46]；有助于开发新型固定相，满足特殊的分离需求[34]。三十余年来，研究者从保留行为及影响因素，到保留机理、保留模型，乃至动力学性能等不同角度和层次持续研究，加深了对 HILIC 基本原理的理解。

NPC 使用非水流动相，保留机理是溶质与流动相竞争性结合吸附剂（固定相）表面的局部极性吸附中心（如硅胶表面的硅烷醇）[26]；RPC 的保留则是以分配为主，兼有吸附机理。HILIC 脱胎于 NPC，又采用 RPC 类型的流动相，因此保留机理必然与二者有共通之处。自 HILIC 诞生之日起，研究者便开始了对其保留机理的探究，迄今为止也取得了一定突破，例如亲水分配机理获得了更多的实验证据。但是，对保留机理的理解仍远不如 RPC 清楚，甚至连最简单的分析物在最简单的固定相裸硅胶上的保留机理仍是一个有争议的问题[47]。尽管如此，研究者还是达成了一些重要共识：HILIC 并非由单一保留机理发挥作用，而是存在颇为复杂的多重保留机理，包括分配、吸附（氢键或偶极−偶极的弱静电作用）和离子作用（离子交换或离子排斥等强静电作用），甚至还有像 RPC 那样的疏水保留作用[48−49]。至于在具体的实例中，以何种或几种保留机理为主导，除了与固定相（载体和键合材料）的理化性质密切相关外，还取决于分析物自身的理化特性（如极性和电荷）和流动相条件（如有机溶剂和缓冲液的种类、含量和pH 值）。固定相、分析物和流动相被喻为"保留的三驾马车"。这些因素对保留的影响各不相同，难以总结出统一的规律，揭示了 HILIC 保留机理的复杂性。

回顾文献，在 Alpert[3] 之前，已有研究发现极性固定相表面容易吸附水层，在使用水−有机溶剂作为流动相时，糖类的保留包含了分配机理[50−51]。虽然 Alpert 不是首个使用后来被称为"HILIC"的方法进行分析并探讨保留机理的学者，但他对糖、肽、核酸、有机酸和有机碱的分离机理进行了细致推论，为后来的研究指出了正确方向。自此以后，HILIC 正式被确立为一种区别于 NPC 的新模式，极大地引起了研究者的兴趣。Alpert 通过数种极性化合物，从多个角度探讨 HILIC 的保留机理。例如，使用强阳离子交换固定相 A 和几乎中性的固定相 B 分离氨基酸，当流动相不含乙腈时，碱性氨基酸精氨酸、组氨酸在不带电的固定相 B 上几乎无保留，但在固定相 A 上有一定保留，后者可用离子作用解释。当流动相中乙腈含量逐渐增加时，精氨酸、组氨酸在两种固定相上的保留因子差异不断缩小。鉴于在高含量乙腈条件下，固定相 A 的带电能力减弱，固定相 B 始终不带电，而两种氨基酸的保留因子却逐渐接近的事实，Alpert 推测是分配机理起了主导作用，即溶质在缓慢移动的固定相表面的富水层与动态流动相（由高含量有机相组成）之间进行亲水分配。不过，Alpert 也谨慎地指出，分配机理尚存诸多模糊之处，有必要进行大量研究，以进一步澄清。

后来的一些研究者，有的直接接受了 Alpert 关于分配机理的观点，也有的提出溶质在固定相上的吸附对保留亦有贡献[46,52−55]。之后越来越多的实验现象揭示，除了分配以外，HILIC 的保留机理还包含氢键作用（取决于路易斯酸碱度）、偶极−偶极作用（取决于分子的偶极矩和极化能力）等吸附作用，以及离子作用在内的多种次级效应，且很难将它们严格区分开来[55,56−60]。下面将对几种主要的保留机理做一简要介绍。

一、分配和吸附机理

（一）基本原理

分配是 HILIC 最早被认识、最具特征的保留机理，是指亲水性溶质在固定相表面的富水层（1~2 nm）与富含有机溶剂的流动相之间，根据"相似相溶"原理经过多次分配平衡获得分离。溶质亲水性越强，分配平衡就越向富水层转移，保留也就越强。图1−4 为 HILIC 条件下亲水性溶质在富水层中的保留及随流动相水含量增加而洗脱的示意图。与 RPC 类似，HILIC 的吸附系统也可视为"三相系统"[61]。在 RPC 中，"三相"分别是硅胶表面键合的疏水性烷基链、烷基链顶端聚集的富有机溶剂层以及水−有机溶剂本体流动相。在 HILIC 中，"三相"则分别是吸附刚性水层的硅胶表面、扩散水层以及富含有机溶剂的本体流动相。刚性水层中水的迁移率极低，几乎冻结，其与扩散水层共同组成富水层。刚性水层的性质由固定相表面决定，而扩散水层的性质受固定相表面和流动相性质的影响。由于富水层的过渡迁移率相对于流动相降低，因此溶质被延迟洗脱，从而实现保留。

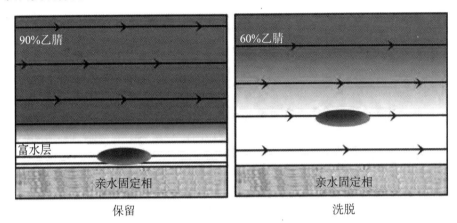

图 1－4　亲水性溶质在富水层和流动相之间的分配示意图[62]

　　NPC 和 HILIC 的水层有着本质区别。NPC 通过吸收非极性或弱极性有机相中存在的微量水，在吸附剂表面形成致密的水层。该水层厚度不足以提供分配平衡发生的空间；相反，被吸附的水与极性溶质互相竞争吸附于固定相。因此水在 NPC 中是一种强大的置换剂，需要尽可能除去，否则会使置换作用不断叠加，对溶质的保留产生不可逆的影响，造成重现性差[33]。而 HILIC 的水层，水的含量从固定相表面逐渐减少，流向位于固定相孔隙外部（甚至可能部分位于内部）的富含有机溶剂的流动相，因此被吸附的水层是弥漫性的，缺乏清晰的边界，可为分配平衡提供足够的空间。对于 HILIC，必须在流动相中加入至少 3% 的水，以确保形成厚度足够的富水层。富水层的厚度将直接影响固定相对溶质的保留强度和选择性。研究已证实流动相中乙腈和盐的含量是影响水层厚度的重要因素[63]。

　　富水层的形成是 HILIC 中分配得以实现的关键环节。吸附剂对流动相组分从来都不是完全惰性的。例如硅胶表面存在的硅醇基（Si－OH）和硅氧烷（Si－O－Si）两种基团：前者具有极性，可带负电荷，为强吸附点；后者具有非极性。在含水有机流动相中，无论是极性还是非极性吸附剂，都可能优先吸附乙腈或水，这取决于流动相的组成[64]。在典型的 HILIC 流动相条件下，优先被吸附的水形成薄液层，极大地改变了固定相的性质。事实上，薄液层也被视为固定相的一部分。

　　但是，在溶质从本体流动相分配到水层的过程中，固定相不能仅被视为水层的惰性载体。特别是当流动相中乙腈含量较高时，富水层会受到压缩，这对溶质和固定相发生直接的相互作用是有利的[42]。越来越多的证据表明，吸附是 HILIC 保留不可或缺的重要机理。例如，随着乙腈含量的增加（如超过 80%），存在保留机理从分配向吸附转变的现象[42,66]。在 NPC 中，保留是由于溶质和溶剂对极性吸附剂（通常是裸硅胶）表面的局部吸附位点的竞争。HILIC 的吸附机理也与此类似，即溶质通过氢键、偶极－偶极作用等弱静电作用直接吸附于固定相表面官能团（硅醇基等）。吸附是溶质从扩散水层附着到刚性水层表面的过程，即溶质分子至少有一部分渗透至刚性水层中，而分配是溶质从本体流动相聚集到扩散水层并与水分子发生作用的过程，即溶质分子至少有一部分渗透至扩散水层[61]。羟基苯甲酸和氨基苯甲酸在两性离子色谱柱上保留行为的差异，可作为吸附作用的一个典型注解。具有氢受体基团（氨基）的氨基苯甲酸比具有氢供体基团（羟基）的羟基苯甲酸保留更弱，原因在于后者的羟基可与磺基甜菜碱的氢受体（磺酸基团）发生氢键作用，而前者缺乏这种作用[63]。

通常，研究 HILIC 保留机理的实验仅测定总的保留因子，反映的是分配、吸附等不同类型机理对保留的贡献之和，而各自的相对贡献一直是悬而未决的问题。Grittia 等[61]建立了溶质在介孔颗粒中有效扩散的模型，用于探讨 HILIC 中分配和吸附机理各自贡献的比重。通过实验测得的保留因子和颗粒内扩散系数来测定刚性水层和扩散水层中的溶质浓度，从而将分配和吸附对保留的贡献区分开来。结果显示，去甲替林的保留主要由分配决定，烟酸主要由吸附决定，而胞嘧啶则由吸附而非分配决定。作者认为，HILIC 的保留机理通常不能通过溶质的简单物理化学性质（电荷、极性等）或流动相组分的名义溶剂强度先验地进行预测。分配和吸附在保留中的相对比重以复杂的方式取决于溶质性质和实验参数。

除了典型 HILIC 流动相条件下的分配和吸附外，在低含量乙腈条件下观察到了反相保留的现象[67-68]。McCalley 等[30]发现乙腈含量较低时（如 10%），色谱峰的洗脱顺序与高浓度乙腈时有所不同；降低乙腈浓度使所有溶质的保留增强，这与 HILIC 的保留规律正好相反。作者推测低浓度乙腈条件下的保留机理似乎是反相作用（与硅氧烷发生作用）和离子交换的结合，而高浓度乙腈条件下反相作用的贡献很可能非常小。Melnikov 等[47]的研究表明，裸硅胶中的硅氧烷可为乙腈分子提供吸附位点。虽然硅氧烷本身表现得并不是那么疏水，但当乙腈分子吸附到硅氧烷位点时，其甲基将暴露于本体流动相中，产生"疏水斑点"。由于乙腈分子在吸附点位的停留时间较长，这些暴露于本体流动相中的甲基将类似于极短碳链（C_1）的疏水固定相，这或可解释上述反相性质。在这种"亲水－反相双重保留"机理下，溶质的保留因子对数值对水的体积分数作图，可得到类似图 1-5 的非常典型的"U"形曲线[37,69]。当水的体积分数低于曲线拐点时，亲水机理占主导地位，反之则主要由反相机理控制。严格说来，反相保留不属于典型 HILIC 条件下的保留机理，但却是在分离实践中需加以认识并利用的性质。

（二）关于富水层的研究

为了更好地理解 HILIC 的保留机理，研究者用多种技术（前沿分析、核磁共振、库仑滴定、分子动力学模拟等）对富水层进行了实验确认[70]。2008 年，McCalley 和 Neue[71]首次利用富水层对疏水性溶质（苯和甲苯）的排斥作用，找到了富水层真实存在的间接证据。由于苯和甲苯不溶于水，因此它们不会被分配到富水层中，而是被排除于硅胶孔隙之外。分别用 100% 乙腈和不同浓度乙腈－水作为流动相，根据不同条件下保留体积之差估算出被水占据的多孔硅胶的孔体积。结果显示，流动相中乙腈为 95%～70% 时，孔体积的 4%～13% 被富水层占据。虽然这并非对吸附于硅胶表面的水的直接测定，但该研究提供了富水层的定量信息。作者指出，即使使用大量脱水乙腈对色谱柱进行冲洗，一些水仍然强烈吸附于硅胶表面，其对保留的影响不容忽视。

图 1-5 为苯和甲苯的保留时间随流动相含水量变化的情况。保留时间最初随着流动相含水量增加而缩短，但含水量超过 30% 时，保留时间转变为增加的趋势，甚至超过纯乙腈为流动相时的保留时间。含水量小于 30% 时，水作为质子溶剂与非质子溶剂乙腈竞争，前者通过氢键等作用力强烈吸附于硅胶表面形成富水层。此时，可完全溶于乙腈的苯和甲苯根据"相似相溶"原理显然更容易分配到乙腈层。富水层的厚度随着含水量增加而增加，苯和甲苯的保留也随之减弱。此现象可作为支持 HILIC 确实存在分配机理的证据。但含水量超过 30% 时，富水层和流动相的极性差异减小，苯和甲苯开始分配进入富水层，并通过与硅氧烷的疏水作用，吸附于硅胶表面。此时，保留模式不再是亲水而是反相保留。可见，由于流动相组成的改变，保留机理也随之发生变化。这也是典型的 HILIC 会在高于 70% 的乙腈流动相中进行的原因。

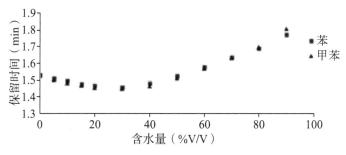

图 1-5　保留时间与流动相含水量的关系[71]

Wikberg 等[72]利用高场 ^{2}H 核磁共振在 $-80\sim4$ ℃下探测 HILIC 固定相中水的状态。在四种裸硅胶和四种键合磺基甜菜碱的硅胶孔隙中，可区分出三种类型的水：自由水、可冻结的结合水以及在常规冻结温度下不可冻结的固定相聚合物网络中的结合水。裸硅胶和键合硅胶中不可冻结水的相对含量存在明显差异。裸硅胶主要含的是不参与固定相构成的可冻结结合水，而键合硅胶则含有相当多的不可冻结水（其中一部分孔隙水或可视为固定相的一部分），后者与磺基甜菜碱对固定相表面的富水层的结构效应有关。磺基甜菜碱与硅胶键合形成固定相后，其保留特性可用富水层及固定相的多孔性质来解释。这为分配机理提供了确凿的证据，或者至少可证明发生分配的富水层真实存在。

Melnikov 等[25]的研究揭示了固定相表面和本体流动相之间存在复杂的界面区域。分子动力学模拟为硅胶表面富水层的结构和动力学提供了分子水平的细节描绘。研究揭秘了水—乙腈流动相在 9 nm 裸硅胶纳米孔中的组成、结构和扩散迁移率，正是三者的协同效应导致了溶质的保留。流动相中更多的水分布在纳米孔内，而水的扩散迁移率从孔中心到孔表面逐渐降低。富水层在靠近硅胶的表面存在三个区域（图 1-6）：区域Ⅰ称为直接表面区（半径 $R<0.425$ nm），距离硅胶表面最近，在此范围内几乎只存在水分子，其与硅胶通过水—硅醇基型氢键结合，仅有少量乙腈分子；区域Ⅱ称为相邻界面区（$R=0.425\sim1.500$ nm），该区域内存在高密度水分子（水—硅醇基型氢键骤减，取而代之的是水—水型氢键结合），并逐步释放进入区域Ⅲ；区域Ⅲ称为孔隙本体区（$R>1.5$ nm），径向数、量密度剖面与流动相一致，以水—水、水—乙腈型氢键为主。该研究基于分子动力学模拟划分出的三个区域，与 Wikberg 等[72]利用核磁共振在硅胶表面识别出的三种水的状态是吻合的。由于乙腈与水可任意比互溶，富水层与流动相之间不可能有严格的边界[73]。固定相形成富水层时的吸水率（富水层的体积）与其极性和类型密切相关，不同固定相的吸水率可能相差很大。例如，80％乙腈条件下，吸水率可从7％到25％不等[55]。键合极性基团（如羟基和二醇基）的硅胶比裸硅胶具有更强的吸水能力，特别是在两性离子固定相（如磺基甜菜碱）上能观察到最大的吸水率[33]。有机溶剂的种类和组成也会影响吸水率，例如用乙腈作为流动相就比用甲醇吸水率大得多[68]。理论上，流动相中含水量超过 0.5％～1.0％，就可形成足够厚的富水层，满足溶质在两相中的液液分配需求[22]。

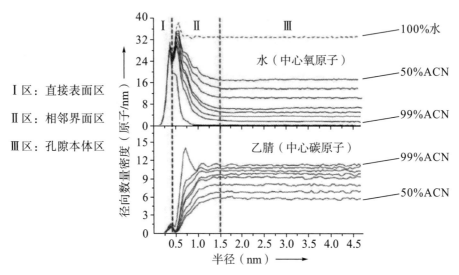

图 1-6　分子动力学模拟硅胶孔内部水和乙腈分子径向数量密度分布[25]

二、离子作用机理

如前所述，HILIC 对易电离化合物的分离也是一个较理想的选择。使用 HILIC 无需像离子色谱法要用专门的离子色谱仪，在常用的液相色谱仪上即可完成。不仅如此，亚 2 μm 粒径 HILIC 色谱柱的应用，可实现远高于离子色谱法的分离效能。HILIC 中的离子作用机理部分类似于离子色谱法，但是带电溶质在 HILIC 条件下的保留行为并不能完全用离子交换/排斥的保留模型来描述。事实上，离子作用始终只代表对整个 HILIC 保留的一部分贡献。

带电溶质由于具有可电离基团，比中性形式更具亲水性，可与固定相上的带电基团（如硅胶自身的硅醇基、键合的离子基团）产生静电作用。至于具体作用是静电吸引还是静电排斥，取决于溶质和固定相的电荷极性。带负电固定相吸引带正电溶质，发生阳离子交换，反之为阴离子交换。相同电荷的溶质和固定相之间为静电排斥，会造成保留削弱的负面影响。但如果能对这种作用力善加利用，亦可带来特殊的分离效果，如 Alpert[4] 提出的"静电排斥－亲水相互作用色谱法"即基于此（详见下文）。

一个有趣的问题是，离子作用对带电溶质总的保留究竟有多大贡献？McCalley[23]研究了五种 HILIC 色谱柱（裸硅胶以及二醇、两性离子、酰胺或二醇亲水基团/烷基链疏水基团键合硅胶）上中性、强酸和强碱性溶质的分离。在 90％乙腈、2～10 mmol/L 甲酸铵缓冲液、pH 值为 3 的条件下，四种质子化的碱性溶质（普鲁卡因胺、苄胺、苯海拉明和去甲替林）的保留随着缓冲液浓度的增加而降低，这可归因于流动相中反离子（NH4+）浓度的增加。在 2 mmol/L 甲酸铵缓冲液中，全部四种碱性溶质在除了二醇基柱外的四种色谱柱上，离子作用对总保留的贡献高达 41％～78％，可见其作用相当重要。对于两性离子固定相，离子作用可归因于带正电溶质与固定相磺酸基团的作用；对于酰胺和亲水/疏水混合模式柱，离子作用则必须归因于硅胶载体上带电硅醇残基的静电吸引。而在二醇基柱上，离子作用的贡献仅为 7％～39％，这可能是因为交联的固定相对硅胶载体上带电硅醇残基有一定的屏蔽作用，或者该柱使用了一种低酸度的硅胶。

　　缓冲液的种类、浓度和 pH 值是影响带电溶质保留和选择性的重要参数，其中 pH 值被认为影响力最大[46]。弱酸、弱碱在分离过程中应以中性或离子的单一形式存在，混合形式可能带来不佳的峰形，如峰展宽、不规则峰形或峰分裂。在 RPC 中，电离通常需被抑制，因为离子形式通常保留很差。而 HILIC 与此不同，可以通过调节 pH 值来增强溶质的离子化，特别是当固定相本身就键合离子官能团时。pH 值不仅可改变溶质的电荷状态，使之与带电固定相的静电作用发生变化，还可改变固定相的表面电荷状态，使溶质和固定相的静电作用发生变化。固定相表面电荷状态的变化除影响静电作用外，还如何对水层的形成产生影响，目前尚不清楚[46]。需要指出的是，由于在高浓度乙腈下溶质电离受到抑制，高、低 pH 值下的保留差异通常不如 RPC 大[26]。

　　McCalley 等[30]研究了裸硅胶柱对酸性、中性和强碱性溶质的分离。流动相中加入甲酸铵缓冲液，为强碱提供了良好的保留，可能是因为相对高的 pH 值可促进硅醇基的电离，有利于离子交换的发生；而高 pH 值条件下，弱碱的电离受到抑制，降低了离子（可能还有亲水）作用，利用这种性质差异可实现对分离选择性的调控。酸性溶质在甲酸铵缓冲液中保留较弱或受排斥，但在三氟乙酸缓冲液中保留却较强，可能是因为三氟乙酸的低 pH 值几乎可以完全抑制硅醇基对带负电溶质的排斥。Baškirova 等[74]研究了阴、阳离子和中性溶质在裸硅胶上的保留行为。带电溶质的保留受乙腈浓度的影响比中性溶质要大得多。这可能是由于随着水含量的降低，溶质与固定相之间的离子作用、氢键等次级作用对保留的贡献增加。阴、阳离子的保留随 pH 值的变化而变化，但方向相反。pH 值变化对阴离子的影响是双重的，但却是相反的。增大 pH 值一方面使酸更易去质子化，变得更亲水，保留增强；另一方面，阴离子也受到硅醇残基更强的排斥，难以进入水层实现分配，保留削弱。在该实验条件下，观察到酸性溶质的保留随着 pH 值增大而增强，说明分配作用强于静电排斥。乙酸铵浓度从 0 mmol/L 增至 1 mmol/L 时，阳离子的保留急剧减少，阴离子的保留则急剧增加，中性溶质则几乎不受影响。增加缓冲液浓度通常会减少带电溶质和带负电硅胶表面之间的静电作用，如果是静电吸引（阳离子），则保留减少；如果是静电排斥（阴离子），则保留增加。

三、混合模式保留机理

　　随着复杂样品的分离越来越具有挑战性，单一模式色谱法遇到了瓶颈。近十年来，混合模式色谱法（Mixed-Mode Chromatography，MMC）成为分离科学领域的热门话题，受到研究者的高度关注。由于不同固定相材料所表现出的丰富功能性，MMC 通常包含两种及以上的混合模式保留机理（与前述"双重保留"并非同一概念），与传统单一模式相比，在分离选择性、柱容量和柱效等方面具有一定的优势。文献已报道多种类型的 MMC，如反相/离子交换、反相/亲水作用、亲水作用/离子交换、反相/离子交换/亲水作用色谱等[75-80]。下面将介绍一种与 HILIC 相关的混合模式。

常用于离子色谱法的离子型固定相亲水性较好，也可应用于 HILIC。由于固定相表面带有较强电荷，在 HILIC 条件下仍会表现出离子交换或排斥作用。但不同的是，离子色谱法中乙腈含量很低（一般不超过 10%），而 HILIC 处于高含量有机溶剂条件下，带电固定相和溶质之间的相互作用自然呈现出较大的不同，可带来分离选择性的巨大差异。2008 年，Alpert[4] 提出了一种被称为"静电排斥－亲水作用色谱"（Electrostatic Repulsion-Hydrophilic Interaction Chromatography，ERLIC）的新分离模式。ERLIC 将离子作用和亲水作用叠加在一起，可相互抵消对方对某些离子化合物极端保留的情况，即可以选择性地削弱在通常情况下强保留溶质的保留，从而将电荷状态差异显著的溶质和样品基质分离开来。这虽然是一种离子排斥/亲水作用的混合模式，但离子作用和亲水作用也保留了相互独立性，允许单独调节各自的选择性。ERLIC 在生物分子（肽、氨基酸、核苷酸和寡核苷酸等）分析方面具有巨大的潜力和优势，特别是磷酸肽和糖肽的分离与富集[82-88]。

Alpert[3] 在早年的经典文献中曾提出，如果氨基酸在应用极广的阳离子交换柱（固定相表面带负电）上分析，会因受到同种电荷的静电排斥而难以深入全多孔硅胶的内部空隙，常于死体积处流出。但是，如果运行在典型的 HILIC 模式下，即有机相含量在 60% 以上，那么酸性氨基酸在阳离子交换柱上表现出的保留程度与在中性基团色谱柱上一样好。这种看似反常的现象，反映了亲水作用与离子作用无关的事实。当流动相中有足够的有机溶剂时，亲水作用将替代离子作用主导保留行为。对于磷酸化修饰的碱性组蛋白，在无有机溶剂参与分离时，磷酸基团会因离子排斥而减少组蛋白在阳离子交换柱上的保留，但如果流动相含有 70% 乙腈，则保留会显著增加。此时，磷酸基团带来的亲水作用强于固定相对它的排斥作用。

强碱性和强磷酸化溶质，例如强碱性肽、三磷酸腺苷，在 HILIC 中表现出很强的保留。当样品中存在这些强保留的溶质，同时又存在低极性、弱保留的溶质时，要在合理的时间框架内实现多组分混合物的分离，往往离不开梯度洗脱。例如，需要梯度降低有机相含量和（或）增加缓冲盐浓度。然而，若在阴离子交换柱上叠加 HILIC 模式，使酸性和碱性混合溶质均具有合适的保留时间（消除过强或过弱的极端保留情况），则等度洗脱即可满足分离要求。

在肽分析方面，ERLIC 至少可解决三种极端保留的问题。一是强酸性肽（含天冬氨酸、谷氨酸残基等）在阴离子交换柱上因静电吸引而保留过强。可将 pH 值调至低于侧链 pK_a（而非在高 pH 值下分析），使大多数肽呈中性或碱性，以减少保留。二是亲水作用导致强碱性肽保留过强。例如，强碱性肽在中性 HILIC 色谱柱上的保留比酸性肽强得多。此时可使用阴离子交换柱，利用静电排斥削弱强碱性肽的保留。三是碱性肽在阴离子交换柱上也可能因静电排斥过强而于死体积处流出。此时可在流动相中加入足够的有机溶剂，引入 HILIC 对保留的贡献，通过亲水作用增加保留。可见，这两种叠加作用力的相互抵消，使复杂肽混合物的等度洗脱成为现实，这构成了 ERLIC 用于肽分离的基础。

第三节　亲水作用色谱的保留模型

HILIC 保留模型的重要作用是多方面的，包括在保留机理理解、固定相表征与分类、保留时间预测、色谱条件优化以及各色谱因素之间相互影响的分析等多个方面的应用。本节重点关注的是保留模型在阐释 HILIC 保留机理方面所发挥的作用。HILIC 保留模型根据建模的方法可分为物理化学保留模型和统计保留模型[89]。

物理化学保留模型是将溶质、固定相和流动相三者的物理化学参数与保留时间的关系通过数学模型表达出来。不同的保留机理对应不同的数学模型。通过保留模型来研究保留机理的基本思路：先根据假设的保留机理建模，通过考察实验值与模型预测值的差异来检验假设是否合理。物理化学保留模型的优点在于能准确地描述色谱系统的运行机理，缺点是模型中所需的物理化学参数往往难以全部获得。因此，物理化学保留模型通常会"化繁为简"，通过一些策略性实验间接地获取某些物理化学参数的替代项。常见的物理化学保留模型有溶剂强度模型、线性自由能关系模型等。统计保留模型是将大型数据库中的保留值，或通过实验设计等技术获得的保留值，用统计学方法构建起保留时间与色谱参数之间的数学模型。所用的统计学工具非常广泛，可以从简单的回归分析到非常复杂的化学计量学方法（如遗传算法、人工神经网络）[90]。统计保留模型的建立不依赖保留过程的任何机理，仅仅是对观察到的保留行为的数学描述。常见的统计保留模型有实验设计模型（Experimental Design Model，EDM）、定量结构－保留关系（Quantitative Structure－Retention Relationship，QSRR）模型等。上述两类模型是无法截然分离的，实际上常常融合在一起。例如下文归入物理化学保留模型的"线性溶剂化能量关系模型"也是研究 QSRR 的一种算法。

HILIC 作为一种相对年轻的分离模式，其保留模型是在借鉴 NPC、RPC 等模型理论的基础上发展起来的。众多研究者经过不懈努力，在最初提出的模型基础上不断修改和完善，进一步提高了模型的准确性和适用性。目前文献中报道的 HILIC 保留模型，种类繁多，名称也不统一，但总体而言可归纳为几种类型及其变体。限于篇幅，下文仅对几种常见的物理化学保留模型做一简要介绍，欲对 HILIC 保留模型深入了解的读者可进一步参考相关文献[89,91-93]。

由于 HILIC 的保留取决于溶质的亲水性，因此研究者试图在保留强弱与反映这种性质的物理描述符之间建立一种联系。在正式介绍几种模型之前，为便于理解，先梳理几个基本概念。化合物在脂相和水相溶解的平衡浓度之比称为脂水分配系数（Lipo－Hydro Partition Coefficient）。脂相通常为正辛醇，故又称"正辛醇－水分配系数"，是反映化合物疏水性质的参数，符号为"P"，常取其对数值（$\lg P$）。P 是中性化合物（或离子化合物的非离子态）的脂性描述符，对于可电离化合物则用分布系数（Distribution Coefficient，D）来表达，即化合物在脂相和水相之间电离和非电离形式的平衡浓度比，常取其对数值（$\lg D$）。使用 $\lg D$ 而不是 $\lg P$ 时需要了解化合物的

pK_a，以计算其在特定 pH 值下的电离程度。保留因子又称"容量因子"，符号为 k，是样品组分在固定相中的滞留时间相较于其在流动相中滞留时间的量度，可表示为调整保留时间与死时间之比。选择性因子，又称"分离因子"，符号为"σ"，用于描述在特定流动相和固定相组成的分离体系中，一对分析物之间相对热力学亲和性的差异大小。

一、溶剂强度模型（Solvent Strength Model，SSM）

RPC 属于液液色谱，采用非极性或中等极性烷基键合固定相，表面不含局部吸附中心（除少量残余硅醇基），但存在一层被吸附的溶剂，主要通过分配完成对溶质的保留，保留行为可用分配模型进行满意的描述。NPC 属于液固色谱，保留基于表面吸附，可用吸附模型描述。吸附模型的基本假设基于保留是溶质和溶剂分子争夺吸附位点的结果。吸附剂表面覆盖由溶剂分子组成的吸附层，溶质分子的吸附伴随着一个或多个溶剂分子从吸附剂表面解吸下来，这种吸附－解吸过程取决于特定的吸附剂表面、吸附剂活性和溶剂强度。HILIC 的基本保留模型借鉴了 RPC 的线性溶剂强度模型（Linear Solvent Strength Model，LSSM）[94] 和 NPC 的 Snyder－Soczewiński 吸附模型[95-99]。

研究保留因子与流动相组成之间的关系，是理解保留机理的基础。通常以下面两个简化的方程来表达 HILIC 中保留因子与流动相组成之间的关系（式 1－1 和式 1－2）[46,90-91,93]：

$$\lg k = \lg k_w - S\varphi \tag{式 1-1}$$

$$\lg k = \lg k_B - \frac{A_S}{n_B}\lg C_B \quad 或 \lg k = \lg k_B - \frac{A_S}{n_B}\lg \varphi \tag{式 1-2}$$

其中，k 是溶质保留因子，φ 是流动相中强溶剂（HILIC 中指水或缓冲液）的体积分数，k_w 是纯有机相中的保留因子（$\varphi=0$），S 是溶剂洗脱因子（反映洗脱强度）。k_B 是纯水相中的保留因子（$\varphi=1$），n_B 和 A_S 分别是溶剂和溶质分子在固定相表面占据的横截面积。C_B 为溶剂 B（强溶剂）在流动相中的摩尔分数，在实际应用中常用体积分数 φ 代替。

式 1－1 和式 1－2 分别用于分配体系和吸附体系中的保留描述。由于 HILIC 中分配和吸附机理均存在，因此两个理论模型均适用。已有大量实验在 HILIC 中对两个模型进行了验证，证实 $\lg k$ 与 φ（式 1－1）或 $\lg \varphi$（式 1－2）存在良好的线性关系[100-103]。但具体哪一模型更适合，依赖于对固定相和流动相体积的了解，但这一点在 HILIC 中不易精确定义，因为吸水量会随水－有机相的组成而变化。事实上，一些 HILIC 实验对这两个方程中的任何一个都表现出较好的拟合度[26,104]。

然而在某些情况下，上述两个方程对酸性、碱性甚至中性溶质的数据拟合表现较差，即 $\lg k$ 与 φ（或 $\lg \varphi$）存在非线性关系[48]。例如，当流动相水含量低于 2%（$\varphi <$ 0.02）时，式 1－2 不再成立[37]。这一现象归因于溶质、固定相和流动相之间存在的多重保留机理。后来又出现了二次模型（式 1－3），以便适配更广泛的流动相条件。但这些引入的二阶项（φ^2）往往缺乏明确的物理意义[69]。

$$\lg k = \lg k_w + S_1\varphi + S_2\varphi^2 \tag{式 1-3}$$

其中，S_1 和 S_2 是回归得到的经验系数。

对式 1-3 进行经验修正，建立了三参数的 Neue-Kuss 模型[107]：

$$\lg k = \lg k_w + 2\lg(1 + S_1\varphi) - \frac{S_2\varphi}{1 + S_1\varphi} \qquad (式 1-4)$$

其中，S_1 是斜率，S_2 是 $\lg k$ 对 φ 拟合的曲率。

Jin 等[108]建立了一种混合模型（式 1-5），同时考虑了分配和吸附机理，在更宽的 φ 范围内比线性模型和一些多项式模型更适合描述保留行为：

$$\lg k = \lg k_w + S_1\varphi + S_2\lg\varphi \qquad (式 1-5)$$

其中，S_1 表示溶质与固定相的相互作用，S_2 表示溶质与流动相的相互作用。S_1 和 S_2 的比值在一定程度上反映吸附和分配机理相对贡献的大小。这取决于溶质、水化作用和固定相带电状态以及洗脱条件。

Kasagić-Vujanović 等[101]使用分配-吸附保留模型研究了苯磺酸氨氯地平、富马酸比索洛尔及其杂质在三种不同 HILIC 色谱柱（硅胶、二醇基和氨基）上的保留机理。结果表明，在氨基柱上，所有溶质的 $\lg k$ 与 φ（pH 值为 4.0）均具有良好的线性关系，且分配模型的决定系数（R^2）高于吸附模型，表明分配模型能够更好地描述保留机理；而在二醇基和硅胶柱上，所有溶质的 $\lg k$ 与 $\lg\varphi$（pH 值为 4.0）均具有良好的线性关系，且吸附模型的 R^2 高于分配模型，表明吸附模型优于分配模型。Berthod 等[56]利用乙腈-水流动相和 β-环糊精键合柱分离线性阿糖苷等六种低聚糖，通过保留行为和峰效能来研究糖与固定相的相互作用。在每种流动相条件下，每种低聚糖的保留因子对数值（$\lg k$）与其聚合度均成线性关系（$R>0.992$），回归方程斜率和截距分别为 A 和 B。其中 A 与溶质和固定相之间相互作用的能量有关，$\lg A$ 与流动相的含水量线性相关（$R>0.985$），回归方程斜率和截距分别为 C 和 D。对 A、B、C 和 D 进行分析，结果表明固定相羟基和糖羟基之间的分配作用和氢键是糖的两种可能保留机理，二者不可能截然分开。固定相表面形成的水层缘于水与固定相羟基之间的氢键。但是，也不能排除糖和固定相之间存在直接的氢键作用。

二、线性自由能关系（Linear-Free Energy Relationship，LFER）模型

LFER 模型基于如下假设：保留是由单个溶质和固定相相互作用的线性组合，可以表示为几个相互独立的项之和，每个项都与特定的相互作用关联。主要模型如下。

（一）线性溶剂化能量关系（Linear-Solvation Energy Relationship，LSER）模型

LSER 模型又叫溶剂化参数模型（Solvation Parameter Model，SPM），将色谱分离系统中溶质的保留与溶质描述符（又称"Abraham 描述符"）所描述的特征（物理化学性质）联系起来，建立溶质描述符和保留因子及性质参数间的多元线性方程[109-113]。式 1-6 为适用于中性溶质的原始 LSER 模型：

$$\lg k = c + eE + sS + aA + bB + vV \qquad (\text{式} 1-6)$$

其中，k 是溶质保留因子。c、e、s、a、b 和 v 等小写字母是系统常数，反映了溶质在固定相和流动相之间相互作用的差异。系统常数与因变量无关，只有截距 c 项（反映相位比、描述符的归一化和其他无关探针溶质项的因素）随实验数据的来源而变化。E、S、A、B 和 V 等大写字母表示通过实验测定或计算获得的溶质描述符。E 是过量摩尔折射率，S 是偶极/极化率，A 和 B 分别是氢键的总酸度（氢供体）和碱度（氢受体），V 是 McGowan 摩尔体积。溶质描述符可使用软件工具（如 ACD 实验室）根据其化学结构来预测。

eE 项模拟了孤对电子（n 电子对）和 π 电子对的极化能力贡献差异，sS 项模拟了偶极作用（双极性和极化性）的差异，aA 项模拟了溶质对溶剂的氢键贡献，bB 项模拟了溶剂对溶质的氢键贡献，vV 项解释了两种溶剂（固定相和流动相）形成空腔的自由能差异以及残余溶质－溶剂分散作用。

若考虑 HILIC 保留机理中的静电作用，可加入两个静电贡献项对式 1－6 进行改良，以更好地适用于混合模式保留机理（式 1－7）[111,114−116]：

$$\lg k = c + eE + sS + aA + bB + vV + d^- D^- + d^+ D^+ \qquad (\text{式} 1-7)$$

其中，D^- 表示阴离子的静电贡献，D^+ 表示阳离子的静电贡献。

通过实验测定一系列描述符已知的探针溶质的 k 值，建立 $\lg k$ 关于描述符的多元线性回归方程，可求解式 1－6 和式 1－7 中的系统常数。这些常数的符号（正或负）和大小可用于色谱系统的表征，从中发现与保留相关的关键性特征，并可在不同保留模式、色谱柱和流动相之间通过主成分分析、层次聚类分析、系统图等进行比较。因此，LSER 模型可用于研究保留机理中发生的特定相互作用，对理解保留过程和对固定相的选择性进行分类具有重要价值。有兴趣的读者可进一步参考 Poole 等[112]关于 LSER 模型应用的简明教程。

除分配到富水层进行保留外，对于溶质是否直接与固定相发生作用（氢键、偶极－偶极作用等静电弱吸附）这个问题有过长期争论[54]。LSER 模型中包含与氢键酸度、氢键碱度和偶极作用相关的项，将有助于这个问题的探索。在多项研究中，氢键酸度和碱度表现出较高的值，证明具有氢供体或氢受体官能团的溶质可通过氢键与固定相发生作用[114−115,117]。氢键作用对于不带电溶质而言特别有意义，因为它们缺乏静电作用提供的保留。Chirita 等[114]用 LSER 模型计算了两种磺基甜菜碱键合固定相在一定色谱条件下的多个系统常数。在只包含中性探针溶质的 LSER 模型中，s 系数不显著，但在包含所有探针溶质的模型中产生了一个小的负 s 系数，表明存在弱的偶极－偶极作用，且溶质和流动相之间的偶极－偶极作用比溶质和固定相之间的稍强。Cortés 等[113]采用 LSER 模型在 HILIC 条件下对硅胶柱进行了表征。结果表明，无论是乙腈－水还是甲醇－水作流动相，溶质体积（vV 项）和氢键碱度（bB 项）均是影响保留的主要因素，而氢键酸度、偶极性和极化率在此条件下并不影响保留。对于 RPC 和 HILIC，vV 和 bB 均为影响保留的主要因素，但系数（v 和 b）符号相反，即在 RPC 中氢键碱度较小的大体积溶质保留更强，而 HILIC 中氢键碱度较大的小体积溶质保留更强。通过比较

RPC 和 HILIC 的系统常数，可以证实二者的高度互补性。

（二）亲水差减模型（Hydrophilic Subtraction Model，HSM）

2015 年，Wang 等[48]根据 41 种不同性质的探针溶质（中性、酸性、碱性和两性离子）在 8 种具有代表性的 HILIC 色谱柱（中性柱、阴离子交换柱、阳离子交换柱和两性离子柱）上的保留建立了该模型。建模的目的是开发一种用于固定相表征、比较和分类的通用方法，但所建模型也可用于 HILIC 保留机理的研究。

首先，假设 41 种溶质在 HILIC 上的保留为分配机理。使用 ACD/I-Lab 网络服务计算探针溶质在 pH 值 3.3 下的 pK（酸性和碱性 pK）和 lg D。在 8 种 HILIC 色谱柱上，41 种溶质的 lg k 和 lg D 的相关关系如图 1-7 所示。lg k 与 lg D 负相关，表明保留较强的溶质具有较低的 lg D，即亲水性更强。这也意味着亲水分配在 HILIC 中起着重要作用。但是，8 种柱上所有溶质的相关系数为 0.196~0.621，表明还存在其他相互作用。因此，建模时需对影响保留的机理进行全面考虑。

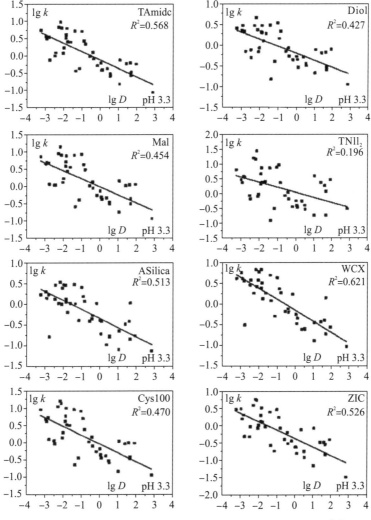

图 1-7　8 种代表性色谱柱上 41 种溶质 lg k 和 lg D 的关系[48]

然后，根据已有文献报道的 HILIC 保留机理进行建模，包括分配、吸附和离子作用。偶极－偶极吸附作用则由于之前报道的 LSER 方程系数提示作用力相当弱[111,115]，未被纳入本模型中。在改进的 LSER 模型和疏水性差减模型[118] 的基础上，提出了 HSM 式 1－8[48,89]：

$$\lg \alpha = \lg \frac{k}{k_{\text{ref}}} = h\text{H} + a\text{A} + b\text{B} + c\text{C} + d\text{D} \qquad （式 1-8）$$

其中，α 是选择性因子，k 是溶质保留因子，k_{ref} 是参考溶质（尿嘧啶）的保留因子。大写字母是溶质描述符，小写字母是 $\lg \alpha$ 相对于溶质描述符的多元线性回归获得的系统常数（柱参数）。H 表示溶质的亲水分配能力，A 和 B 分别表示溶质氢键酸度和氢键碱度，C 和 D 分别表示溶质的阳离子和阴离子交换作用。h、a、b、c 和 d 等系统常数反映了固定相和流动相之间相互作用的差异。因此，分配作用以 $h\text{H}$ 表示，氢键作用以 $a\text{A}$ 和 $b\text{B}$ 表示，离子作用以 $c\text{C}$ 和 $d\text{D}$ 表示。可见，该模型将保留与溶质描述符、柱参数有效地关联起来。参与参考溶质保留的各种相互作用被任意假设成抵消为零，因此每个相互作用项（$h\text{H}$、$a\text{A}$、$b\text{B}$、$c\text{C}$ 和 $d\text{D}$）都是相对于参考溶质与固定相之间的相互作用。

研究表明，回归系数与保留机理具有一致性，可证实溶质的保留主要由分配、氢键和离子作用引起。若回归系数为正，表明固定相与溶质之间的相互作用强于流动相与溶质之间，为负则正好相反。在相同的色谱条件下，固定相之间的差异可以通过这些系数来反映。例如，所有中性固定相 HILIC 色谱柱（TSKgel Amide－80、Xamide、BEH Amide、Venusil HILIC 和 Inertsil Diol）的回归系数 h 均为正值，表明溶质与固定相之间的亲水分配作用强于溶质与流动相之间的疏水分配作用。h 值越大，亲水性越强，例如酰胺比二醇基固定相具有更强的亲水性。两性离子柱（Click－TE－Cys 和 ZIC－HILIC）比中性柱（TSKgel Amide－80 和 Inertsil Diol）具有更大的 h 值。阳离子交换柱（Atlantis HILIC Silica 和 XCharge WCX）具有较大的 c 值，阴离子交换柱（Click Maltose 和 TSKgel NH₂）具有较大的 d 值。与带电固定相相比，中性固定相的 a、b、c 和 d 值非常小，表明溶质在中性柱上分离时，相应的作用力是不显著的。

又如，在阴离子柱（TSKgel NH₂－100、Unitary NH₂、Luna NH₂、Amide Glu、Click Maltose 和 Click CD）上，根据 h 值，Click CD 亲水性最弱，Amide Glu 亲水性最强。获得正 a 值意味着固定相接受氢原子的能力强于流动相，负 b 值意味着固定相提供氢原子的能力弱于流动相。阴离子交换柱的 a、b 值大于中性柱，表明具有更强的参与氢键作用的能力；获得负 c 值和正 d 值，意味着具有阴离子交换性质。d 值越大，阴离子交换能力越强，例如，氨基比糖基（Click Maltose）固定相的阴离子交换能力更强。

基于中性、酸性、碱性和两性离子柱上的回归系数，可绘制蜘蛛网图（图 1－8），其直观地展示了 HILIC 固定相的选择性，两种固定相在图中的距离越远，代表选择性差异越大，可用于指导研究人员选择合适的色谱柱。蜘蛛网图中的空白空间可为合成与现有固定相具有互补选择性的 HILIC 固定相提供指导。

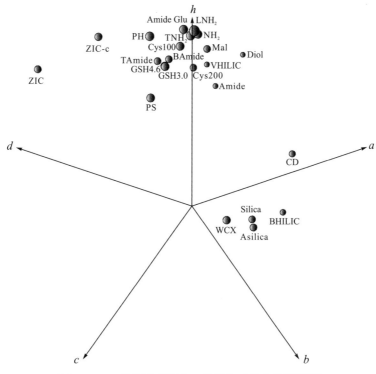

图 1-8　23 种固定相的归一化回归系数蜘蛛网图[48]

参考文献

[1]　王媛，顾惠新，路鑫，等. 以亲水作用色谱为核心的液相色谱联用技术及其应用研究 [J]. 色谱，2008（6）.

[2]　Guo Y，Gaiki S. Retention and selectivity of stationary phases for hydrophilic interaction chromatography [J]. Journal of Chromatography A，2011，1218 (35).

[3]　Alpert AJ. Hydrophilic－interaction chromatography for the separation of peptides，nucleic acids and other polar compounds [J]. Journal of Chromatography，1990，499.

[4]　Alpert AJ. Electrostatic repulsion hydrophilic interaction chromatography for isocratic separation of charged solutes and selective isolation ofphosphopeptides [J]. Analytical Chemistry，2008，80 (1).

[5]　VanNuijs ALN，Tarcomnicu I，Covaci A. Application of hydrophilic interaction chromatography for the analysis of polar contaminants in food and environmental samples [J]. Journal of Chromatography A，2011，1218 (35).

[6]　Mora L，Hernandez－Cazares AS，Aristoy MC，et al. Hydrophilic interaction chromatography (HILIC) in the analysis of relevant quality and safety biochemical compounds in meat，poultry and processed meats [J]. Food Analytical Methods，

2011, 4 (1).

[7] Marrubini G, Appelblad P, Maietta M, et al. Hydrophilic interaction chromatography in food matrices analysis: an updated review [J]. Food Chemistry, 2018, 257.

[8] Zhang Q, Yang FQ, Ge L, et al. Recent applications of hydrophilic interaction liquid chromatography in pharmaceutical analysis [J]. Journal of Separation Science, 2017, 40 (1).

[9] Ikegami T. Hydrophilic interaction chromatography for the analysis of biopharmaceutical drugs and therapeutic peptides: a review based on the separation characteristics of the hydrophilic interaction chromatography phases [J]. Journal of Separation Science, 2019, 42 (1).

[10] Salas D, Borrull F, Fontanals N, et al. Hydrophilic interaction liquid chromatography coupled to mass spectrometry-based detection to determine emerging organic contaminants in environmental samples [J]. Trac-Trends in Analytical Chemistry, 2017, 94.

[11] Periat A, Krull IS, Guillarme D. Applications of hydrophilic interaction chromatography to amino acids, peptides, and proteins [J]. Journal of Separation Science, 2015, 38 (3).

[12] Boersema PJ, Mohammed S, Heck AJR. Hydrophilic interaction liquid chromatography (HILIC) in proteomics [J]. Analytical and Bioanalytical Chemistry, 2008, 391 (1).

[13] Tang DQ, Zou L, Yin XX, et al. HILIC-MS for metabolomics: An attractive and complementary approach to RPLC-MS [J]. Mass Spectrometry Reviews, 2016, 35 (5).

[14] Kohler I, Verhoeven M, Haselberg R, et al. Hydrophilic interaction chromatography-mass spectrometry for metabolomics and proteomics: State-of-the-art and current trends [J]. Microchemical Journal, 2022, 175.

[15] Zhao Y, Law HCH, Zhang Z, et al. Online coupling of hydrophilic interaction/strong cation exchange/reversed-phase liquid chromatography with porous graphitic carbon liquid chromatography for simultaneous proteomics and N-glycomics analysis [J]. Journal of Chromatography A, 2015, 1415.

[16] Wuhrer M, De Boer AR, Deelder AM. Structural glycomics using hydrophilic interaction chromatography (HILIC) with mass spectrometry [J]. Mass Spectrometry Reviews, 2009, 28 (2).

[17] Zauner G, Deelder AM, Wuhrer M. Recent advances in hydrophilic interaction liquid chromatography (HILIC) for structural glycomics [J]. Electrophoresis, 2011, 32 (24).

[18] Martin AJP, Synge RLM. A new form of chromatogram employing two liquid

phases: 1. A theory of chromatography. 2. Application to the micro – determination of the highermonoamino – acids in proteins [J]. Biochemical Journal, 1941, 35.

[19] Wieland T, Determann H. Some recent developments in gel chromatography, with special reference to thin layers [J]. Journal of Chromatography, 1967, 28 (1).

[20] Linden JC, Lawhead CL. Liquid chromatography of saccharides [J]. Journal of Chromatography A, 1975, 105 (1).

[21] Palmer JK. A versatile system for sugar analysis via liquid chromatography [J]. Analytical Letters, 1975, 8 (3).

[22] Kahsay G, Song H, Van Schepdael A, et al. Hydrophilic interaction chromatography (HILIC) in the analysis of antibiotics [J]. Journal of Pharmaceutical and Biomedical Analysis, 2014, 87.

[23] Mccalley DV. Study of the selectivity, retention mechanisms and performance of alternative silica–based stationary phases for separation of ionised solutes in hydrophilic interaction chromatography [J]. Journal of Chromatography A, 2010, 1217 (20).

[24] Novakova L, Havlikova L, Vlckova H. Hydrophilic interaction chromatography of polar and ionizable compounds by UHPLC [J]. Trac–Trends in Analytical Chemistry, 2014, 63.

[25] Melnikov SM, Hoeltzel A, Seidel–Morgenstern A, et al. A molecular dynamics study on the partitioning mechanism in hydrophilic interaction chromatography [J]. Angewandte Chemie–International Edition, 2012, 51 (25).

[26] Jandera P. Stationary and mobile phases in hydrophilic interaction chromatography: a review [J]. Analytica Chimica Acta, 2011, 692 (1–2).

[27] Sommella E, Salviati E, Musella S, et al. Comparison of online comprehensive HILIC x RP and RP x RP with trapping modulation coupled to mass spectrometry for microalgae peptidomics [J]. Separations, 2020, 7 (25).

[28] Van DeVen HC, Purmova J, Groeneveld G, et al. Living with breakthrough: two–dimensional liquid–chromatography separations of a water–soluble synthetically grafted bio–polymer [J]. Separations, 2020, 7 (3).

[29] Ruta J, Rudaz S, Mccalley DV, et al. A systematic investigation of the effect of sample diluent on peak shape in hydrophilic interaction liquid chromatography [J]. Journal of Chromatography A, 2010, 1217 (52).

[30] Mccalley DV. Is hydrophilic interaction chromatography with silica columns a viable alternative to reversed–phase liquid chromatography for the analysis of ionisable compounds? [J]. Journal of Chromatography A, 2007, 1171 (1–2).

[31] Mccalley DV. Evaluation of the properties of a superficially porous silica

stationary phase in hydrophilic interaction chromatography ［J］. Journal of Chromatography A，2008，1193 (1-2).

［32］ Mccalley DV. The challenges of the analysis of basic compounds by high performance liquid chromatography： Some possible approaches for improved separations ［J］. Journal of Chromatography A，2010，1217 (6).

［33］ Mccalley DV. Understanding and manipulating the separation in hydrophilic interaction liquid chromatography ［J］. Journal of Chromatography A，2017，1523.

［34］ Qing G，Yan J，He X，et al. Recent advances in hydrophilic interaction liquid interaction chromatography materials for glycopeptide enrichment and glycan separation ［J］. Trac-Trends in Analytical Chemistry，2020，124.

［35］ Mant CT，Hodges RS. Mixed-mode hydrophilic interaction/cation-exchange chromatography（HILIC/CEX）of peptides and proteins ［J］. Journal of Separation Science，2008，31 (15).

［36］ Wang Y，Wang T，Shi X，et al. Analysis of acetylcholine, choline and butyrobetaine in human liver tissues by hydrophilic interaction liquid chromatography-tandem mass spectrometry ［J］. Journal of Pharmaceutical and Biomedical Analysis，2008，47 (4).

［37］ Jandera P，Hájek T. Utilization of dual retention mechanism on columns with bonded PEG and diol stationary phases for adjusting the separation selectivity of phenolic and flavone natural antioxidants ［J］. Journal of Separation Science，2009，32 (21).

［38］ Zazzeroni R，Homan A，Thain E. Determination of γ-aminobutyric acid in food matrices by isotope dilution hydrophilic interaction chromatography coupled to mass spectrometry ［J］. Journal of Chromatographic Science，2009，47 (7).

［39］ Nezirević Dernroth D，Årstrand K，Greco G，et al. Pheomelanin-related benzothiazole isomers in the urine of patients with diffuse melanosis of melanoma ［J］. Clinica Chimica Acta，2010，411 (17).

［40］ Marrubini G，Mendoza BEC，Massolini G. Separation of purine and pyrimidine bases and nucleosides by hydrophilic interaction chromatography ［J］. Journal of Separation Science，2010，33 (6-7).

［41］ Sowell J，Fuqua M，Wood T. Quantification of total and free carnitine in human plasma by hydrophilic interaction liquid chromatography tandem mass spectrometry ［J］. Journal of Chromatographic Science，2011，49 (6).

［42］ Karatapanis AE，Fiamegos YC，Stalikas CD. A revisit to the retention mechanism of hydrophilic interaction liquid chromatography using model organic compounds ［J］. Journal of Chromatography A，2011，1218 (20).

［43］ Bernal J，Ares AM，Pol J，et al. Hydrophilic interaction liquid chromatography in food analysis [J]. Journal of Chromatography A，2011，1218（42）.

[44] Buszewski B，Noga S. Hydrophilic interaction liquid chromatography（HILIC）－ a powerful separation technique [J]. Analytical and Bioanalytical Chemistry，2012，402（1）.

[45] Alsaeedi M，Alghamdi H，Hayes PE，et al. Efficient sub－1 minute analysis of selected biomarker catecholamines by core－shell hydrophilic interaction liquid chromatography（HILIC）with nanomolar detection at a boron－doped diamond（BDD）electrode [J]. Separations，2021，8.

[46] Guo Y. Recent progress in the fundamental understanding of hydrophilic interaction chromatography（HILIC）[J]. Analyst，2015，140（19）.

[47] Melnikov SM，Höltzel A，Seidel－Morgenstern A，et al. Adsorption of water－acetonitrile mixtures to model silica surfaces [J]. The Journal of Physical Chemistry C，2013，117（13）.

[48] Wang J，Guo Z，Shen A，et al. Hydrophilic－subtraction model for the characterization and comparison of hydrophilic interaction liquid chromatography columns [J]. Journal of Chromatography A，2015，1398.

[49] Tsunoda M. Hydrophilic interaction chromatography [J]. Separations，2023，10（2）.

[50] Orth P，Engelhardt H. Separation of sugars on chemically modified silica gel [J]. Chromatographia，1982，15（2）.

[51] Verhaar LaT，Kuster BFM. Contribution to the elucidation of the mechanism of sugar retention on amine－modified silica in liquid chromatography [J]. Journal of Chromatography A，1982，234（1）.

[52] Yoshida T. Prediction of peptide retention time in normal－phase liquid chromatography [J]. Journal of Chromatography A，1998，811（1）.

[53] Yoshida T. Peptide separation by hydrophilic－interaction chromatography：a review [J]. Journal of Biochemical and Biophysical Methods，2004，60（3）.

[54] Hemström P，Irgum K. Hydrophilic interaction chromatography [J]. Journal of Separation Science，2006，29（12）.

[55] Ngoc Phuoc D，Jonsson T，Irgum K. Water uptake on polar stationary phases under conditions for hydrophilic interaction chromatography and its relation to solute retention [J]. Journal of Chromatography A，2013，1320.

[56] Berthod A，Chang SSC，Kullman JPS，et al. Practice and mechanism of HPLC oligosaccharide separation with a cyclodextrin bonded phase [J]. Talanta，1998，47（4）.

[57] Guo Y，Huang AH. A HILIC method for the analysis of tromethamine as the counter ion in an investigational pharmaceutical salt [J]. Journal of Pharmaceutical and Biomedical Analysis，2003，31（6）.

[58] Liu Y，Urgaonkar S，Verkade JG，et al. Separation and characterization of

underivatized oligosaccharides using liquid chromatography and liquid chromatography—electrospray ionization mass spectrometry [J]. Journal of Chromatography A, 2005, 1079 (1—2).

[59] Guo Y, Gaiki S. Retention behavior of small polar compounds on polar stationary phases in hydrophilic interaction chromatography [J]. Journal of Chromatography A, 2005, 1074 (1—2).

[60] Guo Y, Srinivasan S, Gaiki S. Investigating the effect of chromatographic conditions on retention of organic acids in hydrophilic interaction chromatography using a design of experiment [J]. Chromatographia, 2007, 66 (3—4).

[61] Gritti F, Hoeltzel A, Tallarek U, et al. The relative importance of the adsorption and partitioning mechanisms in hydrophilic interaction liquid chromatography [J]. Journal of Chromatography A, 2015, 1376.

[62] Greco G, Letzel T. Main interactions and influences of the chromatographic parameters in hilic separations [J]. Journal of Chromatographic Science, 2013, 51 (7).

[63] Greco G, Grosse S, Letzel T. Study of the retention behavior in zwitterionic hydrophilic interaction chromatography of isomeric hydroxy—and aminobenzoic acids [J]. Journal of Chromatography A, 2012, 1235.

[64] Noga S, Bocian S, Buszewski B. Hydrophilic interaction liquid chromatography columns classification by effect of solvation and chemometric methods [J]. Journal of Chromatography A, 2013, 1278.

[65] Gritti F, Pereira ADS, Sandra P, et al. Comparison of the adsorption mechanisms of pyridine in hydrophilic interaction chromatography and in reversed—phase aqueous liquid chromatography [J]. Journal of Chromatography A, 2009, 1216 (48).

[66] Vajda P, Felinger A, Cavazzini A. Adsorption equilibria of proline in hydrophilic interaction chromatography [J]. Journal of Chromatography A, 2010, 1217 (38).

[67] Redon L, Subirats X, Roses M. HILIC characterization: Estimation of phase volumes and composition for a zwitterionic column [J]. Analytica Chimica Acta, 2020, 1130.

[68] Redón L, Subirats X, Rosés M. Volume and composition of semi—adsorbed stationary phases in hydrophilic interaction liquid chromatography. Comparison of water adsorption in common stationary phases and eluents [J]. Journal of Chromatography A, 2021, 1656.

[69] Jandera P, Hajek T. Mobile phase effects on the retention on polar columns with special attention to the dual hydrophilic interaction—reversed—phase liquid chromatography mechanism, a review [J]. Journal of Separation Science, 2018,

41 (1).

[70] Guo Y, Bhalodia N, Fattal B, et al. Evaluating the adsorbed water layer on polar stationary phases for hydrophilic interaction chromatography (HILIC) [J]. Separations, 2019, 6 (2).

[71] Mccalley DV, Neue UD. Estimation of the extent of the water－rich layer associated with the silica surface in hydrophilic interaction chromatography [J]. Journal of Chromatography A, 2008, 1192 (2).

[72] Wikberg E, Sparrman T, Viklund C, et al. A ^{2}H nuclear magnetic resonance study of the state of water in neat silica and zwitterionic stationary phases and its influence on the chromatographic retention characteristics in hydrophilic interaction high－performance liquid chromatography [J]. Journal of Chromatography A, 2011, 1218 (38).

[73] Soukup J, Jandera P. Adsorption of water from aqueous acetonitrile on silica－based stationary phases in aqueous normal－phase liquid chromatography [J]. Journal of Chromatography A, 2014, 1374.

[74] Baškirova I, Olsauskaite V, Padarauskas A. Influence of the mobile phase composition and pH on the chromatographic behaviour of polar neutral and ionized compounds in hydrophilic interaction chromatography [J]. Chemija, 2017, 28 (4).

[75] Bo C, Wang X, Wang C, et al. Preparation of hydrophilic interaction/ion－exchange mixed－mode chromatographic stationary phase with adjustable selectivity by controlling different ratios of the co－monomers [J]. Journal of Chromatography A, 2017, 1487.

[76] Zhao W, Jiang X, Ni S, et al. Layer－by－layer self－assembly of polyelectrolyte multilayers on silica spheres as reversed－phase/hydrophilic interaction mixed－mode stationary phases for high performance liquid chromatography [J]. Journal of Chromatography A, 2017, 1499.

[77] Zhou D, Zeng J, Fu Q, et al. Preparation and evaluation of a reversed－phase/hydrophilic interaction/ion－exchange mixed－mode chromatographic stationary phase functionalized with dopamine－based dendrimers [J]. Journal of Chromatography A, 2018, 1571.

[78] Takafuji M, Shahruzzaman M, Sasahara K, et al. Preparation and characterization of a novel hydrophilic interaction/ion exchange mixed－mode chromatographic stationary phase with pyridinium－based zwitterionic polymer－grafted porous silica [J]. Journal of Separation Science, 2018, 41 (21).

[79] Bo C, Jia Z, Dai X, et al. Facile preparation of polymer－brush reverse－phase/hydrophilic interaction/ion－exchange tri－mode chromatographic stationary phases by controlled polymerization of three functional monomers [J]. Journal of

Chromatography A，2020，1619.

[80] Jandera P，Hajek T. Dual—mode hydrophilic interaction normal phase and reversed phase liquid chromatography of polar compounds on a single column [J]. Journal of Separation Science，2020，43 (1).

[81] 郭志谋，张秀莉，徐青，等. 亲水作用色谱固定相及其在中药分离中的应用 [J]. 色谱，2009，27 (5).

[82] Wehr T. Electrostatic repulsion hydrophilic interaction chromatography—a new tool for enrichment of phospho—and glycopeptides [J]. LC GC North America，2009，27 (3).

[83] Zhang H，Guo T，Li X，et al. Simultaneous characterization of glyco—and phosphoproteomes of mouse brain membrane proteome with electrostatic repulsion hydrophilic interaction chromatography [J]. Molecular & Cellular Proteomics，2010，9 (4).

[84] Hao P，Zhang H，Sze SK. Application of electrostatic repulsion hydrophilic interaction chromatography to the characterization of proteome，glycoproteome，and phosphoproteome using nano LC—MS/MS [J]. Methods in Molecular Biology (Clifton，NJ)，2011，790.

[85] Hao P，Guo T，Sze SK. Simultaneous analysis of proteome，phospho—and glycoproteome of rat kidney tissue with electrostatic repulsion hydrophilic interaction chromatography [J]. PloS One，2011，6 (2).

[86] Huyentran T，Hwang I，Park JM，et al. An application of electrostatic repulsion hydrophilic interaction chromatography in phospho—and glycoproteome profiling of epicardial adipose tissue in obesity mouse [J]. Mass Spectrometry Letters，2012，3 (2).

[87] Yan J，Ding J，Jin G，et al. Profiling of human milk oligosaccharides for lewis epitopes and secretor status by electrostatic repulsion hydrophilic interaction chromatography coupled with negative—ion electrospray tandem mass spectrometry [J]. Analytical Chemistry，2019，91 (13).

[88] Bermudez A，Pitteri SJ. Enrichment of intact glycopeptides using strong anion exchange and electrostatic repulsion hydrophilic interaction chromatography [J]. Methods in Molecular Biology，2021，2271.

[89] Haddad PR，Taraji M，Szucs R. Prediction of analyte retention time in liquid chromatography [J]. Analytical Chemistry，2021，93 (1).

[90] Taraji M，Haddad PR，Amos RIJ，et al. Chemometric—assisted method development in hydrophilic interaction liquid chromatography：a review [J]. Analytica Chimica Acta，2018，1000.

[91] Jovanovic M，Rakic T，Jancic—Stojanovic B. Theoretical and empirical models in hydrophilic interaction liquid chromatography [J]. Instrumentation Science &

Technology，2014，42（3）.

［92］ Gritti F. Perspective on the future approaches to predict retention in liquid chromatography［J］. Analytical Chemistry，2021，93（14）.

［93］ Den Uijl MJ，Schoenmakers PJ，Pirok BWJ，et al. Recent applications of retention modelling in liquid chromatography［J］. Journal of Separation Science，2021，44（1）.

［94］ Snyder LR，Dolan JW，Gant JR. Gradient elution in high−performance liquid chromatography：I. Theoretical basis for reversed−phase systems［J］. Journal of Chromatography A，1979，165.

［95］ Snyder LR. Principles of Adsorption Chromatography：The Separation of Nonionic Organic Compounds［M］. New York：Marcel Dekker，1968.

［96］ Soczewiński E. Solvent composition effects in thin−layer chromatography systems of the type silica gel−electron donor solvent［J］. Analytical Chemistry，1969，41（1）.

［97］ Jandera P，Churáček J. Gradient elution in liquid chromatography：I. The influence of the composition of the mobile phase on the capacity ratio（retention volume，band width，and resolution）in isocratic elution−theoretical considerations［J］. Journal of Chromatography A，1974，91.

［98］ Snyder LR，Poppe H. Mechanism of solute retention in liquid−solid chromatography and the role of the mobile phase in affecting separation：competition versus "sorption"［J］. Journal of Chromatography A，1980，184（4）.

［99］ Soczewiński E. Mechanistic molecular model of liquid−solid chromatography：Retention−eluent composition relationships［J］. Journal of Chromatography A，2002，965.

［100］ Pirok BWJ，Molenaar SRA，Van Outersterp RE，et al. Applicability of retention modelling in hydrophilic−interaction liquid chromatography for algorithmic optimization programs with gradient−scanning techniques［J］. Journal of Chromatography A，2017，1530.

［101］ Kasagić−Vujanović I，Jančić−Stojanovič B，Ivanović D. Investigation of the retention mechanisms of amlodipine besylate，bisoprolol fumarate，and their impurities on three different HILIC columns［J］. Journal of Liquid Chromatography & Related Technologies，2018，41（9）.

［102］ VanSchaick G，Pirok BWJ，Haselberg R，et al. Computer−aided gradient optimization of hydrophilic interaction liquid chromatographic separations of intact proteins and protein glycoforms［J］. Journal of Chromatography A，2019，1598.

［103］ Roca LS，Schoemaker SE，Pirok BWJ，et al. Accurate modelling of the retention behaviour of peptides in gradient-elution hydrophilic interaction liquid chromatography [J]. Journal of Chromatography A, 2020, 1614.

[104] Jandera P, Janás P. Recent advances in stationary phases and understanding of retention in hydrophilic interaction chromatography. A review [J]. Analytica Chimica Acta, 2017, 967.

[105] Tumpa A, Miskovic S, Stanimirovic Z, et al. Modeling of HILIC retention behavior with theoretical models and new spline interpolation technique [J]. Journal of Chemometrics, 2017, 31 (9).

[106] Schoenmakers PJ, Billiet HaH, Tussen R, et al. Gradient selection in reversed-phase liquid chromatography [J]. Journal of Chromatography A, 1978, 149.

[107] Neue UD, Kuss HJ. Improved reversed-phase gradient retention modeling [J]. Journal of Chromatography A, 2010, 1217 (24).

[108] Jin G, Guo Z, Zhang F, et al. Study on the retention equation in hydrophilic interaction liquid chromatography [J]. Talanta, 2008, 76 (3).

[109] Abraham MH. Scales of solute hydrogen-bonding: their construction and application to physicochemical and biochemical processes [J]. Chemical Society Reviews, 1993, 22 (2).

[110] Abraham MH, Ibrahim A, Zissimos AM. Determination of sets of solute descriptors from chromatographic measurements [J]. Journal of Chromatography A, 2004, 1037 (1-2).

[111] Schuster G, Lindner W. Additional investigations into the retention mechanism of hydrophilic interaction liquid chromatography by linear solvation energy relationships [J]. Journal of Chromatography A, 2013, 1301.

[112] Poole CF. Solvation parameter model: Tutorial on its application to separation systems for neutral compounds [J]. Journal of Chromatography A, 2021, 1645.

[113] Cortés S, Subirats X, Roses M. Solute-solvent interactions in hydrophilic interaction liquid chromatography: characterization of the retention in a silica column by the abraham linear free energy relationship model [J]. Journal of Solution Chemistry, 2022, 51 (9).

[114] Chirita RI, West C, Zubrzycki S, et al. Investigations on the chromatographic behaviour of zwitterionic stationary phases used in hydrophilic interaction chromatography [J]. Journal of Chromatography A, 2011, 1218 (35).

[115] Schuster G, Lindner W. Comparative characterization of hydrophilic interaction liquid chromatography columns by linear solvation energy relationships [J]. Journal of Chromatography A, 2013, 1273.

[116] Abraham MH, Acree WE. Descriptors for ions and ion-pairs for use in linear

free energy relationships ［J］. Journal of Chromatography A，2016，1430.

［117］Kozlík P，Šímová V，Kalíková K，et al. Effect of silica gel modification with cyclofructans on properties of hydrophilic interaction liquid chromatography stationary phases ［J］. Journal of Chromatography A，2012，1257.

［118］Snyder LR，Dolan JW，Carr PW. The hydrophobic-subtraction model of reversed-phase column selectivity ［J］. Journal of Chromatography A，2004，1060 （1）.

（骆春迎　张　蜀）

第二章 亲水作用色谱固定相

Alpert 于 1990 年提出 HILIC，使用高比例的乙腈和水组成流动相，极性硅胶为固定相，对多肽、核酸和糖类进行了分析[1]。硅胶固定相吸附流动相中的水，在硅胶表面形成薄的亚层——水性的膜，在这种分离现象中，真正的固定相由硅胶与水亚层组成，表现出亲水性[2]。在分离科学中，乙腈通常被认为是亲水性的流动相，因此，混合物在亲水性固定相和亲水性流动相中不断进行分配从而实行分离的色谱技术被形象地称为亲水性相互作用色谱。但在科学研究和应用分析中，同行更习惯使用亲水相互作用色谱或亲水作用色谱来命名。

本书第一章对 HILIC 的保留机制和模型进行了介绍。本章将对 HILIC 固定相的分类和发展以及它们在分离不同化合物时表现出的特点进行介绍。在液相色谱分析领域，固定相通常是指色谱柱采用的分离填料，是色谱分离技术中最核心的部分，被誉为色谱技术的"心脏"，其发展是高效液相色谱（High Performance Liquid Chromatography，HPLC）技术发展的主要推动力。HILIC 产生后的三十余年中，材料技术不断推陈出新，基质材料既有传统硅胶，也有聚合物和整体柱的应用；同时，离子液体、石墨化碳等新型材料崭露头角。各种键合官能团，如多肽、杯芳烃等陆续展现，丰富了固定相种类，这些固定相制作出的液相色谱柱在食品、环境、生物和药物领域的极性化合物分析中得到了极其广泛的应用。

第一节 未衍生硅胶固定相

目前常用的 HPLC 分离填料按照基质材料一般可分为三类：无机基质填料、有机基质填料以及有机-无机复合填料。无机基质填料具有热稳定性好、刚性好、不易产生膨胀或收缩现象等优点，在 HPLC 固定相的发展中得到持续研究和应用，受到广大色谱工作者的青睐。无机填料中开发最早、研究最多、应用范围最广的是硅胶基质，硅胶填料在 HILIC 研究领域同样是最重要的基质之一。

未衍生硅胶固定相是指仅采用裸硅胶或硅烷基硅胶为骨架，不再键合其他对保留有影响官能团的固定相。这类固定相保留机理较简单，硅胶是产生亲水作用的主体。

硅是一种非金属特性的元素，存在于地球表面，含量丰富，仅次于氧气，占平均岩石表面的 27%。化学元素周期表中位于第Ⅳ主族，原子序数 14，核外有 14 个电子。最外层的 4 个价电子使硅原子处于亚稳定状态，这些价电子使硅原子相互之间能以共价键结合（图 2-1），该共价键结合使其具有较高的熔点和密度。硅的化学性质较稳定，常温下很难与除氟化氢和碱液以外的其他物质发生反应。科学研究中使用的硅实际上是硅胶（Silica gel），为人工合成的硅聚合物，是硅氧键连接而成的化合物，主要成分是二氧化硅，也被称为硅橡胶。

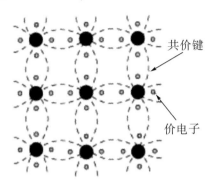

共价键

价电子

图 2-1 共价键平面结构示意图

硅胶具有独特、优异的物理和化学性质。从物理属性看，硅胶的吸附性极强，且不属于晶体状态，不溶于水和任何溶剂，无毒无味；化学性质稳定，除强碱、氢氟酸外不与任何物质发生反应。如此特性决定了它具有许多其他同类材料难以具备的四个优点：吸附性能高、热稳定性好、化学性质稳定、有较高的机械强度。硅胶是一种优异的固定相基质材料。

硅胶大量用在色谱分析领域，尤其是液相色谱柱技术中，用作液相色谱柱的基质材料。因其制造方法不同，硅胶形成不同大小、形状的微孔结构，包括大孔硅胶、粗孔硅胶、细孔硅胶等，用在不同需求的色谱柱上。具有各种化学性质的官能团也可以键合在硅胶表面，色谱分离时，官能团与待测物质之间产生吸附、分配、离子交换等相互作用。

同时硅胶本身也是一种化学聚合物，利用硅胶的化学性质用作色谱固定相填料，未键合其他官能团的硅胶，研究者习惯称之为未衍生硅胶。未衍生硅胶用于 HILIC 分析，恰当地利用了其吸附性强的优点。除吸附作用外，未衍生硅胶作为 HILIC 固定相，还有一种重要的作用方式——分配，这与流动相中含有一定量水分子有关，硅胶表面形成富水层，富水层中硅羟基（$-SiOH$）为最主要化学形式，浓度约为 8 $\mu mol/m^2$[3]，待测物在富水层与流动相（富有机相）之间进行分配。此外，未衍生硅胶固定相本身化学结构单一，质谱分析时，分析物以外的杂质峰极少[4]。

未衍生硅胶用于 HILIC 分离，硅胶表面形成富水层起着关键作用。富水层中，表面与水分子形成的硅羟基通常有三种形式（图 2-2）：独立（A）、成对（B）和联合（C）[5-9]。三种形式之间可相互转化，如高温时，B 和 C 可转化为 A，当温度高于 800 ℃时，硅羟基将会减少，仅留下硅氧烷，表现出疏水性[10]。

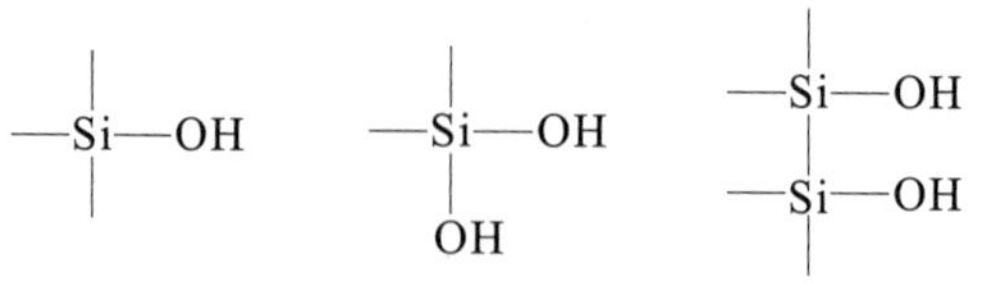

$$—Si—OH \qquad —Si—OH \qquad —Si—OH$$
$$\qquad\qquad\qquad\quad | \qquad\qquad\quad —Si—OH$$
$$\qquad\qquad\qquad OH$$

A 独立硅羟基　　B 成对硅羟基　　C 联合硅羟基

图 2-2　硅胶与水分子形成硅羟基的形式[13]

使用未衍生硅胶作为 HILIC 固定相基质材料需要关注硅胶纯度带来的影响，来源和生产方法不同，纯度有较大差异。由硅酸盐溶液沉淀制备而成的硅胶，也叫干凝胶型，含有 Al^{3+} 和 Fe^{3+} 等金属离子，金属离子将吸引 Si-OH 中氧原子的电子，使羟基中的 H 更容易脱离，硅胶表现出更大的酸性。对酸性化合物的保留有所减弱，对碱性化合物的保留得以增强。使用纯度不高、杂质较多的硅胶填料的固定相分析碱性化合物时，吸附最强，色谱行为易表现为拖尾。需要注意分析对象的 pK_a 值和所使用流动相的 pH 值。

另一种制备硅胶的方式是在空气中聚集形成，纯度较高，金属污染小，酸性小，分析碱性化合物时，不易产生拖尾峰。含有极少量的金属杂质，与干凝胶型材料相比，在中性至更高的 pH 值（至少 pH 值=9）范围内硅胶更加稳定，通常能提供良好的分离。在更高的 pH 值条件下，硅羟基被电离，阳离子交换在保留过程中起重要作用，尤其是对于带正电荷的碱性化合物，通过添加三氟乙酸（TFA）抑制硅羟基电离可促进离子配对，在整体硅胶柱上也能观察到相似的状况。目前，色谱柱制造商在硅胶纯度方面精益求精，使色谱柱性能得以提升。此外还有一种形式，表面的 OH 被 H 取代，形成 Si-H，又称为"氢化硅胶"。最多能有 95% 的 Si-OH 基团被取代，使硅胶表面的极性极大降低，材料的疏水性增加。氢化硅胶与经典硅胶有很大的区别，极性低，对水吸附少，改善了分析物保留结果的重现性。应用于 HILIC 时，常用于分离弱极性到中等极性化合物，其可以在含有 50%~70% 有机溶剂（乙腈）的流动相中以 HILIC 模式分离酸或碱。图 2-3 中展示了三种硅胶材料，其中图 2-3A 为未修饰的 Si-H，图 2-3B 和图 2-3C 为两种修饰的 Si-H。图 2-3A 为硅胶氢化物材料中最基本的 Si-H 结构，图 2-3B 和图 2-3C 分别引入胆固醇和双齿 C18 等低极性键合基团的硅胶氢化物材料。图 2-3B 和图 2-3C 通过低极性基团的引入，增加了材料的疏水性。此外，市面上还有一些 Si-H 基团为填料的固定相，如 Cogent Silica-C™ 色谱柱，在苯丙氨酸和苯甘氨酸的分离中表现优异[11]。Matyska 等人也对比十一酸（UDA）修饰硅胶氢化物固定相和未经任何修饰的硅胶氢化物固定相，用于单磷酸核苷酸、二磷酸核苷酸和三磷酸核苷酸的分离，分离效果显示，前者的分离效果明显优于后者[12]。

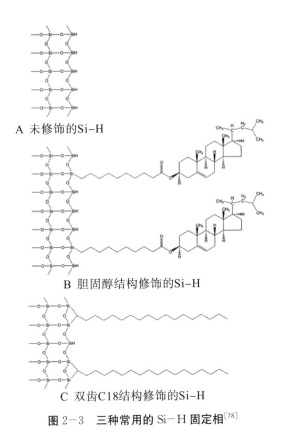

A　未修饰的Si-H

B　胆固醇结构修饰的Si-H

C　双齿C18结构修饰的Si-H

图 2-3　三种常用的 Si-H 固定相[78]

未衍生硅胶固定相具有多种保留机制：分配、吸附和离子交换。在不同的 pH 值条件下，保留机制有所差异。当流动相具有较高 pH 值时，硅胶表面的硅羟基团表现为离子化，阳离子交换占主导作用。此时，如果待测物为带正电的碱性化合物，将和固定相之间产生离子交换作用，同时也表现出少量氢键作用机制。研究表明，流动相中如添加三氟乙酸可抑制二氧化硅表面的离子交换作用，但不足之处是可能形成离子对，分离一些碳水化合物时会出现拖尾峰或不可逆的吸附[13-14]。在 pH 值中等或较低时，未衍生硅胶固定相更多表现为分配和吸附机制，而几乎没有离子交换作用机制[15-16]。

无孔硅胶是指表面无孔，粒径小于 2 μm（亚-2 μm）且机械强度高的单分散硅胶微球。无孔硅胶填料存在比表面积小的不足，其样品负载量较低，当进样量较大时，易引起超载和色谱峰展宽。这类填料已逐渐淡出了色谱填料领域。

一、全多孔硅胶

硅在自然界以二氧化硅或硅酸盐的形式存在，没有游离态的硅。作为色谱柱基质材料时，多采用二氧化硅形式。二氧化硅可以有三种形式用于色谱柱固定相材料：全孔、表面孔和整体柱。全多孔硅胶（Totally Porous Silica Particles，TPP）由于具有大的柱容量，被广泛应用在色谱柱固定相上。采用直径 1.5~5.0 μm 的颗粒，由溶胶-凝胶法合成或聚集形成。溶胶-凝胶法通常是将二氧化硅材料加入有机溶剂中进行乳化，乳化液滴被转化为球形二氧化硅溶胶，球形二氧化硅溶胶经过干燥，形成不同尺寸大小的颗粒，进一步通过控制 pH 值、温度和胶体浓度，生产出所需粒径和孔径的材料。在 HILIC 中，多孔硅胶的孔径大小分别应用于不同的分析对象，小孔硅胶用于分子量小于 4000 的化合物分离，大孔硅胶用于分子量大于 4000 的物质分离，如蛋白质。

聚集球形小颗粒二氧化硅溶胶是制备 TPP（图 2-4）的一种方法。该方法中，具有确定颗粒尺寸的硅溶胶是分散到极性液体中，然后加入可聚合材料，如三聚氰胺，可聚合材料引发二氧化硅颗粒形成大小均匀的球形聚集体。这些聚集体在高温下烧结以增强二氧化硅溶胶颗粒的网状连接强度。Atlantis HILIC Silica 是一种经典的 TPP 色谱柱，在药物分析领域应用广泛。Pretorius 等[17]用该色谱柱分析了代谢性酸中毒病人血浆中的焦谷氨酸，有效地避免了谷氨酸和谷氨酰胺形成焦谷氨酸。丁丽等[18]分析了人尿液中烟碱及其 9 种代谢物，使用这种色谱柱充分改善了糖苷类物质的分离度，提高了质谱检测灵敏度。巩丽萍等[19]测定叔胺类药品中硫酸二甲酯基因毒性杂质，该方法干扰小、质谱响应高，被用于有机合成质量控制。同类型的色谱柱有 Betasil Silica、Hypersil Silica、Kromasil Silica 等。

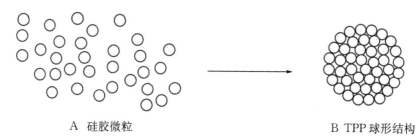

A 硅胶微粒   B TPP 球形结构

图 2-4 TPP 的组成[13]

二、表面多孔硅胶

表面多孔硅胶（Superficially Porous Particles，SPP）包括一个直径为 1.5～5.0 μm 的实心核，核上覆盖厚度为 0.25～5.00 μm 的多孔硅壳层（图 2-5），填料使用直径 1.7 μm 的实心硅胶核，外层为厚度为 0.5 μm 的 B 型多孔硅胶。这种技术也被称为熔融核技术（Fused-Core），该技术最早由柯克兰（Kirkland）提出，这类填料最初是为了使得 UPLC 色谱柱比常规 2 μm 填料的 UPLC 色谱柱更坚固可靠，正如其名称一样，Fused-Core 即是将多孔硅胶壳熔融到实心硅胶颗粒表面，如 Ascentic Express HILIC 色谱柱、HALO 色谱柱等。由于实心核的存在，色谱柱产生的反压明显低于 UPLC 色谱柱，更低的反压可以使仪器承受压力降低，为分析带来诸多便利，HALO 柱适度的反压使得该柱能用于常规的 HPLC 仪器却实现了近似 UPLC 的性能。此外，HALO 柱所用的筛板孔径通常约为 2 μm，要远大于 UPLC 色谱柱的 0.5 μm。这个更大的孔隙柱入口筛板也减少了 UPLC 柱入口筛板堵塞问题。与全多孔硅胶相比，表面多孔硅胶分散性良好，涡流扩散项 A 项显著降低，拥有更窄的峰宽和对称性。此外，实心无孔核使得色谱填料孔体积减小，降低了纵项扩散项 B 项。同时，核壳型色谱填料由于扩散路径短，有效降低了传质阻力项 C 项。表面多孔硅胶使用更短的色谱柱、更高的流速达到快速高效的分离目的。Sugiharto[20]使用 Express HILIC 色谱柱对大肠埃希菌（大肠杆菌）引起免疫反应后血浆中的复杂代谢产物进行了分离。曹小吉[21]以 6 种头孢菌素为分析对象，比较了 HALO 柱与其他 5 种柱的分离和保留差异。Cheng[22] 利用 HALO 柱对大鼠血浆中的葫芦巴碱进行了分离，这种代谢物由甲醇提取咖啡豆得到，用其他色谱柱难以消除溶剂对分离带来的影响。

图 2-5　熔融核技术

三、亚乙基桥杂化硅胶

亚乙基桥杂化（Ethylene Bridged Hybrids，BEH）硅胶由两种高纯度单体制成：四乙氧基硅烷（TEOS）和双（三乙氧基硅基）乙烷（BTEE）（图 2-6）。两种颗粒稳定性高、耐酸碱且机械强度出色，与常规的硅胶基质颗粒相比，BEH 通过杂化控制硅醇活性，获得了更出色的重现性、峰形和柱效。

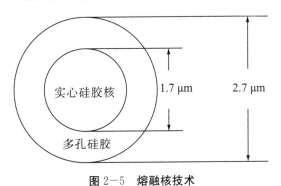

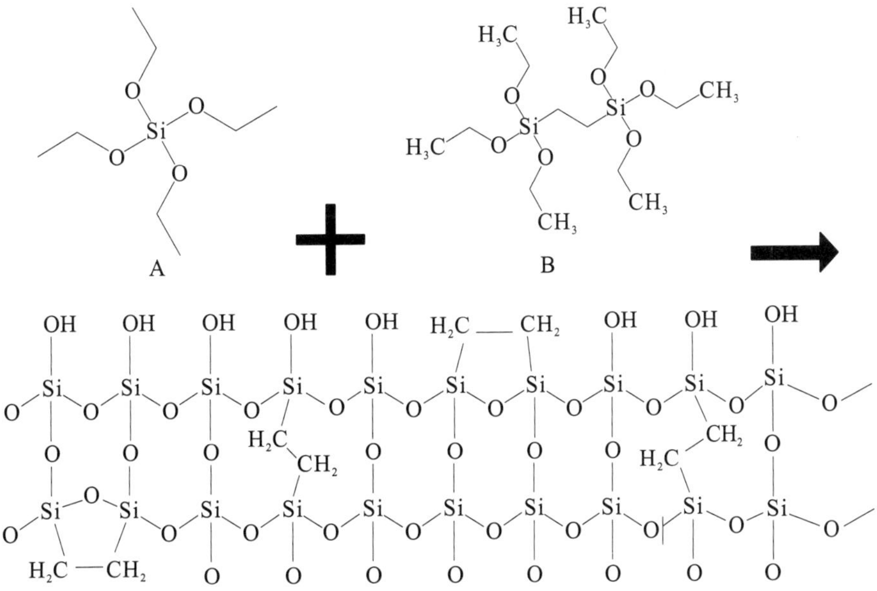

图 2-6　亚乙基桥杂化

注：A 为四乙氧基硅烷，B 为双（三乙氧基硅基）。

合成的硅胶填料中有大量桥式乙烷结构存在于颗粒内部和表面，称为亚乙基桥。研究者将 1.7 μm 未衍生的 BEH HILIC 固定相与其他未衍生硅胶固定相对比后得出结论，BEH 固定相的保留机制有分配、吸附和二次相互作用，与其他衍生硅胶相似。与硅胶柱相比，其表面的带电状态不同，亲水性更弱。但在表面硅羟基未明显带电的情况下，硅胶和 BEH 的保留行为极为相似。从化学稳定性上来讲，BEH 优于硅胶，对于未衍生颗粒而言，由于表面没有配位体的保护，硅胶在中至高 pH 值下易溶解，而 BEH 没有这样的问题。在分析阴离子时，通常要求中至高的 pH 值，此时溶质处于电离状态，有更好的保留，因此在分析阴离子时，BEH 硅胶相比传统硅胶优势明显。桥联减少的酸性，使分析碱性化合物时不易拖尾。BEH 克服了传统硅胶基质填料的缺陷，如 pH 值小于 2 时发生水解，pH 值大于 8 时，硅胶自身溶解，适合使用的 pH 值范围得到扩展。除上述应用外，BEH 也可键合衍生成 C8、C18、苯基和其他 HILIC 形式的固定相。BEH 硅胶是目前应用最多的未衍生硅胶固定相，广泛用于各种食品中碱性化合物的分析[23—26]、临床药物分析和血液样本中极性化合物检测[27—29]以及代谢组学研究[30—32]。

未衍生硅胶也有制作成整体柱用于分析的报道（整体柱在第三节中介绍），商品化的色谱柱如 Chromolith Si、Onyx Si，少量应用在无机离子 Li$^+$、Na$^+$、K$^+$、Cl$^-$ 和一些药物的分离上。

第二节　衍生硅胶固定相

衍生硅胶固定相指硅胶通过化学改性，在二氧化硅表面键合所需要基团而形成的固定相。在 HILIC 领域，分析针对极性化合物键合的基团主要为极性基团，通常为酰胺基、氨基、氰丙基、二醇基、环糊精、聚琥珀酰亚胺等。本节中依据二氧化硅表面键合化合物电荷性质，分为中性、两性、正电荷和负电荷 4 种类型衍生硅胶固定相进行介绍。

一、中性衍生硅胶

（一）酰胺类键合硅胶

酰胺官能团本身不带电荷，属于中性衍生硅胶，包含多种形式的酰胺类型，如酰胺基、烷基酰胺基、烷基氨基甲酰基（图 2—7）。研究发现，酰胺基团属于中性基团，与分析物无离子交换，无静电作用机制，酰胺类键合硅胶的分离作用可能是由于离子-偶极和氢键的协同作用；同时也发现这种键合硅胶具有氢原子受体和供体位点，有利于酸性分析物的保留[33]，当酸性化合物在中到高 pH 值环境下时，因其处在电离状态，有利于阴离子溶质与酰胺基之间的相互作用。低到中 pH 值环境下，碱性化合物处于电离状态，与色谱颗粒表面残留的硅醇相互作用，从而与键合相发生离子交换以及疏水（反相）作用而得到保留。与氨基不同，酰胺基不具有碱性，因此保留非离子化合物时不受 pH 值的变化影响。更为有利的是，由于没有氨基，可防止与糖或其他羰基结构物质的化合物形成席夫碱[34]。需要注意的是，酰胺类键合硅胶表面所带电荷少，总体而言不适用于离子型化合物的分离。

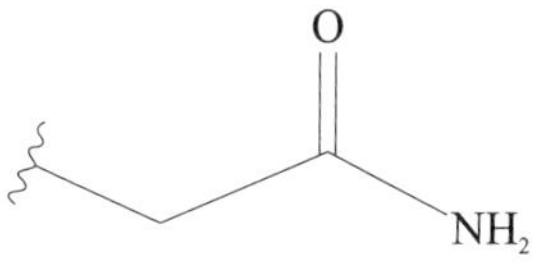

A　酰胺基

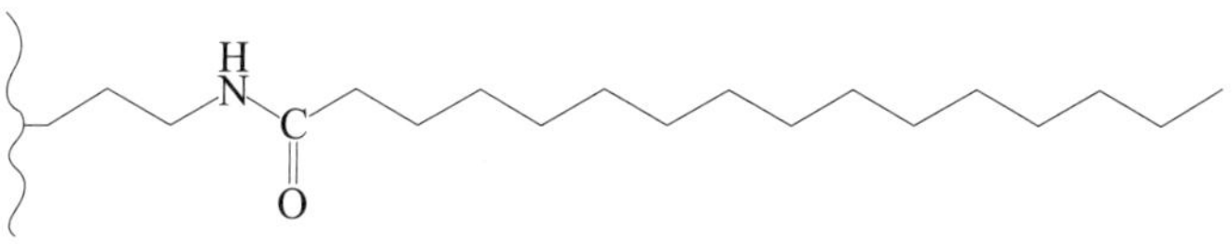

B　烷基酰胺基

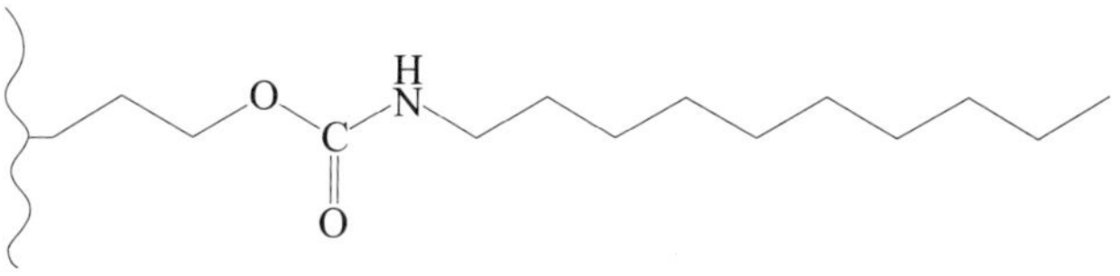

C　烷基氨基甲酰基

图 2-7　酰胺类键合硅胶

TSKgel Amide-80 色谱柱是早期的一批酰胺类键合硅胶色谱柱，1985 年就已面市，有 3 μm、5 μm、10 μm 三种规格大小的颗粒。表面的功能基团为非离子化的烷基氨基甲酰基（图 2-7C），通过一条短烷基链键合在二氧化硅上。这种色谱柱被用来同时分离毒蘑菇中 α-鹅膏毒素、β-鹅膏毒素和鬼笔肽毒素，掺假牛奶中三聚氰胺和三聚氰酸以及快速分离甘露醇注射液中活性物质和非活性物质[35-37]。

BEH 技术诞生后，色谱柱制造商生产出了酰胺键合相的杂化颗粒为填料的 BEH Amide 色谱柱，粒径为 1.7 μm，内径为 2.1 mm，长度为 30~150 mm，该色谱柱将酰胺类键合硅胶固定相的应用推向了高潮。有大量用于化工[38-39]、食品[40-41]、医药[42]等方向的文献报道。尽管酰胺类键合硅胶固定相可用于胺类、喹啉类、嘌呤类、碱性有机物的分离，但最适合使用这种色谱柱的还是碳水化合物的分析，图 2-8 为 BEH Amide 色谱柱对 13 种碳水化合物实现良好分离的色谱图。除 BEH Amide 外，Accucore Amide、Sunshell HILIC Amide、XBridge BEH、Unisol Amide 等商品化的酰胺类键合硅胶色谱柱也有一定使用率[43]。

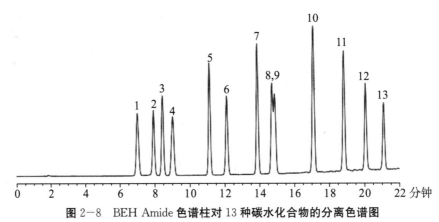

图 2-8　BEH Amide 色谱柱对 13 种碳水化合物的分离色谱图

注：1 表示木糖，2 表示果糖，3 表示甘露醇，4 表示葡萄糖，5 表示蔗糖，6 表示纤维二糖，7 表示松三糖，8 表示蜜三糖，9 表示麦芽三糖，10 表示麦芽四糖，11 表示麦芽五糖，12 表示麦芽六糖，13 表示麦芽七糖。

引自《HILIC 综合指南》沃特世科技（上海）有限公司。

色谱条件：0～22 分钟，80％～60％乙腈（0.1％三乙醇胺），柱温 35 ℃。

综合酰胺类键合硅胶固定相的报道来看，这类色谱柱主要应用在多肽、寡糖、糖蛋白和苷类物质。

（二）羟基类键合硅胶

羟基类键合硅胶通常是指两个和两个以上羟基与硅胶键合（图 2-9），从文献报道看，键合在硅胶上的羟基形式主要有二醇基、聚乙二醇、戊五醇和聚乙烯醇，由于多羟基的存在，羟基类键合硅胶固定相表现出一定程度的亲水性，其作用机制多为氢键。需注意的是，羟基类键合硅胶相对大多数的极性化合物而言是弱保留，因此其在复杂化合物的分离方面没有优势。二醇基键合硅胶是 HILIC 应用较早的固定相，这种固定相最初是为了克服硅胶固定相中自由 Si—OH 基的吸附作用[34]。二醇基键合硅胶固定相通过二氧化硅和乙二氧基丙基三甲氧基硅烷反应后，酸催化的开环水解，环氧乙烷基团形成二醇基结构制备而成。

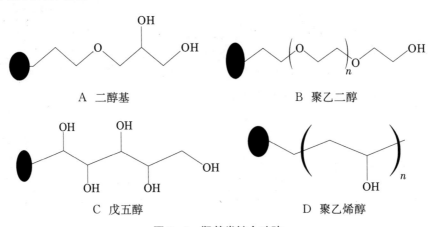

图 2-9　羟基类键合硅胶

　　二醇基键合硅胶固定相包含亲水性的羟基和硅羟基（图 2—9A），在表面被烷基化试剂"锁住"，不表现出对分析物的吸附力。由于具有亲水的羟基，同时可产生氢键作用，保留机制主要通过分析物在大量流动相流经固定相表面部分附着的水层之间的分配以及固定相配体上羟基和分析物的氢键作用实现。尽管二醇基配体具有较大的极性和氢键供体，由于分析物与表面硅羟基之间几乎无离子作用，对于多数分析物来说保留较弱，具体表现为对阳离子分析物的保留很短。二醇基曾被一些学者认为是最好的 HILIC 固定相，固定相的极性与未衍生硅胶固定相相近[44]。二醇基在 HILIC 的应用最初是用来分离蛋白质、核酸和多糖，现在更多使用在小分子多元醇、小分子酚类化合物的分离上[45]。此外，二醇基键合硅胶因结构中不含氨基，不会形成席夫碱，对还原糖也不会出现不能被洗脱的过强吸附，也被认为是分离碳水化合物性能优异的固定相[46]。但残留的硅羟基会有一定影响，如 Intersil HILIC（5 μm 粒径）色谱柱保留甘氨酸时，通过添加三氟乙酸来解决，同样该色谱柱分析尿素和蔗糖时就不需要添加[47]。二醇基常用的色谱柱有 Fortis HILIC Diol、Inertsil HILIC、Kromasil Diol、Nucleosil 100—5 OH、Polar Diol、Shodex VN—50、Supelcosil LC—Diol、YMC Triart Diol HILIC、Lichrospher 100 Diol 等。Shen 等利用 Inertsil HILIC 色谱柱对 7 种薯蓣属植物中四大甾体皂苷进行分离后，用高效液相色谱－蒸发光散射检测器检测[48]。赵恒利将 Inertsil HILIC 色谱柱应用于人体血浆中 H1 受体拮抗剂－氯马斯汀的分析，方法重现性好、氯马斯汀与血浆中干扰物质分离良好，符合生物样品药代动力学和生物利用度研究要求[49]。董少鹏用 Lichrospher 100 Diol 色谱柱从成分复杂的人参提取液中分析人参皂苷 R0 中含有 7 种药理活性物质[50]。陈华以正己烷－异丙醇－冰醋酸－三乙胺和异丙醇－水－冰醋酸－三乙胺为流动相，利用 Lichrospher 100 Diol 色谱柱为固定相，以 HPLC 分析了两种强碱性物质[51]。祁艳霞采用共沉淀法结合后修饰法制备了一种介孔内表面修饰反相苯基基团、外表面修饰烷基二醇基的硅基介孔材料，其对标准蛋白、人血浆等复杂样品中低分子量蛋白质（分子量小于 10 kDa）具有良好的富集选择性[52]。二醇基在酸性条件下会缓慢释放键合相，对色谱柱的稳定性产生影响，研究者发现通过交联作用可以增强固定相抗水解的能力，Luna HILIC 200 就是一种交联的二醇基色谱柱（图 2—10），不易水解，亲脂作用强，相对于普通二醇基键合硅胶固定相，具有更优异的色谱表现[53]。除二醇基外，聚乙二醇基、键合木糖醇（戊五醇）和聚乙烯醇也有文献报道[54]。目前应用较广泛的同类色谱柱有 Fortis HILIC Diol、Inertsil HILIC、Kromasil Diol、Nucleosil 100—5 OH、Polar Diol、Shodex VN—50 Supelcosil LC—Diol、YMC Triart Diol HILIC、Lichrospher 100 Diol。Ascentis Express OH5、Halo Penta－HILIC 是两种键合戊五醇的色谱柱，YMC PVA－Sil 是键合聚乙烯醇的色谱柱。

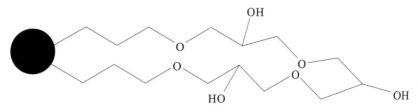

图 2—10　Luna HILIC 200 色谱柱固定相

总体而言，尽管相关文献不多，羟基类键合硅胶固定相更适合于小分子量的酚类物质的分离。

（三）氰丙基键合硅胶

氰丙基是氰基基团通过丙基直接附着直接附着在二氧化硅表面的结构形式。氰丙基键合硅胶（图2-11）的有效官能团为氰基，在色谱分析领域既可用于正相模式，也可以用于反相模式。一般情况下，氰丙基键合硅胶作为 HILIC 应用主要得益于氢键作用，但其氢键作用相比于羟基类基团更弱，因此用作正相色谱时，该固定相保留比其他正相弱。氰丙基键合硅胶固定相被认为是碳水化合物的首选亲水作用色谱固定相。如果一个化合物的结构类似于或者是经改造的碳水化合物，氨丙基键合硅胶固定相应可首先用于筛选。氨丙基键合硅胶固定相的特点是其在流动相的作用下易于质子化而带正电荷，其对阴离子化合物具有较好的保留而对碱性化合物保留较弱。但研究发现氰丙基键合硅胶固定相有一个缺点：机械强度不稳定，尤其在溶质极性中等时，颗粒之间相互黏附少，导致柱平面塌陷。如果溶质为非极性或极性时，颗粒黏附作用增强，就可防止柱平面塌陷。

图2-11　氰丙基键合硅胶

氰丙基键合硅胶在 HILIC 领域的应用不多。尿嘧啶、胞嘧啶、二羟基丙酮等亲水性的分析物在 Li Chrospher CN 氰丙基柱分离时，通常在死时间就被快速洗脱。保留弱和容易塌陷阻碍了该固定相在 HILIC 领域的应用[55,56]。

（四）环糊精为基础的键合硅胶

研究者用环糊精作为色谱填料制作成固定相主要利用其两个特性：光学活性和独特的环状结构。光学活性被应用到对映体的手性分离上，如对具有光学活性的糖、糖醇、黄酮和芳香醇的分离，分离机制可以是反相色谱原理，也可以是正相色谱原理[57]。而环状结构的特性则被用在 HILIC 中，本质上也是羟基发挥作用。环糊精类（Cyclodextrins，CDs）化合物通过酶水解淀粉形成，从化学结构上看是由多个糖单元形成的一个环，通常被研究者视为低聚糖。图2-12 显示了环糊精的基本结构，α、β、γ 分别包括 6、7、8 个 D-葡萄糖苷单元。1～4 位连在一起，形成超环面，边沿被糖单元中的羟基覆盖，这种结构使环糊精内部——内腔表现为亲脂性，能包络亲脂分子，同时，外部（外缘）因有较多的羟基，具备足够的亲水性，成为一个亲水性的固定相，用于 HILIC 分析[58]。应用较多的是 β-CDs，外表面有 7 个伯羟基位于空腔的细口端，14 个仲羟基位于空腔的阔口端。空腔内部只有氢原子及糖苷氧原子，具有疏水性。空腔端口大量的-OH 使 CD 外部具有亲水性，呈现出"内疏水，外亲水"的特性。

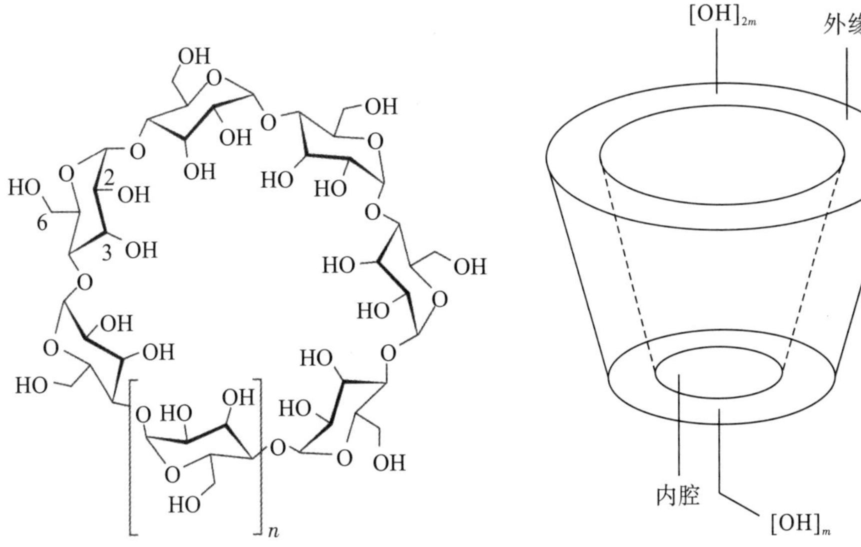

A　平面结构　　　　　　　　　B　立体结构

图 2-12　环糊精的基本结构[13]

注：α-环糊精，$n=0$，$m=6$；β-环糊精，$n=1$，$m=7$；γ-环糊精，$n=2$，$m=8$。

　　由于环糊精外缘亲水而内腔疏水，因而它能像酶一样形成包络复合物。CDs 能与很多有机物通过氢键、疏水相互作用等次级键，并通过形状、尺寸和极性等性质选择性地与它们形成包络复合物，配合流动相达到分离目的，尤其适合 HILIC 分析。从文献报道看，以环糊精为基础的键合硅胶固定相可用于低聚糖和极性化合物的分离，随着被分离的低聚糖糖单位个数的增加，CDs 与糖结构中羟基的作用增强，保留时间也相应增加[59-60]。利用环糊精中羟基的亲水性来分离植物提取物[61]和氨基酸[62]。采用靛红的羰基与 β-环糊精单取代乙二胺的缩合反应，合成得到一种靛红衍生化 β-环糊精固定相，对极性的硝基苯胺、氨基苯酚和苯二酚及其空间异构体进行了分离[63]。应用两种带有不同间隔臂的环糊精键合固定相对 14 种（硝基苯、氯酚、对羟基苯腈、碘酚、甲基苯乙醚、苯甲酰胺、苯、氯苯、环己酮、苯酚、吲唑、咖啡因、苯、甲苯）极性差异很大的混合物进行了分离[64]。利用 γ-环糊精键合硅胶固定相对 C18 色谱柱无法保留或者有弱保留的 5 种亲水化合物胸腺嘧啶、腺嘌呤、腺苷、肌苷和鸟苷做了分析[65]。另有研究表明，CDs 键合硅胶的色谱柱比酰胺基键合硅胶的色谱柱保留强，同时重复性和稳定性优于氨丙基键合硅胶色谱柱。目前 CDs 键合硅胶的色谱柱以实验室制备为主，商品化的色谱柱很少，如 Ultron AF-HILIC-CD。

　　以环糊精为基础的键合硅胶在 HILIC 上的应用主要集中在极性手性化合物、糖醇类化合物、单糖以及 8 个以内单糖组成的低聚糖的分析上。近年来的研究表明，由于环糊精分子具有亲水的外表面和疏水的内腔，该固定相除了具有特性外，还对弱极性和中极性化合物表现出反相液相色谱（Reversed Phase Liquid Chromatography，RPLC）性质，整体表现出 RPLC/HILIC 混合模式的保留行为。

二、阴离子衍生硅胶

阴离子衍生形成的键合硅胶固定相主要用来分析具有阳离子的极性化合物，如抗菌素、有机碱、氨基酸、核酸碱、核苷等。常用的阴离子基团包括天冬氨酸、羧酸、磺乙基和四唑等。天冬氨酸和羧酸属于弱阳离子交换剂，磺乙基是一种具有磺酸基的强阳离子交换剂。四唑基团附着在与二氧化硅共价结合的聚丙烯酰胺上，在流动相 pH 值高于 5 时，四唑相携带负电荷（$pK_a=4.9$），因此四唑相包含在阴离子基团中。表 2-1 所示是一些阴离子衍生硅胶的键合相结构和色谱柱。

表 2-1　常见的阴离子键合硅胶固定相

基团	结构	常见色谱柱
天冬氨酸		Poly CAT A
羧酸		Shodex VC-50

基团	结构	常见色谱柱
磺乙基	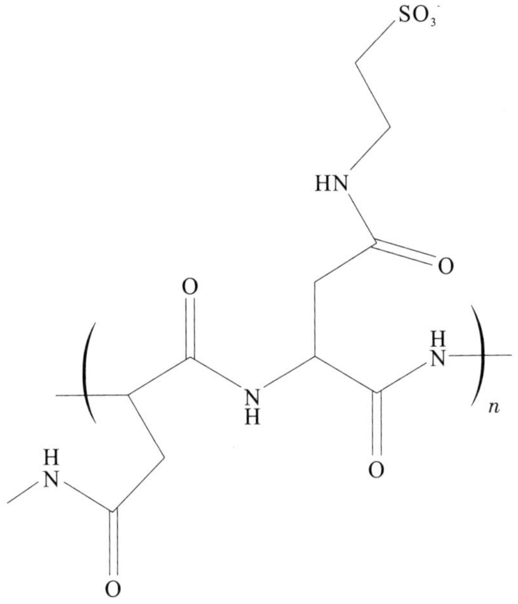	Polysulfoethyl A
四唑基	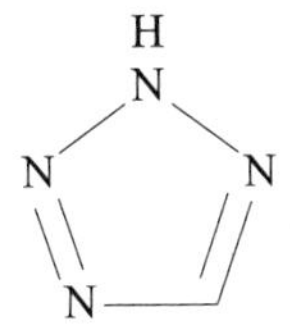	Dcpak PTZ

　　聚天冬氨酸又名聚琥珀酰亚胺，是一类性能优异的高分子材料，既有类似于蛋白质的酰胺键结构，又具有类似多肽的结构，作为阳离子交换材料应用广泛。HILIC 中较多的阴离子键合硅胶固定相由以聚琥珀酰亚胺为基础的化学结构生产而来。部分阴离子键合硅胶固定相的形成如图 2-13 所示。

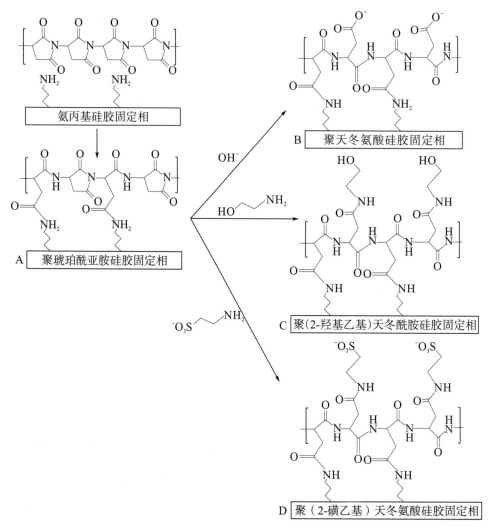

图 2—13 部分阴离子键合硅胶固定相的形成[13]

图 2—13 中可以看到，部分琥珀酰亚胺环被打开，通过多个酰胺键连接到氨丙基主链上，形成聚琥珀酰亚胺硅胶固定相（A），这种固定相适合分离单糖、寡糖和唾液酸化糖或者它们的 p—硝基苄氧基衍生物；未开环的琥珀酰亚胺环与不同的亲核试剂反应，并通过改性得到了一系列新硅胶基质的固定相，如用碱水解得到天冬氨酸（B）、乙醇胺反应得到羟基乙基天冬酰胺（C）、与牛磺酸反应得到磺乙基天冬氨酸（D）。这些固定相保留极性化合物的机理主要是亲水作用和离子交换作用。Alpert 提出了一种通过水解琥珀酰亚胺环而合成的聚天冬氨酸键合硅胶相固定相，属于弱阳离子交换性质的色谱柱，这种色谱柱化学性质稳定、耐用，常被用于蛋白质的分离；同时由于有效基团具有两性的特性，该色谱柱也被用于同时分析阴离子和阳离子[66—67]。另一种固定相——聚羟乙基天冬氨酸键合硅胶固定相被用于分离碳水化合物、磷酸化和非磷酸化的氨基酸、多肽、糖肽、寡核苷酸、糖苷等代谢产物和小分子化合物，分离时需要在流动相中添加 7~10 mmol/L 的电解质，如三乙胺缓冲液，溶质所带电荷越多，需要添加的

盐就越多，以此来获得对称峰形。但这类固定相比其他常用的 HILIC 色谱柱分离效能低，稳定性更低，易产生柱流失[68]。磺乙基天冬氨酸表现出强的阳离子交换作用，具有 HILIC/阳离子交换混合模式的保留机理，可作为对 RPLC 的有效补充，适合于分离亲水的多肽，通常流动相中乙腈的含量需大于 90%，小于该值时，对强极性化合物的分离效率会显著下降。聚磺乙基天冬酰胺键合硅胶相同样有柱流失的问题，一个二维液相串联质谱的研究中出现了几个干扰峰，新色谱柱时干扰可忽略，连续使用 1 个月后变得显著[69]。目前，商品化的聚天冬氨酸键合硅胶色谱柱有 Poly CAT A，羧酸键合硅胶色谱柱有 Shodex VC-50，聚磺乙基键合硅胶色谱柱有 Polysulfoethyl A，四唑键合硅胶色谱柱有 Polysulfoethyl A。

三、阳离子衍生硅胶

阳离子衍生硅胶主要指使用 pH 值范围内键合阳离子活性基团的硅胶，通常用来分析阴离子极性化合物。常用的阳离子活性基团主要包括氨基、咪唑基、吡啶基等。

（一）氨基键合硅胶

氨基键合硅胶色谱柱主要应用在糖、糖苷、有机酸、多肽、核苷、阴离子的分析中。氨基键合硅胶色谱柱对酸性化合物保留很强，研究者认为这是由分配和离子交换机理所致，即 HILIC 和阴离子交换混合作用。氨丙基键合硅胶是最早使用的氨基类型固定相，这类固定相被用于正相液相色谱或 HILIC，基本结构如图 2-14A，硅胶表面键合 3 个 C 的短链，在短链末端结合氨基，用作 HILIC 时，被广泛用于碳水化合物[70-72]、氨基酸、蛋白质[73]和一些抗生素[74]的分离。商品化的氨丙基键合硅胶柱有 ACE NH$_2$、Asahipak NH$_2$P－50、Chromenta EP－NH$_2$、Cosmosil NH$_2$－MS、TSKgel NH$_2$ 等。分离碳水化合物时，氨丙基能促进旋光改变，有效避免异构体形成双峰，这一点上比纯硅胶的固定相更具优势[75]。但氨丙基相对其他 HILIC 固定相而言，化学反应更活泼，且往往吸附作用通常不可逆，尤其是分离酸性化合物时[76]。同时，氨丙基键合硅胶相对于其他亲水的键合固定相存在长链硅结构上的小基团流失的问题，分析时需要更长的平衡时间[77]。除以上两个不足外，这种固定相面对一些糖类化合物时，与醛基形成席夫碱对分析影响也非常大，这些都在一定程度上限制了氨丙基键合硅胶的应用。

除氨丙基外，氨基键合硅胶也包括叔胺（图 2-14B）、季胺（图 2-14C）、聚乙基胺（图 2-14D）结构，商品化的叔胺和季胺色谱柱有 YMC－Pack Polyamine Ⅱ、HILICpak VG－50、HILIC pak VT－50 色谱柱，这种色谱柱不会形成席夫碱[78]，相对于氨丙基硅胶，这类色谱柱的寿命更长。也有聚乙基胺类型的色谱柱出现，如 Cosmosil Sugar D、Hypersil Gold PEI。

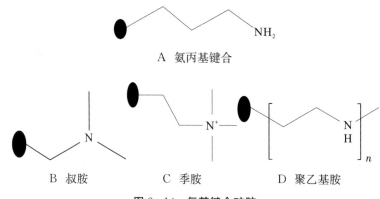

A 氨丙基键合

B 叔胺　　　　　　　　C 季胺　　　　　　　D 聚乙基胺

图 2-14　氨基键合硅胶

（二）杂环键合硅胶

杂环键合硅胶是新发展起来的 HILIC 固定相，常用的固定相有咪唑键合硅胶和吡啶键合硅胶。咪唑是分子结构中含有两个间位氮原子的五元芳杂环化合物，吡啶为含有一个氮杂原子的六元杂环化合物，两种化合物的氮原子上都分别有可接受质子的未共用电子对，理化性质上表现为碱性，研究发现它们的作用机理通常为混合模式，如静电作用、偶极－偶极作用、氢键和 $\pi-\pi$ 相互作用。研究者将咪唑和吡啶结构键合到硅胶表面用作 HILIC 固定相，咪唑 pK_a 约为 6.9，在 pH 值为 7 以下时，吡啶 pK_a 约为 5.2，当 pH 值为 5 以下时，表现为正电荷态，邓春霞采用商品化的咪唑键合硅胶的 Polar imidazole 色谱柱对小鼠血浆中四氢生物蝶呤进行了分离[79]，Polar pyridine 是商品化的吡啶基键合硅胶色谱柱，碱性比咪唑键合硅胶稍弱。ACE HILIC－B 和 Raptor Polar X 是另两种以咪唑基和吡啶基为分离结构的阴离子交换柱[13]。此外，咪唑类和吡啶类固定相在离子液体方面应用也较多，本章将在第四节中做介绍。

咪唑和吡啶键合硅胶如图 2-15 所示。

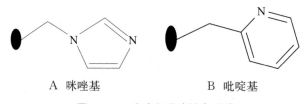

A 咪唑基　　　　　　　　　　　　B 吡啶基

图 2-15　咪唑和吡啶键合硅胶

四、两性离子衍生硅胶

两性离子衍生硅胶是指在键合于硅胶表面的长链上同时具有阴离子和阳离子官能团的固定相。通常有两种方式：第一种方式为键合一个具有两性离子的分子，在该分子中同时存在等摩尔比的正负电荷中心；第二种方式为在不同位置分别键合正负电荷的两个官能团。这种键合硅胶具有正负电荷，可同时分离酸性和碱性极性化合物，这种类型的固定相在 HILIC 中应用广泛。在 HILIC 固定相中，两性离子在键合硅胶、有机聚合物和整体柱中均有应用。

（一）磺酸烷基甜菜碱键合硅胶

磺酸烷基甜菜碱键合硅胶通过短烷基链将强酸性磺酸基和强碱性季铵基相连并嫁接在全多孔硅胶表面形成（图 2-16）。这种键合硅胶最早是由 Irgum 团队提出的[80-81]。目前使用最多的商品化色谱柱为 Merck SeQuant 公司的 ZIC-HILIC 和 ZIC-pHILIC，前者为键合硅胶基质，后者为聚合物基质。

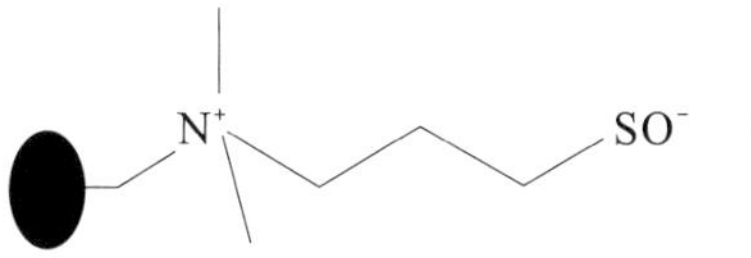

图 2-16　磺酸烷基甜菜碱键合硅胶

因为存在带正电的季铵基团和带负电的磺酸基团，这种固定相表现出对碱性和酸性化合物同时有保留的特点。研究者发现固定相表面会因为残余硅羟基带很少的负电荷，大部分的硅羟基都被两性离子的双电层有效屏蔽。由于正负电荷摩尔比接近 1，净电荷几乎为零，离子交换的特性不强[75]。也有研究者认为低的离子交换作用是因为低的表面积阻挡了游离状态的硅羟基[82]。通过相反电荷设计的技巧，两性离子材料具有较强的渗透性，容易在其表面吸附并形成水层，非常适合 HILIC[83]。这种固定相还是会携带少量的负电荷，是由远端的磺酸基团产生的[84-85]。实际应用中发现 ZIC-HILIC 色谱柱在 HILIC 分离时受 pH 值影响很小，目前大量被用在核碱基[86]、多肽[87-89]、代谢产物[90-91]、离子[92]和其他极性化合物[93-94]的分离上。研究发现使用 ZIC-HILIC 色谱柱分离多肽时与流动相的 pH 值密切相关，ZIC-HILIC 分辨率最佳的 pH 值是 6.8，而与 C18 固定相正交性最好的 pH 值是 3.0。

（二）磷酸胆碱键合硅胶

磷酸胆碱键合硅胶是另一种应用较早的两性离子固定相。这种固定相在硅胶表面键合 2-甲基丙烯酰氧乙基磷酸胆碱（图 2-17），带正电的季胺在键合相的末端，带负电的磷酸盐更靠近硅胶表面。磷酸胆碱键合硅胶和磺酸甜菜碱键合硅胶的不同之处在于：所带负电荷的基团不同，且带电基团的排列也不同，这影响了肽和其他样品，如氨基酸、羧酸和植物组织中羧酸金属配合物的洗脱顺序和分离选择性。在上述两种两性色谱柱上，阴离子和阳离子化合物可以同时被分离，但是洗脱顺序是不同的。

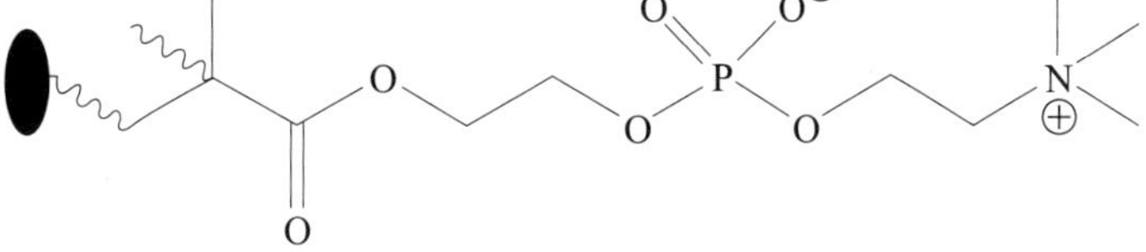

图 2-17　2-甲基丙烯酰氧乙基磷酸胆碱键合硅胶[78]

KS-polyMPC 是商品化的色谱柱，应用在蛋白质、肿瘤标记物的大分子分离领域，这种固定相分离的机制是基于固定相和分析物之间的亲水作用和离子相互作用，在 pH 值为 3～7 时，与未衍生硅胶相比（未衍生硅胶由于硅羟基的解离受到抑制），KS-polyMPC 对碱性多肽具有更强的保留，且保留时间更稳定。pH 值大于 5 时，KS－polyMPC 上的离子相互作用比未衍生硅胶弱，当洗脱液中的盐浓度高于 20 mmol/L 时，离子相互作用会消除[95－97]。

（三）Obelisc R 和 Obelisc N

Obelisc 系列是由 SiELC 公司生产的两性离子键合硅胶的色谱柱，从实际的极性化合物分离来看，具有与其他 HILIC 不同的特色，尽管有一定应用，但其具体键合官能团一直未被制造商公开。通常认为 Obelisc 系列同时具有反相或正相色谱、离子交换色谱的特性，其中离子交换包含阴离子和阳离子。研究发现这类色谱柱有 3 个主要特征：①硅胶表面覆盖高密度的正负电荷的离子；②固定相上分离单元的离子强度远大于流动相中离子强度，质量传输率高；③正负电荷通过与分析物的静电作用实现分离。Obelisc 系列用于 HILIC 分析的主要为 Obelisc R 和 Obelisc N 两种类型。按照制造商的想法，Obelisc R 是反相色谱机理与两性离子的混合，Obelisc N 是正相色谱机理与两性离子的混合。

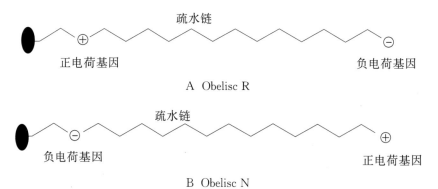

图 2－18 Obelisc R 和 Obelisc N

从图 2－18 可以看出，Obelisc R 和 Obelisc N 两种类型同时具有正负电荷基团，两种基团间通过疏水链连接，Obelisc R 靠近硅胶表面为正电荷，远端为负电荷，Obelisc N 则相反。实际应用中发现，Obelisc R 同时具有一些反相色谱的性质，但它对极性化合物又具有传统反相色谱柱不具备的吸附力和调节力，在保留上与传统反相色谱柱存在较大差异。按照制造商的说明，靠近硅胶表面的正电荷官能团的 pK_a 在 10 左右，同烷基长链连接的带负电荷的酸性官能团 pK_a 在 4 左右，Obelisc R 具有反相、弱阴离子、弱阳离子三种性质。制造商建议使用该色谱柱的阴离子和阳离子交换功能时，流动相 pH 值在 3～6。实现反相保留、阴离子交换、阳离子交换中一种色谱分离功能需要选择与之匹配的流动相组成。徐骞对比了反相色谱柱和 Obelisc R 在分析敌草快和百草枯两种高极性农药中的差异，反相色谱柱出现分叉峰，推测是由于流动相的 pH 值影响化合物存在形态，从而与不同填料之间发生多种机理的保留吸附，导致色谱峰的二次保留。改用二氧化硅表面键合阳离子基团和长疏水链结合阴离子基团的 Obelisc R，百草枯和敌草快得到分离且峰形优异[98]。Obelisc N 具有一些正相的性质，对极性化合物的保留更强，制造商推荐流动相的 pH 值在 2.5～4.5，Botero－Coy 建立了 Obelisc N 检测两性除草剂草甘膦的方法，采用水（含 20 mmol/L 甲酸铵）：乙腈（含 20 mmol/L 甲酸铵）为 30：70 的流动相，样品经过前处理后用纯水溶解，性能指标比传统衍生反应测定草甘膦的方法有了极大的提升[99]。杨华梅对比了 Atlantis T3 和 Obelisc N 分析 5 种强极性的弱酸性化合物［草甘膦、氨甲基膦酸、乙酰氨甲基膦酸、草铵膦和 3−（甲基膦基）丙酸］的效果，T3 色谱柱中出峰很快，并且拖尾严重，而 Obelisc N 具有很好的分离效果[100]。

（四）氨基酸、多肽固定相

氨基酸的基本结构是由碳原子（α−C）连接 4 个不同的基团形成的四面体。4 个基团分别为氨基（−NH₂）、羧基（−COOH）、氢原子（−H）和可变取代基团（−R）（图 2−19）。由于氨基酸含酸性的羧基和碱性的氨基官能团，因此是一种两性化合物。

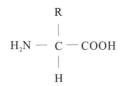

$$H_2N - \overset{\overset{\displaystyle R}{|}}{\underset{\underset{\displaystyle H}{|}}{C}} - COOH$$

图 2−19　α−氨基酸的基本结构

多肽是由氨基酸通过肽键头−尾相连形成长链而组成的生物大分子，保留了氨基酸的基本理化性质，也可表现出两性的特征。在 HILIC 领域，氨基酸和多肽的两性特征被研究者所利用，研制出多种非商品化固定相。

第三节　有机聚合物固定相

传统硅胶基质填充色谱柱受粒径、pH 值适用范围、柱背压、传质阻力、通透性、制备工艺等因素影响，有一定的局限性。随着材料科学的发展，有机聚合物逐渐应用到液相色谱柱领域。

中性有机聚合物色谱柱有聚丙烯酰胺型、聚羟基型。聚 TSKgel Amide−80 是一种聚丙烯酰胺型色谱柱，用于低聚半乳糖的分离和纯化；聚羟基型有 Luna HILIC、PVA−Sil、Epic HILIC−HC 等色谱柱。Luna HILIC 用于牛奶、动物饲料、红酒、苏打水、水果和药片中的碳水化合物、极性药物的分离[101−102]。PVA−Sil 应用在卵磷脂中 5 种主成分磷脂酰胆碱（PC）、磷脂酰乙醇胺（PE）、神经鞘磷脂（SM）、溶血磷脂酰胆碱（LPC）、溶血磷脂酰乙醇胺（LPE）和注射用浓溶液中溶血磷脂酰乙醇胺、溶血磷脂酰胆碱的分离[103−104]。聚乙烯醇（PVA）涂层二氧化硅固定相（PVA−Sil）实现了 8 种头孢族 β−内酰胺类抗生素的同时分离[105]。

针对极性化合物分离，同时具有阳离子和阴离子交换能力的苯乙烯−二乙烯苯（Styrene−Divinylbenzene，S−DVB）树脂（图 2−20）被应用，这种树脂具有两性离子的特性，通过增加乙醇在乙醇−水流动相中的比例，表现出 HILIC 的性质。有报道称单糖、乙二醇和甘油使用磺酸化的多孔 S−DVB 树脂，以乙腈−水作为流动相得到了良好的分离[106]，有研究者也将 DVB 用于蛋白质的纯化[107]。ZIC−pHILIC 是另一种有机聚合物为固定相的两性离子色谱柱，应用方向与 ZIC－HILIC 相同。

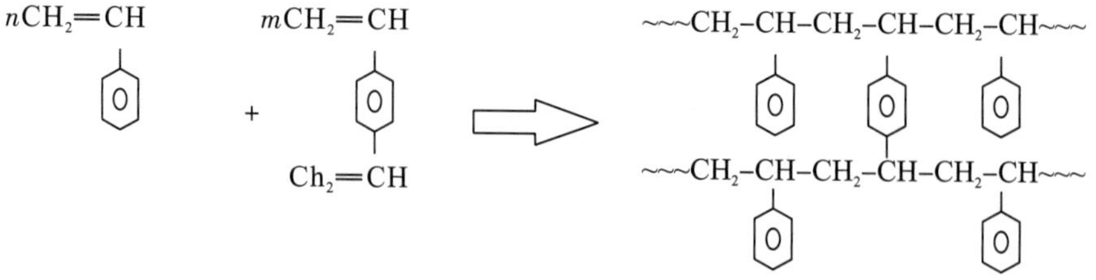

图 2-20　苯乙烯－二乙烯苯树脂

也有研究者认为，有机聚合物相比硅胶基质，分离度更低，更适合用于面对酸性或碱性较强、传统硅胶柱不能适用的化合物的分析。聚天冬氨酸和聚磺乙基是两种阴离子类型的有机聚合物。聚氨基和聚乙烯亚胺是两种阳离子类型的有机聚合物。氨基聚合物填料的固定相被用于分离多种寡糖[108]、富含碳水化合物基质中分析牛磺酸和蛋氨酸[109]、生物材料中分离和测定 5－氟尿嘧啶[110]等。氨基聚合物色谱柱比氨丙基键合硅胶色谱柱有更好的保留时间重现性，基线也更稳定。商品化聚乙烯亚胺色谱柱有 Cosmosil Sugar D 和 Hypersil Gold PEI。Cosmosil Sugar D 被用于啤酒糟酶解物中低聚木糖[111]、注射液中松醇[112]、巴戟天中寡糖[113]的分析。Hypersil Gold PEI 应用于重组胰岛素中重要诱导剂异丙基硫代半乳糖苷的分离检测[114]。

大多数有机聚合物填料中仍含有硅元素，将聚合物键合在二氧化硅表面，使 HILIC 分析时固定相的稳定性增加。如有采用环果糖键合多孔硅胶色谱柱用 HILIC 模式分离核碱、核苷、核苷酸、黄嘌呤、阻断剂、酚酸、碳水化合物等极性化合物的报道[115-117]。有机纳米珠键合多孔硅胶的同时分离酸、碱和中性化合物，在高浓度乙腈条件下，同时分离了青霉素 G 等亲水性药物及其相反离子[118]。

树突状聚合是一种高度支化的聚合形式，所有键汇聚到一个焦点（图 2-21），

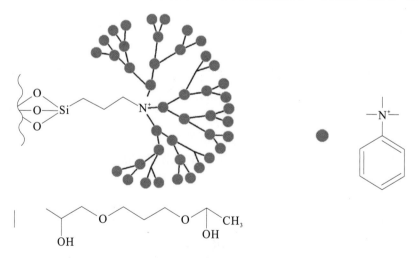

图 2-21　树突状有机聚合物

注：引自 Jandera P, Janás P. Recent advances in stationary phases and understanding of retention in hydrophilic interaction chromatography. A review [J]. Analytica Chimica Acta, 2017, 967.

基本单元为芳香季铵，树枝为烷氧基和羟基组成的长链结构。这种聚合也被研究者称作超支化聚合物。超支化聚合物在构建过程中，每步链增长反应与前一步相比，官能团数量会加倍，因此这种结构的官能团数量多于其他结构，同时也可通过对反应条件的控制来调节官能团键合数。超支化聚合物的多端基结构决定了超支化聚合物分子无链内缠绕性。因此超支化聚合物显示出高溶解性、低黏度、高化学反应活性等特点。超支化聚合物的低黏度有利于快速传递质量，可用于高通量分离。树突状聚合物改性的多孔二氧化硅可以提供混合模式保留机制，疏水性、阴离子交换和亲水性相互作用，根据分析物以及色谱条件可表现不同机制。核酸碱基（尿嘧啶、胞嘧啶、鸟嘌呤）和相应的核苷（尿苷、胞苷、鸟苷）可在 pH 值为 5 的 98％ACN 中得到分离[119]。

Pohl 等在磺化的苯乙烯-二乙烯基苯共聚物表面构建由环氧化合物和烷基胺构成的超支化聚合物涂层，这种新型固定相在强酸和强碱溶液中稳定，超支化聚合物涂层屏蔽了基质的苯环，疏水相互作用对分离影响很小，用于阴离子交换[120]。Khan 在干燥好的活化硅胶中加入甲醇钠，用无水甲苯冲洗干燥后，加入缩水甘油醚单体在 100 ℃条件下发生聚合反应，经四氢呋喃、水、甲醇和丙酮洗涤后，制备成超支化聚缩水甘油醚改性硅胶，用于 HILIC 分析[121]。

西北大学卫引茂团队对聚合物 HILIC 固定相研究颇丰。利用表面引发原子转移自由基聚合法（Surface Initiated Atom Transfer Radical Polymerization，SI-ATRP）获得了两种聚合物性质的 HILIC 固定相。SI-ATRT 具有聚合物链长和键合容量可控的优点，利用 SI-ATRP 将设计并合成的单体甲基丙烯酸-2-羟基 3-（4 羟甲氧基-1,2,3-三唑）酯聚合到聚苯乙烯微球表面；使用 SI-ATRP 将单体丙烯腈聚合到硅胶表面，然后利用氰基与叠氮化钠的环加成反应制备含四唑官能团的固定相。制备出的两种固定相均为接枝型的 HILIC 固定相，由于有效官能团含量显著提高，相对于传统的 HILIC 固定相，在核苷、核碱、酚酸和糖苷类物质的保留方面有了极大的提升[122]。

第四节　整体柱

整体柱是采用有机或无机聚合方法在色谱柱内进行原位聚合的固定相，这种原位聚合的固定相又被称为连续床固定相[123]。与传统硅胶固定相相比，具有制备工艺简单、内部结构均匀、通透性好、传质速度快、pH 值适用范围宽、易于修饰和可进行高效快速分离等优点，被广泛应用在各种类型的色谱柱上。

一、硅胶基质整体柱

HILIC 中，纯硅胶基质的整体柱保留性质较弱。材料单元孔径和整体骨架的尺寸与柱子的保留能力相关度很大[124]。近年来，一种聚结硅的整体柱被应用于 HILIC，通过静电吸附阳离子乳胶颗粒在整体柱上，将纳米粒子作为分离介质，使纯硅胶整体柱具有较高的分离效能和渗透率，这种材料能吸附大量水分，具有很强的亲水作用和离子交换作用[125]。研究者采用整体柱应用混合模式保留机制，即静电斥力与 HILIC，在高浓度乙腈条件下快速分离了苯甲酸盐、核苷酸和氨基酸。由于具有高渗透性，因此分离同一类化合物时整体柱通常用时会比其他类型的 HILIC 少得多[126]。

二、杂化硅胶整体柱

硅胶作为载体，键合其他有效官能团制作的整体柱被称为杂化硅胶整体柱。如硅胶键合丙烯酸作为 HILIC 材料，在熔融硅毛细管中制作而成的整体柱渗透性强，分析极性的核苷和碳水化合物时理论板高度只有 $10\sim20\ \mu m$，具有很高的分离效能[127]。有文献报道，在硅胶毛细管整体柱中键合［2－（甲基丙烯酰基氧基）乙基］二甲基－（3－磺酸丙基）氢氧化铵（MSA）或 2－甲基丙烯酰乙基磷酸化胆碱的两性离子单体。这种单体与纯硅胶基质单体相比，制作出的整体柱对高极性碱基、核苷和核苷酸的分离效果更好，重现性更高，乙腈从 90％到 70％，不到 40 分钟的梯度洗脱，分离 21 个化合物[128]。采用［2－（甲基丙烯酰基氧基）乙基］二甲基－（3－磺酸丙基）氢氧化铵（MSA）或 2－甲基丙烯酰乙基磷酸化胆碱单体和 3－（甲基丙烯酰氧）丙基三甲氧基硅烷进行热诱导聚合，合成了两种高效的毛细管两性离子有机硅杂化整体柱。该柱适用于各种低分子量中性、碱性和酸性分析物的 HILIC 分离，以及胰蛋白酶酶切物中的小肽[129]。

三、有机聚合物整体柱

有机聚合物是整体柱中应用最多的材料。有机聚合物有多种结构，外观上看像一些表面积很小、相互连接的无孔菜花状微球，具备分离作用的聚合物通常要求 $10\sim150\ m^2/g$ 表面积内有 $15\sim100\ nm$ 的大孔[130]。大分子通过有机物整体材料微球中的孔，而小分子穿透狭窄的孔隙，扩散缓慢。研究者提出了调整聚合温度、时间或聚合混合物的组成等多种方法，通过增加间隙，同时又保留通孔来得到优化整体材料结构[131-133]。研究者发现聚甲基丙烯酸酯二醇或聚羟甲基丙烯酸酯整体柱用于寡核苷酸的分离时，表现出柱效不高的现象，进一步研究表明有机聚合物整体柱在分离低分子量化合物时通常会表现出分离效率比较低的特点。文献报道带有两性离子基团的有机聚合物整体材料并入（聚）甲基丙烯酸酯单体结构制作的色谱柱，可用于蛋白质成分中的各种阳离子的交换分离，同时也可作为常规 HILIC 使用，各种极性化合物的分离[134]。采用甲基丙烯酰乙基－N－（3－磺基丙基）甜菜碱铵（MEDSA）与二甲基丙烯酸乙烯（EDMA）或 1，2－双（对乙烯基苯基）乙烷（BVPE）共聚制备的毛细管整体柱，使用含有 60％或以上比例乙腈的有机流动相和水，对核酸碱基和其他中性、碱性和酸性极性混合物进行了分离，与两性离子硅胶基质相比，有机聚合物整体柱的分析性能更加优异[135-136]。

第五节　新型固定相

材料科学的发展推动着 HILIC 固定相的进步。近年来，能用于固定相的新型材料、材料形态以及非商品化色谱柱的涌现，极大地丰富了 HILIC 分析的模式和方法。本节将介绍一些新的材料形式和用于研究的非商品化色谱柱。

一、离子液体

离子液体（Ionic Liquid, IL）是全部由离子组成的液体，其与正常使用的有机试剂在密度、熔点、溶解性和蒸气压等理化指标方面具有比较大的差异，研究者非常看好离子液体在分析化学中的应用前景。离子液体具有比较强的极性，使得其溶解性非常强；同时离子液体具有比较低的蒸气压，使得其不易挥发。这两点使离子液体具备了HILIC的优异特性。随着研究的深入，科学家发现离子液体还具有许多HILIC分析的优点，如高热稳定性和广泛溶剂化。离子液体的物理化学性质可以通过引入特定的官能团或不同的阳离子和阴离子的组合来调整[137-138]。在液相色谱中，离子液体最初被用作流动相添加剂，以减少在碱性化合物分离过程中残留的硅烷醇的不良影响[139-140]。后来，离子液体才作为固定相应用到液相色谱分离中[139]。根据阳离子部分的不同，离子液体可分为咪唑、铵、膦、吡啶和胍基离子液体[141-144]，其中咪唑是最常用的阳离子。以咪唑为基础的阳离子离子液体通常被结合在多孔二氧化硅的球形表面上作为HPLC固定相。最初是通过用1-烯丙基-3-己基咪唑改性二氧化硅制备离子液体固定相（ILSP），并以其优良疏水性和离子性能有效分离了生物碱，之后又进行了一系列基于咪唑离子液体并聚合具有不同侧链的固定相的开发，大量咪唑离子液体固定相出现，值得一提的是通过硫醇-烯点击化学技术与二氧化硅表面结合，形成改性咪唑固定相（图2-22），这种固定相由于同时具有脂肪链和极性的咪唑、羧酸，被用作反相和HILIC两种模式。咪唑阳离子和羧酸阴离子表现为静电作用，硅胶表面的长链则具有一定反相色谱分配机制。

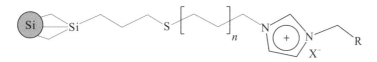

图2-22　咪唑基质的离子液体固定相[13]

国内青岛大学郭霖团队、青岛科技大学仇汝臣团队、哈尔滨师范大学于泓团队在HILIC离子液体固定相研究方面积累了丰富的经验。如郭霖团队通过分散聚合制备了聚苯乙烯种子微球，在种子微球的基础上制备了具有良好单分散性的3-（甲基丙烯酰氧）丙基三甲氧基硅烷（KH570）-DVB交联共聚聚合物微球、咪唑型聚离子液体微球和吡啶型聚离子液体微球。咪唑型聚离子液体微球用作固定相填料。离子液体具有极低的熔点和蒸气压、优异的热稳定性和较高的溶解能力，聚离子液体兼具离子液体和聚合物材料的特性，克服了单一材料的局限性，可以增加固定相与检测物之间的相互作用，提高分离效率。在反向模式和亲水相互作用模式下分离磺胺噻唑和磺胺二甲基嘧啶，获得了较为理想的分离效果[145]。仇汝臣团队制备出三类新型咪唑类HILIC离子液体固定相。第一类为新型氨基咪唑类固定相（SilprAprImCl），由N-（3-氨基丙基）咪唑键合于3-氯丙基硅胶得到，然后通过离子交换成功制备出另外两种具有不同阴离子配位的HILIC固定相（SilprAprImBF$_4$ 和 SilprAprImTf$_2$N），在HILIC模式下对上述固定相的色谱分离性能进行评估，结果显示除了1种糖醛酸外，SilprAprImCl可识别糖类化合物、核苷和碱基等 26 种极性化合物。第二类为 N,N-二甲基咪唑类离子液体型 HILIC 固定相（SilprDMAprImCl），将 N,N-二甲氨基丙基咪唑键合于 3-氯丙基硅胶上得到，在 HILIC 模式下对该固定相的色谱分离性能进行评估，除了胸苷和尿嘧啶未成功分离，SilprDMAprImCl 可识别糖类化合物、核苷和碱基等 24 种极性化合物。第三类为新型的咪唑嵌合的磺酸甜菜碱型两性离子 HILIC 固定相（SilprZIC），将 1,3-丙烷磺内酯键合于 SilprDMAprImCl 得到，同样在 HILIC 模式下对该固定相的色谱分离性能进行评估，该固定相对于部分极性化合物如糖类化合物、核苷、碱基、水溶性维生素和水杨酸及其类似物等具有一定的识别能力[146]。于泓团队对离子液体在液相色谱方面的应用做了全面的综述，同时也提到离子液体在胺类物质的分析领域应用较少，并由此建立了吡啶类和咪唑类离子液体检测胺类物质的 3 个方法：吡啶离子液体-反相色谱-间接紫外检测脂肪胺、吡啶离子液体-亲水作用色谱分析生物胺和咪唑离子液体-亲水作用色谱-间接紫外检测四丁基磷和四丁基铵[147]。

　　离子液体技术可以实现不同离子的组合，许多研究者不满足于单种离子，随着离子液体技术的发展，更多的双阳离子液体应用到 HILIC 中。如 Qiao 使用咪唑和葡糖胺两种阳离子的离子液体材料对多种有机酸进行了分离[148-149]。Li 将两种阳离子 [1,4-双（3-烯丙基咪唑）丁烷和 1,8-双（3-烯丙基咪唑）辛烷] 与不同阴离子溴离子和双（三氟甲基磺酰）酰亚胺利用"硫醇-烯结构"点击化学技术结合到 3-疏基丙基修饰的硅胶表面（图 2-23）[150]。

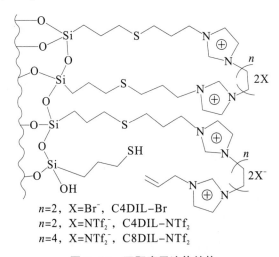

$n=2$, $X=Br^-$, C4DIL-Br
$n=2$, $X=NTf_2^-$, C4DIL-NTf$_2$
$n=4$, $X=NTf_2^-$, C8DIL-NTf$_2$

图 2-23　双阳离子液体结构

注：引自 Jandera P，Janás P. Recent advances in stationary phases and understanding of retention in hydrophilic interaction chromatography. A review [J]. Analytica Chimica Acta，2017，967.

　　一些双阳离子液体键合固定相由于具有长和短两条键合链而表现出 HILIC/阴离子交换混合模式保留机制，用作 HILIC 时，核苷具有较高的效率和选择性，相比于使用单阳离子保留强得多[148]。Qiao 制备了咪唑键合 C8 与阴离子乳酸盐组成的离子液体（图 2-24），将其用于 RPLC-HILIC 混合色谱模式，多环芳烃、苯胺和次生代谢产物的强极性成分在甲醇/水（70/30）的流动相中得到了很好的分离[151]。

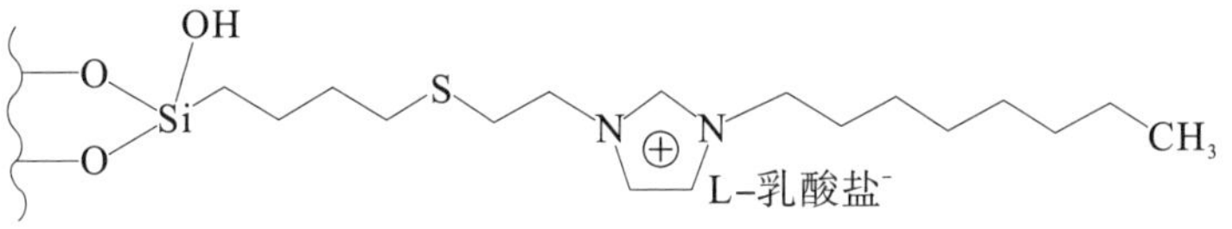

图 2-24　咪唑键合 C8 与阴离子乳酸盐组成的离子液体

注：引自 Jandera P, Janás P. Recent advances in stationary phases and understanding of retention in hydrophilic interaction chromatography. A review [J]. Analytica Chimica Acta，2017，967.

Qiao 通过"硫醇-烯结构"将 N-N-二烯丙基-N-甲基-d-溴化葡糖胺结合到 3-巯基丙基改性二氧化硅材料表面，制备了一种高效的葡糖胺离子液体固定相，通过观察苯甲酸保留的变化来对比该固定相与其他 HILIC 固定相分离机制的差异[151]。

二、石墨化碳

早在 1969 年就有科学家将石墨化碳（Graphitic Carbon，GCB）用作气相色谱柱的填料，但由于颗粒太大、脆弱等问题，难以在高效液相色谱填料上应用。直到 1986 年，Knox 等[152]引入了多孔石墨碳（Porous Graphitic Carbon，PGC）颗粒，因在 pH 值为 0~14 范围内都很稳定，使用温度可高于 200 ℃，才使得 GCB 的应用进入了新阶段。PGC 作为液相色谱硅胶固定相的替代品受到了广泛关注。随着研究的深入，该材料可用于非水正相色谱和反相色谱，与传统的烷基键固定相相比，对芳香族化合物具有一定的选择性。近年来，苯胺或羧酸盐修饰的 PGC 被用作 HILIC 和离子交换作用的固定相[153]。利用重氮改性 PGC 制备了苯胺-PGC 柱，这种色谱柱展现了 HILIC 和一部分反相柱的分离性质（只是反相特性较弱），与商业性苯胺硅 HILIC 相比性能更优异，核酸、碱基的保留更强，且苯胺-PGC 柱对羧酸也表现出完全不同的选择性和保留顺序，更为重要的是苯胺-PGC 柱在 pH 值为 2 时也非常稳定，没有形成席夫碱的趋势。研究者报道了通过预吸附的重氮离子，经还原反应将苯甲酸部分以共价形式附着在 PGC 表面制备成 HILIC 固定相，用含有乙酸铵缓冲的水-有机流动相分离芳香羧酸、核苷酸、酚和氨基酸的混合物，在 pH 值为 2 时，观察到苯甲酸的保留增加，其中固定相的电离被完全抑制[154]。PGC 是一种非常稳定的碳材料，具有 C18、C8 等材料不具备的理化性质，极化率高，且不受强酸强碱、高温、高压等环境的影响，非常适合 HILIC 分离[155]。

三、碳点

碳点是一种新型的纳米材料，具有制备成本低廉、取材天然环保、表面功能化便捷、生物相容性和化学稳定性良好等优势，从而被广泛应用于化学、生物、药物和医学等研究领域[156]。碳点表面存在多个极性官能团，适合作为 HILIC 固定相用于极性化合物的分析。傅里叶变换红外光谱显示碳点结构中存在 N-H、O-H 和 C=O 基团，进一步证明了碳点的极性[157]。用于制备碳点的常用前体包括柠檬酸和含胺的化合物（如 1,8-二胺辛烷、聚乙烯亚胺和聚乙烯二胺）。也有其他报道，如将色氨酸和乌头酸的混合物加热到 220 ℃来合成碳点，将得到的碳点固定在具有 3-乙基羟丙基功能修饰的二氧化硅颗粒上[158]。碱基模型化合物在碳点相上表现出典型的 HILIC 行为。聚乙烯亚胺（Polyethyleneimine，PEI）是碳点制备中应用较多的前体，Cai 等[159]在 PEI 水溶液中一步热解制备了碳点。将碳点（Sil−PEI/CD）嫁接到深层共晶溶剂中的 3−乙酰氧丙基硅烷化硅颗粒上。同时比较了化学键合的 PEI 相（Sil−PEI）和一个与 PEI 和碳点混合的固定相（Sil−PEI/CD）。在 HILIC 模式下，Sil−PEI 相对一组碱基和核苷的保留性最强，而碳点相（Sil−PEI/CD）的保留最少。Yang 等[160]采用乙醇中溶解的聚乙烯二胺，通过溶剂热法制备红色发射碳点，将获得的碳点附着在 3−甘氨二氧丙基改性二氧化硅上，聚乙烯二胺基碳点相的色谱性能明显优于聚乙烯二胺相。

此外，西华大学的卞军团队[161]在石墨烯/碳纳米管/聚合物纳米复合材料的研究上有新的进展，并将其与 L−天冬氨酸键合，可用于 HILIC。该团队制备了两种新型材料：①乙二胺功能化石墨烯/酸化多壁碳纳米管/聚苯乙烯接枝马来酸酐纳米复合材料；②用 L−天冬氨酸作为中间体连接乙二胺功能化石墨烯和酸化多壁碳纳米管，产生 L−天冬氨酸/乙二胺功能化石墨烯/酸化多壁碳纳米复合填料。

第六节　非商品化固定相

HILIC 固定相的研究一直在进行，研究者设计和开发了一些新型的固定相，用于某些化合物分离特异性强、分析效能高。这些固定相未被商品化，用于实验室内部的研究，性能稳定。

中性基团主要包括基于聚合物的固定相。如聚丙烯酰胺是一种常用的 HILIC 固定相材料，除了商用的 Tskgel−80 酰胺柱，在非商品化方面也有应用，被接枝到水解聚甲基丙烯酸酯二苯（Glycidyl Methacrylate−Divinylbenzene，GMA−DVB）微球上，聚合物表面同时携带酰胺和羟基，增强了固定相极性和稳定性[162]。交联聚乙烯醇（Polyvinylalcohol，PVA）是另外一种中性材料，通过将 PVA 聚合物附着在苄基硫乙基功能的二氧化硅上合成。聚乙烯吡咯烷酮也被固定在二氧化硅上，用于研究[163−164]。多支化的聚甘油通过表面引发聚合合成，控制单体的量，可合成多层聚甘油，可以增加极性化合物的保留时间，进而提高分离效能。Mallik 等[165]利用双烷基化的 L−赖氨酸将 6 或 12 个碳的烷基链和多个脲基团结合起来，制作了分离极性化合物的固定相材料。Tang[166]将核苷或核苷酸接枝到硅胶表面，制备了一系列新型的 HILIC 色谱柱，使用 3−乙二氧基丙基三甲基氧基硅烷（3−Glycidoxypropyltrimethoxysilane，GPTMS）对硅胶进行改性，再通过环氧胺开环反应将核苷或核苷酸结合在 GPTMS 修饰的二氧化硅表面，提供了四种 HILIC 固定相。Fu[167]用聚 N−（1H−四唑−5 烷基）甲基丙烯酰胺键合硅胶制作了新型固定相，与 Luna HILIC 和二醇基等商品化的中性 HILIC 色谱柱相比，在分离茶碱、尿苷和 2−脱氧尿苷时，新型固定相更为亲水，柱效更高。Zhao[168]将硅颗粒浸入聚乙烯吡咯烷酮（Poly−Vinylpyrrolidone，PVP）溶液中，低温水热处理后制成了 PVP 键合硅胶固定相。Taniguchi[169]通过表面引发原子转移激发聚丙烯酰胺在硅胶颗粒上的聚合反应，制备了新的聚丙烯酰胺色谱柱，这种色谱柱增加了硅胶颗粒上聚合物密度，大大增加了亲水性。Li[170]将氧化石墨烯通过酰胺键共价耦合到有氨基的硅胶表面，β-环糊精进一步与氧化石墨烯结合，制备了新型手性固定相，这种固定相同时具有 HILIC 特征。

阴离子基团通常包含羧酸盐、磷酸盐或磺酸盐。有研究者将纤维素氧化为二醛纤维素，并与氨基功能化的二氧化硅结合，键合后醛基进一步氧化为羧酸制备了羧基纤维素相[171]。将 1,6 二磷酸果糖吸附到二氧化锆包覆的二氧化硅微球制备了二磷酸果糖固定相，这种固定相在碱性条件下更加亲水[172]。此外，一种磺酸化的壳寡糖也由 Yan 等[173]通过两步制成，先与 4-甲酰基苯磺酸钠反应得到磺酸化，再通过化学修饰键合在硅胶表面。Hu[174]在深共晶溶剂中通过表面硫醇-烯点击反应制备出两种共聚物接枝的键合硅胶固定相，即 2-（二甲基氨基）甲基丙烯酸乙酯分别与衣康酸和丙烯酸共聚。河南工业大学赵文杰团队[175]通过亲核取代反应将聚乙烯马来酸酐键合到氨基硅胶表面，然后将残余的聚乙烯马来酸酐水解，制备了一种弱阳离子交换/亲水相互作用高效液相色谱固定相（Sil-PolyCOOH），结果表明该固定相用于 HILIC 的保留机理同时涉及分配作用和主客体之间的多重作用力，对糖类、敌草快与百草枯等化合物具有良好的分离性能。西北大学卫引茂团队[122]使用点击化学中氰基与叠氮化钠的"3+2 环加成反应"，通过一系列化学反应制备了以四唑为官能团的改性硅胶固定相（图 2-25），在弱阳离子交换模式下对碱性蛋白进行了分离，通过对尿嘧啶、尿嘧啶核苷、腺嘌呤、胞嘧啶、胞嘧啶核苷和鸟嘌呤核苷在不同流动相下的保留行为进行分析得出该固定相的保留机理为吸附和分配共同作用，并通过将乙腈换成极性质子溶剂甲醇，得出氢键起重要作用的结论。

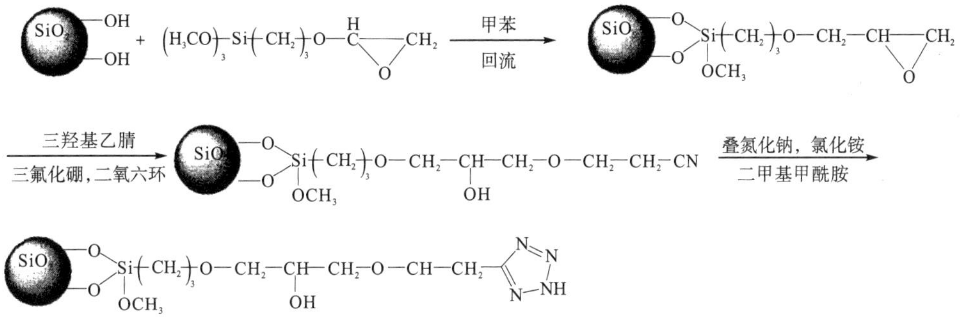

图 2-25　四唑键合硅胶固定相[122]

文献报道了一些阳离子基团的非商品化固定相，基于麦芽糖的固定相是其中一种，通过点击化学反应将麦芽糖附着在 PVA 表面，再将其涂在二氧化硅载体上，尽管麦芽糖是中性化合物，但配体中三唑基是碱性的，具有阳离子 HILIC 的特质[176]。Peng 等[177]研制了一种季铵基团的 PVA-阳离子纤维素共聚物，这种物质与酰胺相有相似的亲水性，但阴离子交换能力低于氨基相。Zhang[178]采用固定化的 Fe^{3+} HILIC 色谱柱同时富集了糖肽和磷酸肽，克服了蛋白质糖基化和磷酸化同时分析的瓶颈，这对阐明蛋白质的生物学功能非常重要。Cai[179]将聚乙烯亚胺（Polyethyleneimine，PEI）和 PEI 官能化碳点（PEI-Functionalized Carbon Dots，PEICDs）混合接枝二氧化硅填料作为新型 HILIC 固定相，多孔二氧化硅的内表面和外表面都用 PEI 和碳点的混合物修饰，这个固定相被称为 Sil－PEI/CD，对极性分析物有很强的保留能力和选择性，可以很好地分离出 11 个核苷和碱基以及 9 种人参皂苷。Yang[180] 成功制备了对苯二胺（P－Phenylenediamine，PPDCDs）衍生的红色发光碳点接枝到二氧化硅球体表面的固定相 Sil－PPDCDs，这种固定相具有优异的亲水选择性，可分离碱基、氨基酸、糖类和人参皂苷。华东理工大学褚长虎团队[181] 利用 Cu(I) 催化的末端炔烃与有机叠氮化合物的 1，3－偶极环加成反应（CuAAC 反应）将强极性官能团的有机小分子 2－(N,N－二甲氨基)－1,3－丙二醇键合在硅胶上。研究表明，该固定相的保留机制可能存在多重作用。通过考察盐浓度和 pH 值对化合物保留的影响，发现阴离子的保留行为受亲水作用/弱阴离子交换作用（HILIC/WAX）共同影响，而阳离子的保留主要是静电排斥－亲水作用（ERLIC）机制。其对核苷、碱基、生物碱、有机酸和抗生素具有良好的分离效果。

氨基酸和小肽段是 HILIC 常用的两性离子配体。Fan 等[182] 将半胱氨酸加入聚异丙基丙烯酰胺涂层中，使酰胺部分的极性得到增强，有利于保留极性化合物。Li 等[183] 通过将半胱氨酸附着在 GMA－DVB 微球表面制备了半胱氨酸聚合相，GMA－DVB 表面含有缩水甘油水解后的二醇基团。Zhang 等[184] 制作了脯氨酸固定相，将脯氨酸连接到杯［4］芳烃上，杯［4］芳烃一般指由亚甲基桥连苯酚单元所构成的大环化合物，由奥地利人 Zinke 在 1942 年首次合成得到，因结构像一个酒杯而被称为杯芳烃，大多数杯芳烃熔点在 250 ℃以上，在有机溶剂中溶解度小，几乎不溶于水，杯芳烃具有大小可调节的空腔，能够形成主客体复合物，与环糊精、冠醚相比更具广泛适应性，因此被认为是继冠醚和环糊精后的第三代主体化合物。Sesták[185] 在聚乙二醇和尿素存在的情况下，将四甲氧基硅烷（Tetramethoxysilane，TMOS）和 1,2－二（三乙氧基乙烷）［1,2－Bis(Trimethoxysilyl) Ethane，BTME］以不同摩尔比在酸性条件下水解制备了固定相材料，两性离子［2－(甲基丙烯酰基氧基)乙基］二甲基－(3－磺酸丙基) 氢氧化铵通过 3－(甲基丙烯酰氧) 丙基三甲氧基硅烷与固定相材料结合，成功制备了两性离子的非商品化固定相，用于牛核糖核酸酶 B 和人免疫球蛋白 G 释放的天然和标记寡糖和聚糖的分离。此外，一些二肽、三肽化合物也被用 HILIC 固定相，如 Shen 等通过点击化学反应在硅胶上键合的谷胱甘肽，Skoczylas 等[186] 通过两步合成，将官能团键合到硅胶上制备了甘氨酰丙氨酸二肽固定相。Tian[187] 制备了谷胱甘肽修饰的有序介孔硅，孔径在 2~50 nm。研究者合成了双子座型的磺基甜菜碱杂化单体，应用于小分子的 HILIC 分离，结果表明，相对于商品化的两性离子固定相，优化后的单体均有均匀的生物空隙结构，引入较高比例的磺基甜菜碱基团后，杂化单体具有了刚性框架，其在富水流动相和富乙腈流动相中均具有良好的渗透性[188]。河南工业大学赵文杰团队以三(2－氨基乙基) 胺将残余马来酸酐氨解制备了一种新型的聚合物基两性离子 HILIC 固定相（ZIC－Sil－Poly），在 HILIC 模式下，该固定相对核苷、碱基、糖等极性化合物表现出良好的分离选择性，模型表明该固定相对极性化合物的保留并不仅仅取决于分析物在富水层和流动相之间的分配，同时受分析物与固定相之间的氢键作用、静电作用等的影响。流动相中缓冲盐的浓度和 pH 值都对溶质的保留产生一定程度的影响。最后，该固定相在用于尿液中罂粟碱和蒂巴因的快速检测方面表现出良好的分离效果[175]。华东理工大学褚长虎团队[181]利用 Cu(Ⅰ) 催化的末端炔烃与有机叠氮化合物的 1,3-偶极环加成反应（CuAAC 反应）将强极性官能团的有机小分子 N-苄基氨基二乙酸键合在硅胶上。N-苄基氨基二乙酸具有典型的两性离子固定相特征，与 ZIC-HILIC 比较，它在分离小分子酸、生物碱、核苷和碱基及抗生素时表现出更加优良的选择性、更高的柱效。保留机理除亲水分配作用，还存在氢键、离子交换、螯合和静电等相互作用。兰州大学张海霞团队[189]在硅胶表面键合丙氨酸-丙氨酸-丙氨酸-谷氨酸四个氨基酸组成的多肽结构，对比了环形连接和线性连接（图 2-26）分离核碱、核苷、磺胺和苯甲酸取代物的保留差异。结果显示，环形连接亲水性更弱，对极性化合物的保留更弱。键合多肽的固定相在使用低 pH 值和高离子强度流动相时，酸性化合物保留减弱，对碱性化合物几乎没有影响。

$$
\begin{array}{l}
\text{O} \\
| \\
\text{O—Si—}\quad\text{NH—CO—Glu(COOH)—Ala—Ala—Ala—NH}_2 \\
| \\
\text{O} \\
\qquad\qquad\qquad\text{线性多肽}
\end{array}
$$

$$
\begin{array}{l}
\text{O} \\
| \\
\text{O—Si—}\quad\text{NH—CO—Glu—Ala} \\
| \qquad\qquad\qquad\qquad\text{环形多肽} \\
\text{O} \qquad\qquad\quad\text{Ala Ala}
\end{array}
$$

图 2-26　多肽键合硅胶固定相

注：引自 Jandera P，Janás P. Recent advances in stationary phases and understanding of retention in hydrophilic interaction chromatography. A review [J]. Analytica Chimica Acta，2017，967.

Ohyama 利用带有羟基脂肪酸的环七肽（天冬氨酸-亮氨酸-亮氨酸-谷氨酸-亮氨酸-亮氨酸-缬氨酸）表面活性剂与氨丙基键合在硅胶表面，制备出一种环多肽固定相，见图 2-27。结果表明对核酸、核苷、维生素和花黄素的分离与传统的氨丙基键合硅胶相比有显著差异。同时该固定相表现出 RP/HILIC 的特征，流动相中乙腈浓度在 60% 以下时，反相色谱作用占主导，乙腈浓度在 60%～95% 时，表现为亲水作用为主[190]。

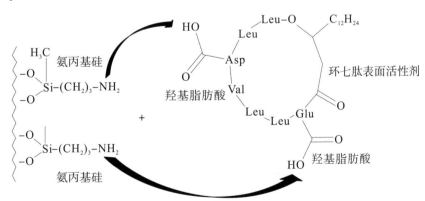

图 2-27　环七肽表面活性剂键合硅胶

西北大学卫引茂团队采用交联的甲基丙烯酸缩水甘油酯和乙二醇二甲基丙烯酸酯微球与氯化胆碱和三氯氧磷反应，产物经水解后，制备了以磷酰胆碱为官能团的新型两性离子固定相，对核苷、核碱、葛根素、芒果普和香草酸具有较好的保留[122]。

参考文献

［1］ Alpert AJ. Hydrophilic－interaction chromatography for the separation of peptides，nucleic acids and other polar compounds ［J］. Journal of Chromatography A，1990，499.

［2］ Strege MA. Hydrophilic interaction chromatography－electrospray mass spectrometry analysis of polar compounds for natural product drug discovery ［J］. Analytical Chemistry，1998，70.

［3］ Snyder LR，Kirkland JJ，Dolan JW. Introduction to Modern Liquid Chromatography ［M］. 3rd ed. Hoboken，NJ：John Wiley & Sons，2010.

［4］ Naidong W. Bioanalytical liquid chromatography tandem mass spectrometry methods on underivatized silica columns with aqueous/organic mobile phases ［J］. Journal of Chromatography B，2003，796.

［5］ Kohler J，Chase DB，Farlee RD，et al. Comprehensive characterization of some silica－based stationary phase for high－performance liquid chromatography ［J］. Journal of Chromatography A，1986，352.

［6］ Nawrocki J. Silica surface surface controversies，strong adsorption sites，their blockage and removal. Part Ⅰ ［J］. Chromatographia，1991，31.

［7］ Nawrocki J. Silica surface surface controversies，strong adsorption sites，their blockage and removal. Part Ⅱ ［J］. Chromatographia，1991，31.

［8］ Engelhardt H，Low H，Gotzinger W. Chromatographic characterization of silicabased reversed phases ［J］. Journal of Chromatography A，1991，544.

［9］ Sindorf DW，Maciel GE. SI－29 NMR－Study of dehydrated rehydrated silica－gel using cross polarization and magic－angle spinning ［J］. Journal of the American Chemical Society，1983，105.

［10］ Neue UD. HPLC Columns Theory，Technology and Practice ［M］. New York：WileyVCH，1997.

［11］ Microsolv. Cogent Silica－C ［EB/OL］. http：//www. microsolvtech. com/hplc/app _ aromatic. asp.

［12］ Matyska MT，Pesek JJ，Duley J，et al. Aqueous analy sis. normal phase retention of nucleotides on silica hydride－based columns：method development strategies for analytes relevant in clinical ［J］. Journal of Separation Science，2010，33.

［13］ Guo Y. A survey of polar stationary phases for hydrophilic interaction chromatography and recent progress in understanding retention and selectivity ［J］. Biomedical Chromatography，2022，36 （4）.

［14］ Kartsova LA，Bessonova EA，Somova VD. Hydrophilic interaction chromatography ［J］. Anal. Chem，2019，74.

［15］ Alpert AJ. Electrostatic repulsion hydrophilic interaction chromatography for isocratic separation of charged solutes and selective isolation ofphosphopeptides ［J］. Analytical Chemistry，2008，80.

［16］ McCalley DV. Is hydrophilic interaction chromatography with silica columns a viable alternative to reversed－phase liquid chromatography for the analysis of ionisable compounds? ［J］. Journal of Chromatography A，2007，1171.

［17］ Pretorius CJ，Reade MC，Warnholtz C，et al. Pyroglutamate（5－oxoproline） measured with hydrophilic interaction chromatography（HILIC） tandem mass spectrometry in acutely ill patients ［J］. Clinica Chimica Acta，2017，466.

［18］ 丁丽，赵继俊，陈志浩，等. 高效液相亲水作用色谱－串联质谱法同时测定人尿液中烟碱及其 9 种代谢物 ［J］. 分析测试学报，2021，40（9）.

［19］ 巩丽萍，杭宝建，咸瑞卿，等. 超高效液相色谱－串联质谱法测定叔胺类药品中硫酸二甲酯基因毒性杂质 ［J］. 色谱，2022，40（9）.

［20］ Sugiharto S，Hedemann MS，Lauridsen C. Plasma metabolomic profiles and immune responses of piglets after weaning and challenge with E. coli ［J］. Journal of Animal Science And Biotechnology，2014，5.

［21］ 曹小吉，黄琳娜，叶学敏，等. 新型快速色谱柱分离头孢类抗生素的比较 ［J］. 理化检验－化学分册，2010，46（12）.

［22］ Cheng ZX，Wu JJ，Liu ZQ，et al. Development of a hydrophilic interaction chromatography－UPLC assay to determine trigonelline in rat plasma and its application in a pharmacokinetic study ［J］. Chinese Journal of Natural Medicines，2013，11（2）.

［23］ 刘艳明，薛霞，刘国强，等. 亲水作用色谱－串联质谱法测定乳及乳制品中左旋肉碱 ［J］. 色谱，2015，33（9）.

［24］ 张玲，曹叶中，李晓芹，等. 超高效液相色谱－串联质谱法检测汤料食品中罂粟壳成分 ［J］. 食品安全质量检测学报，2020，11（12）.

［25］ 俞灵，宋立华. QuEChERS－UPLC－MS/MS 检测餐饮小龙虾中 5 种生物碱 ［J］. 食品工业科技，2023，44（2）.

［26］ 丁源，邢家溧，承海，等. 基于高效液相色谱法测定水产品中甘氨酸甜菜碱 ［J］. 食品工业科技，2019，40（15）.

［27］ 赵森，王炯，于忠山，等. 超高效液相色谱－质谱法分析人全血、肝脏中维库溴铵 ［J］. 药物分析杂志，2016，36（11）.

［28］ 苗强，邹远高，白杨娟，等. 超高效液相色谱－串联质谱法测定 6－巯基嘌呤血浆药物浓度方法的建立与评价 ［J］. 成都医学院学报，2018，13（2）.

［29］ 张高峡，周朝明. 超高效液相色谱质谱联用法测定重组人乳头瘤病毒中 3－（N－吗啡啉）丙磺酸含量 ［J］. 药物分析杂志，2020，40（9）.

[30] 徐岳松，赵宇峰. UPLC－MS/MS 法快速检测小鼠血清中三甲胺和氧化三甲胺 [J]. 基因组学与应用生物学，2021，40（5－6）.

[31] 任建伟，朱婧，罗新月，等. 亲水作用色谱－串联质谱法测定职业暴露人群尿中芳香烃代谢产物 [J]. 现代预防医学，2021，48（3）.

[32] 张月，吕岱竹，韩丙军，等. 超高效液相色谱－串联质谱法测定咖啡鲜果中草铵膦及其代谢产物残留 [J]. 农药学学报，2014，16（6）.

[33] Nguyen HP，Yang SH，Wigginton JG，et al. Retention behavior of estrogen metabolites on hydrophilic interaction chromatography stationary phases [J]. Journal of Separation Science，2010，33.

[34] Hemstrom P，Irgum K. Hydrophilic interaction chromatography [J]. Journal of Separation Science，2006，29.

[35] Ahmed WHA，Gonmori K，Suzuki M，et al. Simultaneous analysis of alpha－amanitin，beta－amanitin，and phalloidin in toxic mushrooms by liquid chromatography coupled to time－of－flight mass spectrometry [J]. Forensic Toxicol，2010，28.

[36] Tomasek C. TSK－gel amide－80 HILIC columns for the analysis of melamine and cyanuric acid in milk by LC－MS－MS [J]. Lc Gc North America，2009，27.

[37] Risley DS，Yang WQ，Peterson JA. Analysis of mannitol in pharmaceutical formulations using hydrophilic interaction liquid chromatography with evaporative light－scattering detection [J]. Journal of Separation Science，2006，29.

[38] 张建辉，蔡金玲，张志强，等. 盐酸水苏碱色谱保留行为的探讨 [J]. 生物化工，2020，6（3）.

[39] 曹长春，梁晶晶，王蒙，等. 亲水色谱柱对氨基酸及其美拉德反应初始中间体的分离 [J]. 食品科学，2016，37（2）.

[40] 许娇娇，张京顺，黄百芬，等. 液相色谱－串联质谱同位素稀释法测定奶粉中双氰胺的残留 [J]. 食品安全质量检测学报，2013，4（2）.

[41] 张秀尧，蔡欣欣，张晓艺，等. 二维超高效液相色谱－三重四极杆/复合线性离子阱质谱联用法快速测定水产品及其制品中河豚毒素 [J]. 食品科学，2020，41（18）.

[42] 吴琼，王世聪，马俊锋，等. 超高效液相色谱－串联质谱联用法快速筛选 3－羟基－3－甲基戊二酰辅酶 A 还原酶抑制剂 [J]. 分析化学，2013，41（7）.

[43] Ikegami T，Taniguchi A，Okada T，et al. Functionalization using polymer or silane? A practical test method to characterize hydrophilic interaction chromatography phases in terms of their functionalization method [J]. Journal of Chromatography A，2021，1638.

[44] Regnier FE，Noel R. Glycerolpropylsilane bonded phases in steric exclusion chromatography of biological macromolecules [J]. Journal of Chromatographic Science，1976，14.

［45］ Jandera P，Hájek T. Utilization of dual retention mechanism on columns with bonded PEG and diol stationary phases for adjusting the separation selectivity of phenolic and flavone natural antioxidants ［J］. Journal of Separation Science，2009，32.

［46］ Herbreteau B，Lafosse M，Morinallory L，et al. High performance liquid chromatography of raw sugars and polyols using bonded silica gels ［J］. Chromatographia，1992，33.

［47］ Jandera P，Hájek T，Skeríková V，et al. Dual hydrophilic interaction－RP retention mechanism on polar columns：structural correlations and implementation for 2－D separations on a single column ［J］. Journal of Separation Science，2010，33.

［48］ Shen Z，Zhang WT，Zhao WL，et al. Simultaneous determination of four major steroidal saponins in seven species of dioscorea L. by HPLC－ELSD ［J］. Chinese Herbal Medicines，2011，3 （1）.

［49］ 赵恒利，王海生，常堃，等. LC－MS /MS 法测定人血浆中氯马斯汀浓度 ［J］. 药物分析杂志，2011，31 （8）.

［50］ 董少鹏，娄大伟，孙大志，等. 二醇柱高效液相色谱法测定人参提取液中的人参皂苷 ［J］. 吉林化工学院学报，2009，26 （4）.

［51］ 陈华，崔焕立，张雷，等. HPLC－ELSD 法同时测定依托咪酯乳状注射液中磷脂酰胆碱与溶血磷脂酰胆碱 ［J］. 中国生化药物杂志，2016，36 （10）.

［52］ 祁艳霞，赵前程，李智博，等. 内外表面修饰介孔材料的制备及其在低分子量蛋白质富集中的应用 ［J］. 分析化学，2014，42 （8）.

［53］ Explore Luna HILIC：Discover HPLC Polar Retention，Product Brochure ［EB/OL］. http：//www. phenomenex. com.

［54］ Rong L，Takeuchi T. Determination of iodide in seawater and edible salt by microcolumn liquid chromatography with poly （ethylene glycol） stationary phase ［J］. Journal of Chromatography A，2004，1042.

［55］ Dinh NP，Jonsson T，Irgum K. Probing the interaction mode in hydrophilic interaction chromatography ［J］. Journal of Chromatography A，2011，1218.

［56］ McClintic C，Remick DM，Peterson JA，et al. Novel method for the determination of piperazine in pharmaceutical drug substances using hydrophilic interaction chromatography and evaporative light scattering detection ［J］. Journal of Liquid Chromatography and Related Technologies，2003，26.

［57］ Mitchell CR，Armstrong DW. Cyclodextrin－based chiral stationary phases for liquid chromatography：a twenty－year overview ［J］. Methods in Molecular Biology，2004，243.

［58］ Wang C，Jiang C，Armstrong DW. Considerations on HILIC and polar organic solvent－based separations：use of cyclodextrin and macrocyclic glycopetide stationary phases [J]. Journal of Separation Science, 2008, 31.

[59] Armstrong DW, Jin HC. Evaluation of the liquid-chromatographic separation of monosaccharides, disaccharides, trisaccharides, tetrasaccharides, deoxysaccharides and sugar alcohols with stable cyclodextrin bonded phase columns [J]. Journal of Chromatography, 1989, 462.

[60] Liu Y, Urgaonkar S, Verkade JG, et al. Separation and characterization of underivatized oligosaccharides using liquid chromatography and liquid chromatography-electrospray ionization mass spectrometry [J]. Journal of Chromatography A, 2005, 1079.

[61] Feng JT, Guo ZM, Shi H, et al. Orthogonal separation on one beta-cyclodextrin column by switching reversed-phase liquid chromatography and hydrophilic interaction chromatography [J]. Talanta, 2010, 81.

[62] Risley DS, Strege MA. Chiral separations of polar compounds by hydrophilic interaction chromatography with evaporative light scattering detection [J]. Analytical Chemistry, 2000, 72.

[63] 张杨, 李来生, 程彪平, 等. 新型靛红衍生化 β-环糊精键合 SBA-15 液相色谱固定相的制备与表征 [J]. 分析化学, 2014, 42 (3).

[64] 赵艳艳, 郭志谋, 薛兴亚, 等. 两种带有不同间隔臂的环糊精键合固定相保留行为的评价 [J]. 色谱, 2011, 29 (9).

[65] 李媛媛, 韦嫚嫚, 陈桐, 等. 基于 γ-环糊精和聚 N-异丙基丙烯酰胺色谱固定相的制备及应用 [J]. 分析化学, 2015, 43 (6).

[66] Alpert AJ. Cation-exchange high-performance liquid chromatography of proteins on Poly (Aspartic acid)-silica [J]. Journal of Chromatography, 1983, 266.

[67] Kiseleva MG, Kebets PA, Nesterenko PN. Simultaneous ion chromatographic separation of anions and cations on poly (aspartic acid) functionalized silica [J]. Analyst, 2001, 126.

[68] Zywicki B, Catchpole G, Draper J, et al. Comparison of rapid liquid chromatography-electrospray ionization-tandem mass spectrometry methods for determination of glycoalkaloids in transgenic field-grown potatoes [J]. Analytical Biochemistry, 2005, 336.

[69] Mihailova A, Lundanes E, Greibrokk T. Determination and removal of impurities in 2-D LC-MS of peptides [J]. Journal of Separation Science, 2006, 29.

[70] Beilmann B, Langguth P, Hausler H, et al. High-performance liquid chromatography of lactose with evaporative light scattering detection, applied to determine fine particle dose of carrier in dry powder inhalation products [J]. Journal of Chromatography A, 2006, 1107.

［71］ Linden JC, Lawhead CL. Liquid—chromatography of saccharides ［J］. Journal of Chromatography, 1975, 105.

［72］ Que AH, Novotny MV. Separation of neutral saccharide mixtures with capillary electrochromatography using hydrophilic monolithic columns ［J］. Analytical Chemistry, 2002, 74.

［73］ Aturki Z, D'Orazio G, Rocco A, et al. Investigation of polar stationary phases for the separation of sympathomimetic drugs with nano—liquid chromatography in hydrophilic interaction liquid chromatography mode ［J］. Analytica Chimica Acta, 2011, 685.

［74］ Valette JC, Demesmay C, Rocca JL, et al. Separation of tetracycline antibiotics by hydrophilic interaction chromatography using an amino—propyl stationary phase ［J］. Chromatographia, 2004, 59.

［75］ Hemstrom P, Irgum K. Hydrophilic interaction chromatography ［J］. Journal of Separation Science, 2006, 29.

［76］ Olsen BA. Hydrophilic interaction chromatography using amino and silica columns for the determination of polar pharmaceuticals and impurities ［J］. Journal of Chromatography A, 2001, 913.

［77］ Lafosse M, Herbreteau B, Dreux M, et al. Control of some highperformance liquid—chromatographic systems by using an evaporative lightscattering detector ［J］. Journal of Chromatography, 1989, 472.

［78］ Jandera P. Stationary and mobile phases in hydrophilic interaction chromatography: a review ［J］. Analytica Chimica Acta, 2011, 692.

［79］ 邓春霞, 叶雅红, 高凌. LC－MS /MS 法测定小鼠血浆中四氢生物蝶呤的浓度 ［J］. 中国临床药理学杂志, 2022, 38 (9).

［80］ Jiang W, Irgum K. Synthesis and evaluation of polymer based zwitterionic stationary phases for separation of tonic species ［J］. Analytical Chemistry, 2001, 73.

［81］ Jiang W, Irgum K. Covalently bonded polymeric zwitterionic stationary phase for simultaneous separation of inorganic cations and anions ［J］. Analytical Chemistry, 1999, 71.

［82］ Guo Y, Gaiki S. Retention behavior of small polar compounds on polar stationary phases in hydrophilic interaction chromatography ［J］. Journal of Chromatography A, 2005, 1074.

［83］ Kane RS, Deschatelets P, Whitesides GM. Kosmotropes form the basis of proteinresistant surfaces ［J］. Langmiur, 2003, 19.

［84］ Viklund C, Irgum K. Synthesis of porous zwitterionic sulfobetaine monoliths and characterization of their interaction with proteins ［J］. Macromolecules, 2000, 33.

[85] Jiang W, Awasum JN, Irgum K. Control of electroosmotic flow and wall interactions in capillary electrophosesis capillaries by photografted zwitterionic polymer surface layers [J]. Analytical Chemistry, 2003, 75.

[86] Rodriguez-Gonzalo E, Garcia-Gomez D, Carabias-Martinez R. Study of retention behaviour and mass spectrometry compatibility in zwitterionic hydrophilic interaction chromatography for the separation of modified nucleosides and nucleobases [J]. Journal of Chromatography A, 2011, 1218.

[87] Kato M, Kato H, Eyama S, et al. Application of amino acid analysis using hydrophilic interaction liquid chromatography coupled with isotope dilution mass spectrometry for peptide and protein quantification [J]. Journal of Chromatography B, 2009, 877.

[88] Di-Palma S, Boersema PJ, Heck AJ, et al. Evaluation of the deuterium isotope effect in zwitterionic hydrophilic interaction liquid chromatography separations for implementation in a quantitative proteornic approach [J]. Analytical Chemistry, 2011, 83.

[89] Van-Dorpe S, Vergote V, Pezeshki A, et al. Hydrophilic interaction LC of peptides: Columns comparison and clustering [J]. Journal of Separation Science, 2010, 33.

[90] Pasakova I, Gladziszova M, Charvatova J, et al. Use of different stationary phases for separation of isoniazid, its metabolites and vitamin B6 forms [J]. Journal of Separation Science, 2011, 34.

[91] Bengtsson J, Jansson B, Hammarlund-Udenaes M. On-line desalting and determination of morphine, morphine-3-glucuronide and morphine-6-glucuronide in microdialysis and plasma samples using column switching and liquid chromatography/tandem mass spectrometry [J]. Rapid Communications in Mass Spectrometry, 2005, 19.

[92] Risley DS, Pack BW. Simultaneous determination of positive and negative counterions using a hydrophilic interaction chromatography method [J]. Lc Gc North America, 2006, 24.

[93] Dorr FA, Rodriguez V, Molica R, et al. Methods for detection of anatoxin-a (s) by liquid chromatography coupled to electrospray ionization-tandem mass spectrometry [J]. Toxicon, 2010, 55.

[94] Lindegardh N, Hanpithakpong W, Phakdeeraj A, et al. Development and validation of a high-throughput zwitterionic hydrophilic interaction liquid chromatography solid-phase extraction-liquid chromatography-tandem mass spectrometry method for determination of the antiinfluenza drug peramivir in plasma [J]. Journal of Chromatography A, 2008, 1215.

［95］ Li X，Xiong Y，Qing G，et al. Bioinspired saccharide−saccharide interaction and smart polymer for specific enrichment of sialylated glycopeptides ［J］. Acs Applied Materials & Interfaces，2016，8.

［96］ Sheng Q，Su X，Li X，et al. A dextran−bonded stationary phase for saccharide separation ［J］. Journal of Chromatography A，2014，1345.

［97］ Wang Y，McCaffrey J，Norwood DL. Recent advances in chromatography for pharmaceutical analysis ［J］. Analytical Chemistry，2019，91.

［98］ 徐骞，卢大胜，邱歆磊，等. 超临界色谱串联静电场轨道阱质谱法测定蔬菜水果中高极性农药残留 ［J］. 中国食品卫生杂志，2022，34（2）.

［99］ Botero−Coy AM，Ibanez M，Sancho JV，et al. Direct liquid chromatography−tandem mass spectrometry determination of underivatized glyphosate in rice，maize and soybean ［J］. Journal of Chromatography A，2013，1313.

［100］ 杨华梅，杭莉，刁春霞，等. 超高效液相色谱−串联质谱法同时直接测定草甘膦和草铵膦及其代谢物 ［J］. 分析科学学报，2020，36（4）.

［101］ Ramesh B，Manjula N，Ramakrishna S，er al. Direct injection HILIC−MS/MS analysis of darunavir in rat plasma applying supported liquid extraction ［J］. Journal of Pharmaceutical Analysis，2015，5（1）.

［102］ 潘菲，韩晓萍. 五产区间黑果枸杞甜菜碱的含量测定及比较研究 ［J］. 西南民族大学学报（自然科学版），2022，48（3）.

［103］ 袁昕蓉，邱志斌，王东凯. HPLC−ELSD 法测定卵磷脂中 5 种主成分的含量 ［J］. 中国药房，2009，20（31）.

［104］ 杨俊，谢俊. HPLC−ELSD 测定多西他赛注射用浓溶液中溶血磷脂酰乙醇胺、溶血磷脂酰胆碱的含量 ［J］. 中国现代应用药学，2013，30（11）.

［105］ Hou Y，Zhang F，Liang X，et al. Poly（vinyl）alcohol modified porous graphitic carbon stationary phase for hydrophilic interaction chromatography ［J］. Analytical Chemistry，2016，88.

［106］ Chambers TK，Fritz JS. Effect of polystyrene−divinylbenzene resin sulfonation on solute retention in high−performance liquid chromatography ［J］. Journal of Chromatography A，1998，797.

［107］ 李龙，马桂娟，龚波林. 单分散树脂基质的弱阳离子交换色谱固定相的制备及其在生物大分子分离中的应用研究 ［J］. 色谱，2005，23（6）.

［108］ Makino Y，Omichi K，Hase S. Analysis of oligosaccharide structures from the reducing end terminal by combining partial acid hydrolysis and a two−dimensional sugar map ［J］. Analytical Biochemistry，1998，264.

［109］ De Person M，Hazotte A，Elfakir C，et al. Development and validation of a hydrophilic interaction chromatography−mass spectrometry assay for taurine and methionine in matrices rich in carbohydrates ［J］. Journal of Chromatography A，2005，1081.

［110］Pisano R, Breda M, Grassi S, et al. Hydrophilic interaction liquid chromatography－APCI－mass spectrometry determination of 5－fluorouracil in plasma and tissues［J］. Journal of Pharmaceutical and Biomedical Analysis, 2005, 38.

［111］邓元元, 胡超, 兰时乐. HPLC－ELSD法测定啤酒糟酶解物中低聚木糖［J］. 中国农学通报, 2019, 35 (1).

［112］厉博文, 张思巨, 智红英, 等. HPLC－ELSD测定复方苦参注射液中松醇含量［J］. 中国中医药信息杂志, 2014, 21 (2).

［113］周斌, 崔小弟, 李洁, 等. HPLC－ELSD法同时分析巴戟天中3种寡糖［J］. 中成药, 2013, 35 (10).

［114］金磊, 王朋, 胡骏杰, 等. 高效液相色谱－串联质谱法测定重组胰岛素中的异丙基硫代半乳糖苷［J］. 分析试验室, 2023, 42 (2).

［115］Qiu HX, Loukotkova L, Sun P, et al. Cyclofructan 6 based stationary phases for hydrophilic interaction liquid chromatography［J］. Journal of Chromatography A, 2011, 1218.

［116］Padivitage NLT, Dissanayake MK, Armstrong DW. Separation of nucleotides by hydrophilic interaction chromatography using the FRULIC－N column［J］. Analytical and Bioanalytical Chemistry, 2013, 405.

［117］Dolzan MD, Spudeit DA, Breitbach ZS, et al. Comparison of superficially porous and fully porous silicasupports used for a cyclofructan 6 hydrophilic interaction liquid chromatographic stationary phase［J］. Journal of Chromatography A, 2014, 1365.

［118］Liu X, Pohl CA. HILIC behavior of a reversed－phase/cation－exchange/anion－exchange trimode column［J］. Journal of Separation Science, 2010, 33.

［119］Li Y, Yang JJ, Jin J, et al. New reversed－phase/anion－exchange/hydrophilic interaction mixed－mode stationary phase based on dendritic polymer－modified porous silica［J］. Journal of Chromatography A, 2014, 1337.

［120］Pohl C, Saini C. New developments in the preparation of anion exchange media based on hyperbranched condensation polymers［J］. Journal of Chromatography A, 2008, 1213.

［121］Khan M, Huck WTS. Hyperbranched polyglycidol on Si/SiO$_2$ surfaces via surface－initiates polymerization［J］. Macromolecules, 2003, 36.

［122］戴小军. 新型亲水作用色谱固定相的制备及色谱性能研究［D］. 西安：西北大学, 2011.

［123］施治国, 冯钰锜, 达世禄. 液相色谱和毛细管电色谱连续床固定相技术［J］. 分析科学学报, 2003, 19 (3).

［124］Vervoort N, Gzil P, Baron GV, et al. Model column structure for the analysis of the flow and band－broadening characteristics of silica monoliths［J］. Journal of

Chromatography A，2004，1030.

［125］Ibrahim MEA，Lucy CA. Mixed mode HILIC/anion exchange separations on latex coated silica monolith［J］. Talanta，2012，100.

［126］Ibrahim MEA，Zhou T，Lucy CA. Agglomerated silica monolithic column for hydrophilic interaction LC［J］. Journal of Separation Science，2010，33.

［127］Horie K，Ikegami T，Hosoya K，et al. Highly effificient monolithic silica capillary columns modifified with poly（acrylic acid）for hydrophilic interaction chromatography［J］. Journal of Chromatography A，2007，1164.

［128］Moravcova D，Haapala M，Planeta J，et al. Separation of nucleobases，nucleosides，and nucleotides using two zwitterionic silica－based monolithic capillary columns coupled with tandem mass spectrometry［J］. Journal of Chromatography A，2014，1373.

［129］Lin H，Ou J，Zhang Z，et al. Facile preparation of zwitterionic organic－silica hybrid monolithic capillary column with an improved "One－Pot" approach for Hydrophilic－Interaction Liquid Chromatography（HILIC）［J］. Analytical Chemistry，2012，84.

［130］Urban J，Svec F，Frechet JMJ. Hypercrosslinking：new approach to porous polymer monolithic capillary columns with large surface area for the highly effificient separation of small molecules［J］. Journal of Chromatography A，2010，1217.

［131］Nischang I，Causon TJ. Porous polymer monoliths：from their fundamental structure to analytical engineering applications［J］. Trends in Analytical Chemistry，2016，75.

［132］Arrua RD，Causon TJ，Hilder EF. Recent developments and future possibilities for polymer monoliths in separation science［J］. Analyst，2012，137.

［133］Currivan S，Jandera P. Modifification reactions applicable to polymeric monolithic columns，an review［J］. Chromatography，2014，1.

［134］Viklund C，Sjorgen A，Irgum K，et al. Chromatographic interactions between proteins and sulfoalkylbetaine－based zwitterionic copolymers in fully aqueous low－salt buffers［J］. Analytical Chemistry，2001，73.

［135］Jiang Z，Smith NW，Ferguson PD，et al. Hydrophilic interaction chromatography using methacrylate－based monolithic capillary column for the separation of polar analytes［J］. Analytical Chemistry，2007，9.

［136］Foo HC，Heaton J，Smith NW，et al. Monolithic poly（SPE－co－BVPE）capillary columns as a novel hydrophilic interaction liquid chromatography stationary phase for the separation of polar analytes［J］. Talanta，2012，100.

［137］Silvester DS. Recent advances in the use of ionic liquids for electrochemical sensing［J］. Analyst，2011，136.

［138］ Opallo M，Lesniewski A． A review on electrodes modifified with ionic liquids ［J］． Journal of Electroanalytical Chemistry，2011，656．

［139］ He L，Zhang W，Zhao L，et al． Effect of 1－alkyl－3－methylimidazolium－based ionic liquids as the eluent on the separation of ephedrines by liquid chromatography ［J］． Journal of Chromatography A，2003，1007．

［140］ Ruiz－Angel MJ，Carda－Broch S，Berthod A． Ionic liquids versus triethylamine as mobile phase additives in the analysis of beta－blockers ［J］． Journal of Chromatography A，2006，1119．

［141］ Qiao L，Dou A，Shi X，et al． Development and evaluation of new imidazolium－based zwitterionic stationary phases for hydrophilic interaction chromatography ［J］． Journal of Chromatography A，2013，1286．

［142］ Shen A，Guo Z，Yu L，et al． A novel zwitterionic HILIC stationary phase based on "thiol－ene" click chemistry between cysteine and vinyl silica ［J］． Chenmical Communication，2011，47．

［143］ Qiu H，Wanigasekara E，Zhang Y，et al． Development and evaluation of new zwitterionic hydrophilic interaction liquid chromatography stationary phases based on 3－P，P－diphenylphosphonium－propylsulfonate ［J］． Journal of Chromatography A，2011，1218．

［144］ Bicker W，Wu J，Yeman H，et al． Retention and selectivity effects caused by bonding of a polar urea－type ligand to silica：a study on mixed－mode retention mechanisms and the pivotal role of solute－silanol interactions in the hydrophilic interaction chromatography elution mode ［J］． Journal of Chromatography A，2011，1218．

［145］ 张晨奇． KH570－DVB 聚合物微球和咪唑＼吡啶型聚离子液体微球的制备及其在高效液相色谱分离中的研究 ［D］． 青岛：青岛大学，2020．

［146］ 杨晨曦． 新型咪唑类亲水作用色谱固定相的制备及其色谱性能评价 ［D］． 青岛：青岛科技大学，2018．

［147］ 万长长． 离子液体用于液相色谱分析胺类化合物的研究 ［D］． 哈尔滨：哈尔滨师范大学，2020．

［148］ Qiao L，Li H，Shan Y，et al． Study of surface－bonded dicationic ionic liquids as stationary phases for hydrophilic interaction chromatography ［J］． Journal of Chromatography A，2014，1330．

［149］ Qiao L，Wang S，Li H，et al． A novel surface－confined glucaminium－based ionic liquid stationary phase for hydrophilic interaction/anion－exchange mixed－mode chromatography ［J］． Journal of Chromatography A，2014，1360．

［150］ Li Y，Yang JJ，Jin J，et al． New reversed－phase/anionexchange/hydrophilic interaction mixed－mode stationary phase based on dendritic polymer－modified porous silica ［J］． Journal of Chromatography A，2014，1337．

［151］Qiao XQ，Zhang L，Zhang N，et al. Imidazolium embedded C8 based stationary phase for simultaneous reversed－phase/hydrophilic interaction mixed－mode chromatography［J］. Journal of Chromatography A，2015，1400.

［152］Knox JH，Kaur B，Millward GR. Structure and performance of porous graphitic carbon in liquid chromatography［J］. Journal of Chromatography，1986，352.

［153］Iverson CD，Lucy CA. Aniline－modified porous graphitic carbon for hydrophilic interaction and attenuated reverse phase liquid chromatography［J］. Journal of Chromatography A，2014，1373.

［154］Wahab MF，Ibrahim MEA，Lucy CA. Carboxylate modified porous graphitic carbon：a new class of hydrophilic interaction liquid chromatography phases［J］. Analytical Chemistry，2013，85.

［155］Hou Y，Zhang F，Liang X，et al. Poly（vinyl alcohol）modified porous graphitic carbon stationary phase for hydrophilic interaction liquid chromatography［J］. Analytical Chemistry，2016，88（9）.

［156］魏来，涂小进，戴思芮，等. 碳点的合成与应用研究进展［J］. 胶体与聚合物，2023，41（1）.

［157］Liu J，Li R，Yang B. Carbon dots：A new type of carbon－based nanomaterial with wide applications［J］. ACS Central Science，2020，6.

［158］Zhang H，Qiao X，Cai T，et al. Preparation and characterization of carbon dot－decorated silica stationary phase in deep eutectic solvents for hydrophilic interaction chromatography［J］. Analytical and Bioanalytical Chemistry，2017，409.

［159］Cai T，Zhang H，Chen J，et al. Polyethyleneimine functionalized carbon dots and their precursor co－immobilized on silica for hydrophilic interaction chromatography［J］. Journal of Chromatography A，2019，1597.

［160］Yang Y，Zhang H，Chen J，et al. A phenylenediamine－based carbon dot－modified silica stationary phase for hydrophilic interaction chromatography［J］. Analyst，2020，145.

［161］王刚. 石墨烯/碳纳米管/聚合物纳米复合材料的制备与性能研究［D］. 成都：西华大学，2016.

［162］Li Z，Li S，Zhang F，et al. A hydrolytically stable amide polar stationary phase for hydrophilic interaction chromatography［J］. Talanta，2021，231.

［163］Qian K，Peng Y，Zhang F，et al. Preparation of alow bleeding polar stationary phase for hydrophilic interaction chromatography［J］. Talanta，2018，182.

［164］Zhao X，Zhang H，Zhou X，et al. One－pot hydrothermal cross－linking preparation of poly（vinylpyrrolidine）immobilized silica stationary phase for hydrophilic interaction chromatography［J］. Journal of Chromatography A，2020，1633.

［165］ Mallik AK，Guragain S，Rahman MM，et al. L－lysine－derived highly selective stationary phases for hydrophilic interaction chromatography：effect of chain length on selectivity，efficiency，resolution，and asymmetry ［J］. Separation Science Plus，2019，2.

［166］ Tang T，Guo D，Huang S. Preparation and chromatographic evaluation of the hydrophilic interaction chromatography stationary phase based on nucleosides or nucleotides ［J］. Analytical Methods，2021，13.

［167］ Fu X，Cebo M，Ikegami T，et al. Retention characteristics of poly ［N－(1H－tetrazole－5－yl)－methacrylamide］－bonded stationary phase in hydrophilic interaction chromatography ［J］. Journal of Chromatography A，2020，1609.

［168］ Zhao X，Zhang H，Zhou X，et al. One－pot hydrothermal cross － linking preparation of poly (vinylpyrrolidone) immobilized silica stationary phase for hydrophilic interaction chromatography ［J］. Journal of Chromatography A，2020，1633.

［169］ Taniguchi A，Tamura S，Ikegami T. The relationship between polymer structures on silica particles and the separation characteristics of the corresponding columns for hydrophilic interaction chromatography ［J］. Journal of Chromatography A，2020，1618.

［170］ Li Q，Li YY，Zhu N，et al. Preparation of cyclodextrin type stationary phase based on graphene oxide and its application in enantioseparation and hydrophilic interaction chromatography ［J］. Chinese Journal of Analytical Chemistry，2018，46 (9).

［171］ Gao J，Luo G，Li Z，et al. A new strategy for the preparation of mixed－mode chromatography stationary phases used on modified dialdehyde cellulose ［J］. Journal of Chromatography A，2020，1618.

［172］ Song Z，Duan C，Shi M，et al. One－step preparation of zirconia coated silica microsphere and modification with d－fructose 1，6－bisphosphate as stationary phase for hydrophilic interaction chromatography ［J］. Journal of Chromatography A，2017，1522.

［173］ Yan K，Yang H，Huang S，et al. A sulfonated chitooligosaccharide modified silica material for hydrophilic interaction liquid chromatography and its chromatographic evaluation ［J］. Analytical Methods，2018，10.

［174］ Hu Y，Cai T，Zhang H，et al. Two copolymer－grafted silica stationary phases prepared by surface thiol－ene click reaction in deep eutectic solvents for hydrophilic interaction chromatography ［J］. Journal of Chromatography A，2020，1609.

［175］ 娄旭华. 两性离子聚合物高效液相色谱固定相的制备与色谱评价 ［D］. 郑州：河南工业大学，2020.

[176] Fu Q, Guo Z, Liang T, et al. Chemically bonded maltose via click chemistry as stationary phase for HILIC [J]. Analytical Methods, 2010, 2.

[177] Peng Y, Zhang F, Pan X, et al. Poly (vinyl alcohol) cationic cellulose copolymer encapsulated SiO$_2$ stationary phase for hydrophilic interaction liquid chromatography [J]. RSC Advances, 2017, 7.

[178] Zhang Y, Li J, Yu Y, et al. Coupling hydrophilic interaction chromatography materials with immobilized Fe^{3+} for phosphopeptide and glycopeptide enrichment and separation [J]. RSC Advances, 2020, 10.

[179] Cai T, Zhang H, Chen J, et al. Polyethyleneimine-functionalized carbon dots and their precursor co-immobilized on silica for hydrophilic interaction chromatography [J]. Journal of Chromatography A, 2019, 1597.

[180] Yang Y, Zhang H, Chen J, et al. A phenylenediamine-based carbon dot-modified silica stationary phase for hydrophilic interaction chromatography [J]. Analyst, 2020, 145.

[181] 殷伟. N-苄基氨基二乙酸和 2-(N,N-二甲氨基)-1,3-丙二醇亲水作用色谱固定相的制备及其应用 [D]. 上海：华东理工大学，2016.

[182] Fan F, Wang L, Li Y, et al. A novel process for the preparation of Cys-Si-NIPAM as a stationary phase of hydrophilic interaction liquid chromatography (HILIC) [J]. Talanta, 2020, 218.

[183] Li S, Li Z, Zhang F, et al. A polymer-based zwitterionic stationary phase for hydrophilic interaction chromatography [J]. Talanta, 2020, 216.

[184] Zhang W, Zhang Y, Zhang Y, et al. Tetra-proline modified calix [4] arene bonded silica gel: A novel stationary phase for hydrophilic interaction liquid chromatography [J]. Talanta, 2019, 193.

[185] Sesták J, Moravcová D, Krenková J, et al. Bridged polysilsesquioxane-based wide-bore monolithic capillary columns for hydrophilic interaction chromatography [J]. Journal of Chromatography A, 2017, 1479.

[186] Wang Q, Zhang Q, Huang H, et al. Fabrication and application of zwitterionic phosphorylcholine functionalized monoliths with different hydrophilic crosslinkers in hydrophilic interaction chromatography [J]. Analytica Chimica Acta, 2020, 1101.

[187] Tian Y, Tang R, Liu L, et al. Glutathione-modified ordered mesoporous silicas for enrichment of N-linked glycopeptides by hydrophilic interaction chromatography [J]. Talanta, 2020, 216.

[188] Tan W, Chang F, Shu Y, et al. The synthesis of Gemini-type sulfobetaine based hybrid monolith and its application in hydrophilic interaction chromatography for small polar molecular [J]. Talanta, 2017, 173.

［189］Li J，Li Y，Chen T，et al. Preparation，chromatographic evaluation and comparison between linear peptide－and cyclopeptide－bonded stationary phases ［J］. Talanta，2013，109.

［190］Ohyama K，Inoue Y，Kishikawa N，et al. Preparation and characterization of surfactin－modified silica stationary phase for reversed－phase and hydrophilic interaction liquid chromatography ［J］. Journal of Chromatography A，2014，1371.

（王　炼）

第三章　亲水作用色谱方法的开发与建立

　　HILIC 是现代液相色谱中一种有效分离模式，在过去几十年中，人们对其研究取得了较大进展，对 HILIC 的基本原理和色谱行为，如保留机理、固定相性质和各种色谱参数的影响等各方面有了深入认知。在实际应用中，色谱技术的价值最终通过建立特定领域的分析方法来实现，如含量测定、杂质分析等。因此，亲水作用色谱方法的开发与建立是采用色谱技术进行定性和定量分析的重要过程。有关 HILIC 的系统方法开发在相关文献著作中的讨论尚不如反相 RPLC 完善。Dejaegher 等[1]回顾了基于 HILIC 的许多生物和制药测定方法，发现大多数方法开发使用了试错法。Chirita 等[2]基于各种色谱因素对神经递质的 HILIC 分离的影响，与多种 HILIC 固定相的选择性比较，提出了一个决策树用以辅助 HILIC 方法开发和优化。

　　在亲水作用色谱方法开发中，最初的重点往往是实现预期的分离。因此，许多方法开发都围绕着选择合适的色谱柱和流动相。但是仅仅实现理想的分离并不足以构成完整的方法，特别是对于有较高监管要求的生物分析和制药。完备的方法开发还应该包括样品制备、检测器选择、系统适用性和定量计算等多方面内容。本章重点介绍 HILIC 方法的开发与建立，旨在提供一般性指导。

第一节　准备工作

　　需要看到的是，HILIC 与常规反相 HPLC 方法相比常有一些限制，比如：分离机制研究不足，对条件对分离物的影响的预测常常面临困难；分析物范围受限，在 HILIC 条件下，中性和疏水化合物的保留较差，酸性化合物的保留参数可能较低，因为分析物离子与固定相硅羟基之间可能存在静电排斥；较长时间的色谱系统平衡；比反相 HPLC 需要更多的有机溶剂等。虽然存在这些限制，但 HILIC 在分析极性分子混合物方面仍然有许多应用实例，包括生物标志物、核苷、核苷酸/寡核苷酸、氨基酸、糖类、糖苷、寡糖、亲水性药物、生物碱、碳水化合物和其他在制药和生物医学化学、蛋白质组学、代谢组学、农业和食品化学中起重要作用的极性或离子化合物等[3]。面对各异的分离目标，建立适用的 HILIC 方法需要预先对目标化合物、样品基质和方法目标有清晰的了解和设定。

一、样品性质及目标化合物的分析

　　建立 HILIC 方法重要的是对目标分析物的特性有良好的理解，如结构、分子量、pK_a、油水分配系数（$\lg P$）和溶解度等。此外，也要对样品性质进行充分的了解，对样品状态、目标化合物存在形式、可能存在的基质干扰等方面有基本认识之后，才能制定适宜的样品制备策略。

了解目标化合物的性质与确定方法开发目标是相辅相成的。尽管在方法开发之初可能无法获得所有目标化合物的结构，但在不少情况下，重点化合物的结构或类型通常是已知的。尽可能多地收集目标化合物的信息（结构、分子量、pK_a、油水分配系数、溶解度等）是很重要的，这些信息对于评估 HILIC 方法开发的可行性有很大帮助。

一般来说，HILIC 是一种适用于极性化合物的色谱技术，因为 HILIC 比 RPLC 提供了更强的保留。采用 HILIC 可以分离多种类型的化合物，包括氨基酸、核酸、有机酸、糖类、水溶性维生素、药物和代谢物等，肽和蛋白质的分析也见于报道[4]。通常情况下，适合 HILIC 分离的化合物具有较小的正或负油水分配系数和相对较低的分子量（肽和蛋白质除外）。极性化合物在 HILIC 中被保留的可能性可以用 Merck SeQuant 开发的预测模型来评估。该预测模型是在 40 种极性化合物在 ZIC-HILIC 色谱柱上的保留数据基础上，通过定量-结构-保留关系（QSRR）和多变量建模建立的。将简单的分子输入线规格（SMILES）格式的特定化合物的结构输入网络应用程序中，预测模型产生一个以 70% 乙腈和 30% 100 mmol/L 乙酸铵（pH 值为 5.6 或 6.7）的混合溶液为流动相条件的保留因子。尽管建立预测模型的数据库相对较小，而且流动相相对较强（30% 的水缓冲液），但在方法开发初期，它仍然可以提供有关 HILIC 中化合物保留情况的有用信息。

溶解度是开发 HILIC 方法时需要特别注意的另一个化合物特性。在 HILIC 中，流动相通常含有较高的有机溶剂含量（体积比大于 60%），这可能导致一些化合物的溶解度降低。因此，研究者不仅要检查目标化合物在水溶液中的溶解度，还要检查其在最终流动相中的溶解度，这一点至关重要，并且还需要仔细评估样品溶剂与最终流动相的关系。尽管含有大量有机溶剂（如乙腈）的样品溶剂可能对改善峰形和效率有好处，但它可能不能够使目标化合物充分溶解，从而影响方法的灵敏度。样品使用高比例有机相溶剂制备时，样品溶剂和流动相之间的溶剂强度差异可能导致峰形扭曲和分离效果的损失。

二、方法目标设定和系统性的方法开发

与其他色谱方法（如 RPLC）类似，HILIC 可以应用于许多领域的各类分析问题，包括但不限于以下方面：

1. 单一成分检测，如生物基质中的活性药物或代谢物、药物分装和剂型中的活性药物成分（API）、药物中的抗衡离子以及特殊杂质的检测（如基因毒性杂质）。

2. 分析多种目标化合物，如药物中的合成杂质、药物产品中的降解产物，以及生物基质中的药物代谢物。

3. 药物物质和药物产品的稳定性指示方法。

相比于其他色谱技术，HILIC 在某些特定领域有一些独特的优势，比如 HILIC 可以简化样品制备、提高灵敏度等[5]。为了确保方法开发的目标能够达成，应在实验前期选取一套合适的方法规范用以指导分析方法的建立。由于生物分析和制药应用的方法需

要进行验证，国际协调会议（ICH）和美国食品药品管理局（FDA）关于方法验证的指南为方法开发［如准确性、精确性、线性、稳健性、检测限（LOD）和定量限（LOQ）］提供了一个总体框架[6]。应用于其他领域的方法可能有不同的要求。此外，也应根据方法的目标来考虑方法要求，如重要化合物间所需的最低分辨率、分析特定杂质所需的灵敏度，以及运行时间、效率等问题。方法开发还应考虑其他具有实际意义的因素，如自动化的适应性（对于高样品量的应用）、在质量控制（QC）实验室应用的普适性，以及当方法需要转移到不同 QC 实验室时仪器类型的可用性等。

　　实验设计（DOE）方法可以应用于整个方法开发、优化和验证过程，以提高整个过程的效率。一次一因素（OFAT）是一种传统上用于方法开发的试错方法，即在测试一个色谱因素的同时将其他因素设定为随机数值。使用 OFAT 优化可能会得到一个可用的方法，但该方法可能并非全局最优解。更重要的是，使用 OFAT 优化获得的信息是有局限性的，各因素考察并不全面，得到的方法的稳健性和可重复性不一定好。因此，建议采用系统化的开发方法，这与"质量源于设计"（Quality by Design，QbD）的概念是一致的。QbD 作为一种系统化的开发方法，从预定的目标开始，以充足的理论和质量风险管理为基础，强调产品和过程的理解和过程控制。系统化的方法开发从整体上考虑各种色谱因素对所需分离的影响，从确定的方法目标开始，依靠合理的实验设计进行初步筛选和优化。在方法最终确定后，需要对方法的稳健性进行评估，通常会在方法验证结束时开展。如果稳健性存在问题，会延迟方法开发和验证完成时间。因此，建议在方法验证开始前使用适当的实验设计（如 DOE[7]）或其他相关方法来评估方法的稳健性，从而帮助确定质量控制策略，以确保整个使用期间内的方法性能都在可接受范围内。稳健性研究和验证的程度取决于方法的预期用途。用于质量控制或其他监管目的的方法通常需要进行严格的稳健性评估和验证。

　　HILIC 方法开发的一般方案如图 3-1 所示。

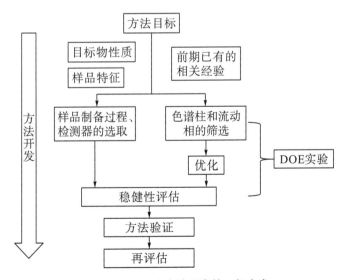

图 3-1　HILIC 方法开发的一般方案

方法开发通常从筛选固定相（色谱柱种类）开始。在系统的方法开发中，色谱柱的筛选应结合流动相条件，包括有机溶剂含量和 pH 值等，使之在一个合理的设计空间中进行。在 HILIC 中，固定相的化学性质和流动相中的有机溶剂含量被证明是影响保留和选择性的最重要因素[4-5]。流动相的 pH 值也是一个重要因素，特别是对于可电离的化合物。因此，应首先对这些因素进行不同组合的筛选，利用之前对相关条件的大致了解可以帮助选择、定位新的相关应用的初始筛选条件。筛选实验可以基于一套已有的实验方案，或者最好是基于统计的方法（如 DOE）。例如，在 Guo 等[8]的工作中使用了 DOE 方法对 HILIC 分离阿司匹林和相关化合物的条件进行了筛选优化。在固定相上，选取了氨基键合、酰胺键合、硅胶键合和磺基甜菜碱键合等。同时对流动相中乙腈含量、盐浓度和色谱柱温这三个因子进行考察，产生了一个 3×5（涵盖一个中心点）的实验设计，共有包括 2 个模型的 20 次实验，得到了水杨酸在氨基键合相上对应乙腈含量和盐浓度变化的响应曲面图等。基于 DOE 结果的响应曲面图不仅可以帮助确定最佳色谱条件，还可以提供实验因子的相互作用信息。

应该注意的是，系统化的方法开发可能需要花费大量的时间和精力，在某些情况下，可能并没有充足的时间完成整个系统化的筛选优化，在有限的时间和资源条件下，应尽可能地遵循系统开发的原则。

第二节　色谱条件

选择色谱柱和流动相是方法开发的核心，使用合理的实验设计可以对其进行有效的筛选优化。

一、色谱柱的选择

色谱柱的选择，在很大程度上取决于方法的目标。对于单一成分的检测（如生物样品检测、含量均匀性、阴离子分析等），主要关注峰形、运行时间和色谱柱的重现性。简单类型的色谱柱（如裸硅胶）是有一定优势的，因为裸硅胶柱的性能不会因为键合固定相的流失而变差。此外，与 RPLC 相比，使用 HILIC 分析的碱性化合物在硅胶柱上的峰形常常会改善不少[8]。然而，硅胶在 pH 值大于 8 时会溶解，而且一些化合物会不可逆地吸附在硅胶上。因此需要根据实际情况选择更适宜的色谱柱。

对于杂质分析而言，方法的选择尤为重要，需要确保所有的杂质或降解产物都能很好地分离。当方法需要在低浓度水平上测定杂质和降解产物时，足够高的分离度、稳定的基线和低的色谱柱流失往往是获得最佳分析灵敏度的关键。Olsen[9]探究了在不同厂家的硅胶和氨基柱上几种嘧啶、嘌呤和酰胺的保留分离效果，发现稳定的基线和足够高的分离度能使 5-氟尿嘧啶在氨基柱上的检测水平低于 0.1%（在 5-氟胞嘧啶中）。

现在有各种类型固定相的商业化柱可用于 HILIC 实验，能够对极性化合物有不同的选择性（详见第二章）。在 HILIC 实验中，水虽然屏蔽了硅胶表面，但不能完全阻止极性分析物与表面硅羟基的相互作用。为了保证分离的重现性，应选择超高纯度的硅胶用于 HILIC 色谱柱。除了裸硅胶固定相之外，键合极性固定相（如酰胺、二醇和磺基甜菜碱固定相等）可以有效减少带电分析物与残留的硅羟基之间的相互作用，并能显示不同的选择作用。图 3-2 来自一个调查报告，显示在一些公开发表的研究工作中，裸硅胶固定相在 HILIC 中最受欢迎，其次是磺基甜菜碱固定相和酰胺固定相[10]。二醇和混合模式固定相的使用频率较低，这可能是由于亲水性较低的缘故，不过在某些应用中仍然有一定优势，特别是混合模式。相比之下，氨基固定相的应用最少，但它可以为阴离子化合物提供显著的保留。图 3-2 中列出的色谱柱在所有市售的固定相中占了 90% 以上[10]。

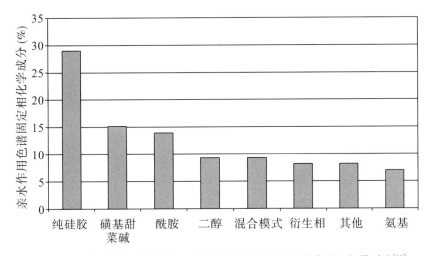

图 3-2　使用不同固定相色谱柱进行 HILIC 分离的已发表论文数量对比[10]

　　一个典型的系统方法开发过程会采用一些具有不同选择性的固定相对其进行筛选，以确定最佳的固定相，满足所需的分离度、峰形和整体性能。根据保留作用和选择性的特点，推荐五种类型的极性固定相（表 3-1）用于初步筛选。目标分析物和方法目标不同，色谱柱固定相的选择范围也相应不同。例如，Abou Zeid 等[11]评价了 11 种 HILIC 色谱柱分离合成多磷酸化环肽及其位置异构体的效果。图 3-3 展示了不同色谱柱上的分离情况，可以看到不同固定相上保留作用和选择性的明显差异。但即使不同厂家来源的同类型固定相色谱柱，通常也存在一些差异，如图 3-4 所示[9]。

表 3-1　建议用于初始筛选的固定相

固定相	功能基团	典型色谱柱
硅胶	硅羟基	Atlantis HILIC
两性离子	磺基甜菜碱	ZIC HILIC
酰胺	氨甲酰基	TSKgel Amide 80
二醇	羟基	YMC-pack Diol
氨基酸	氨基	Zorbax NH₂

　　注：也可从供应商处获得其他类似固定相的色谱柱。

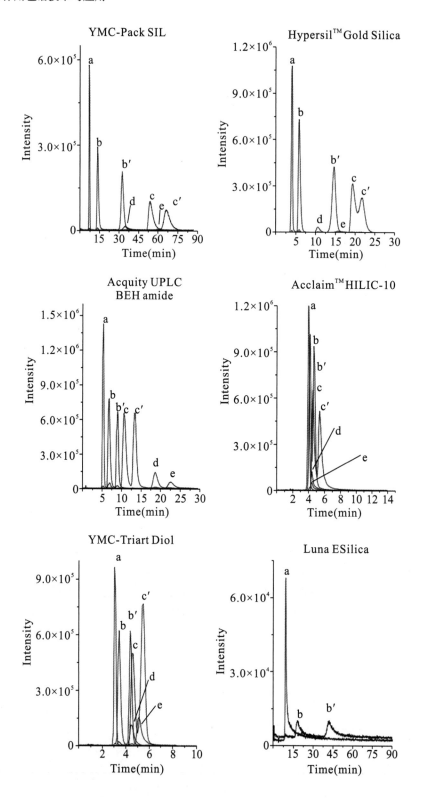

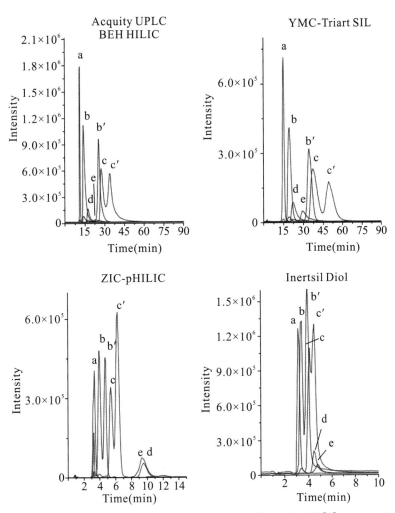

图 3-3　多肽混合物在不同 HILIC 色谱柱上的分离[11]

注：各多肽 m/z，a，pS0（m/z = 582.3），b，pS8 和 b′，pS1（m/z = 601.2），c，pS18 和 c′，pS16（m/z = 620.2），d，pS168（m/z = 625.7），e，pS1368（m/z = 644.6）。

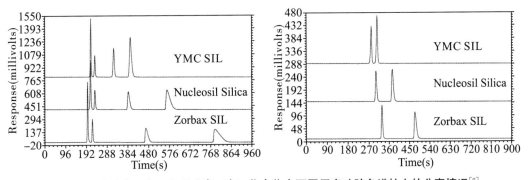

图 3-4　嘧啶类（左）和嘌呤类（右）化合物在不同厂家硅胶色谱柱上的分离情况[9]

　　最初的筛选实验是在不同的流动相条件下，在不同的固定相上进行目标化合物的分离。研究者通常可以根据所需的选择性、峰形、保留时间和其他方法目标选择一种固定相作为最终使用的色谱柱。筛选实验的结果也能用于指导选择其他色谱柱，以备某些需要建立正交实验方法之需。

在通过筛选实验选定了固定相的类型后，最终色谱柱的选择还应该考虑粒径大小和色谱柱尺寸等因素。典型的 HILIC 色谱柱一般填充 $3~\mu m$ 或 $5~\mu m$ 粒径的填料用于分析分离。近些年，由于超高效液相色谱（UHPLC）迅速发展，亚 $2~\mu m$ 颗粒（如 $1.7~\mu m$）填充的 HILIC 色谱柱也开始用于超高效色谱分析，能够在不影响分离效率的情况下缩短分离时间，特别适合于快速分析[12]。为获得足够的分离效率和分离度，优化参数时除了考虑粒径大小外，还应选择适当的柱长，同时也需综合考量运行时间（特别是等梯度法）和反压大小。HILIC 的反压通常比 RPLC 低，因为含有高含量有机溶剂的流动相黏度较低。内径 $4.6~\mu m$ 的柱子通常用于分析流速范围（$0.5 \sim 3~mL/min$），内径 $2.1~\mu m$ 的柱子更适合于 HILIC-MS 和 UHPLC。

二、方法参数的优化

除了固定相外，有机溶剂的类型和流动相中有机溶剂的含量对 HILIC 也非常关键。乙腈是流动相中最常用的有机溶剂，化合物的保留时间对流动相中乙腈含量的变化非常敏感，尤其是当含量达 85%（V/V）以上时。流动相的 pH 值和缓冲液/盐浓度对 HILIC 也很关键。乙酸铵或甲酸铵通常用于控制流动相的 pH 值，同时也与需要挥发性缓冲液的检测器（如 MS）或基于蒸发的检测器（如电喷雾检测器 CAD）兼容。在系统的方法优化中，应结合各种流动相条件进行色谱柱筛选。考虑到有机溶剂和流动相 pH 值的影响，我们推荐在筛选实验中选取一定范围值内的乙腈含量（如 60%、80%、95% 等）和流动相 pH 值（如 pH 值为 3.0 和 6.5 等）。此外，流动相中还应含有一定浓度的缓冲液，例如，pH 值为 3.0 时的 $10~mmol/L$ 甲酸铵，pH 值为 6.5 时的 $10~mmol/L$ 乙酸铵等。这些组合方式产生了在每种固定相条件下的六次筛选实验（等梯度），如表 3-1 所示。在推荐的筛选条件下（pH 值为 3.0 和 6.5），选择中性和离子型的固定相，可以为 HILIC 分离提供必要的各种作用方式。初始筛选也可以选用梯度洗脱模式，梯度范围一般设定为从 5% 到 40% 的水相。应该注意的是，在 HILIC 中梯度洗脱往往需要额外的再平衡时间，且梯度洗脱的基线往往是不稳定的，特别是对 CAD 而言。

具有不同硬件和软件配制的多种仪器都可用于色谱柱和流动相的筛选实验。多数配置都可以进行流动相组合和色谱柱的自动筛选。筛选结果可以自动或手动处理，以确定获得所需分离性能的色谱柱和流动相组合。由于许多亲水化合物是紫外线（UV）穿透的，因此建议在筛选实验中使用一个串联的紫外检测器和一个 CAD，以确保所有化合物都能被检测到。尤其是当不是所有目标化合物都是已知时，如杂质研究或强制降解实验时，这一点就特别重要。紫外检测器和 CAD 组合还可以提供关于反应因子和质量平衡的有用信息，这可能在以后的方法选择中发挥重要作用[13]。例如，在对一种上市药物及其降解产物进行方法开发时[14]，可联合使用紫外检测器和 CAD。建立一种正交的 HILIC 方法用于验证 RPLC，图 3-5 显示了由紫外检测器和 CAD 产生的典型样品色谱图。CAD 提供了比紫外检测器更稳定的基线，还能检测到紫外检测器无法检测到的样品基质中的其他物质（如 34.8 分钟出峰的 Na$^+$/K$^+$峰）。

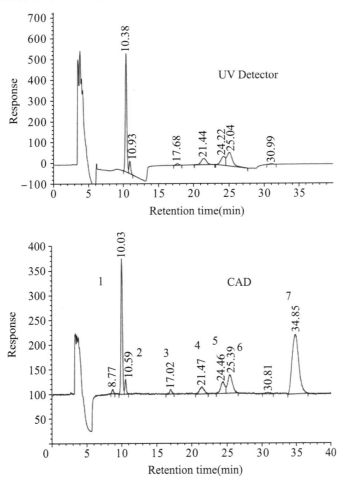

图 3—5　使用紫外检测器和 CAD 分离某药物产品及其降解产物[14]

注：色谱柱，TSKgelAmide—80，150 mm×4.6 mm，粒径 3 μm。流动相，ACN/水（85/15，V/V），含 10 mmol/L 乙酸铵 pH 值 5.0。柱温，30 ℃；流动速度，0.5 mL/min。紫外检测在 240 nm。峰鉴定：1，活性化合物；2，α—异构体；3，未知杂质；4，降解产物 1 和 2；5，降解产物 3；6，降解产物 4；7，Na$^+$/K$^+$。

（一）流动相的组成

水是流动相的基本成分（在流动相中占 3%～5%），因为它能维持 HILIC 分离所需的固定相表面的静滞水层。同时还需加入极性较弱的其他溶剂来降低流动相的整体极性，以便溶质能分配进入水层并被保留。乙腈是 HILIC 中最常见的有机溶剂。由于它的质子惰性，使用乙腈可以使分析物和固定相之间更易产生更强的氢键，从而增加保留。醇类是 HILIC 的替代溶剂，保留时间通常随着碳数的增加而增加，顺序是甲醇＜乙醇＜异丙醇（IPA）[4]。IPA 的亲水性较差，氢键能力也较弱，因此导致极性分析物的保留较强。甲醇可以与极性分析物形成氢键，从而减少亲水作用，导致保留作用减弱。其他有机溶剂也可根据情况使用，如丙酮和四氢呋喃（THF）。溶剂强度的整体增加顺序为：丙酮＜乙腈＜IPA＜乙醇＜甲醇＜水[4]。这些有机溶剂还可以用各种组合来调整保留和选择性。

方法开发通常以乙腈作为有机溶剂开始，如在筛选实验中所设置的那样。在某些情况下可以考虑其他溶剂。如果乙腈短缺、溶剂成本过高、样品不溶于乙腈，或使用乙腈不能满足预期的选择性等，在保留作用和选择性满足要求的前提下，可以使用醇类代替乙腈。

HILIC 流动相一般应含有至少 60％的有机溶剂，以确保有足够的亲水作用。应该注意的是，当流动相中乙腈含量超过 85％时，乙腈含量的微小变化会引起保留作用的显著变化。因此，流动相中最终有机物含量的选择会对 HILIC 的重现性和稳健性产生重大影响。

（二）流动相的 pH 值

流动相的 pH 值对保留作用和分离选择性有很大影响[15]，这是通过改变 HILIC 中被分析物和固定相的电离状态而实现的。不过需要注意，因为大多数硅胶基的 HILIC 色谱柱在极端的 pH 值（小于 2 或大于 8）情况下不稳定，流动相 pH 值的选值范围有一定限制。离子型的分析物（如酸性和碱性化合物）由于亲水作用增强，通常有更强的保留。对固定相来说，流动相的 pH 值不仅可以影响固定相的可电离官能团（如氨基和三唑键合相），还可以通过作用于表面硅羟基团从而对裸硅胶和基于硅胶的中性固定相产生显著影响。正常的硅羟基团是弱酸，其中一小部分被硅基底物中掺入的金属杂质活化后，会显示出更高的酸度。硅羟基在较高的 pH 值条件下会去质子化并带上负电。带正电的碱性化合物除了产生亲水作用外，还会与带负电的硅羟基产生更大的静电吸引力，从而导致更强的保留。酸性化合物在较高的 pH 值下会有较弱的保留，这是因为硅羟基有较强的静电排斥力。流动相的 pH 值也会影响选择性，通常对酸性化合物的影响比碱性化合物大。图 3-6 显示了流动相 pH 值对目标化合物的分离选择性的影响[16]。

为方便起见，可以直接使用有机酸的水溶液如甲酸和乙酸来获得低浓度（如低于 0.2％）的低 pH 值而无需调节 pH 值。稍高一点的 pH 值（低于 7 时）的流动相通常使用缓冲盐来制备，如甲酸铵或乙酸铵。需要注意的是，含有高有机溶剂的流动相的表观 pH 值与酸或缓冲盐的水溶液 pH 值不同[17]。在酸性 pH 值条件下，流动相的表观 pH 值可能高于制备流动相的酸或缓冲盐的水溶液 pH 值。分析物的 pK_a 值也会受到流动相中高有机物含量的影响，特别是对于碱性化合物[18]。因此，必须考虑有机溶剂对流动相的 pH 值和被分析物的 pK_a 的影响，这样才能正确估计待测物质的电离情况。

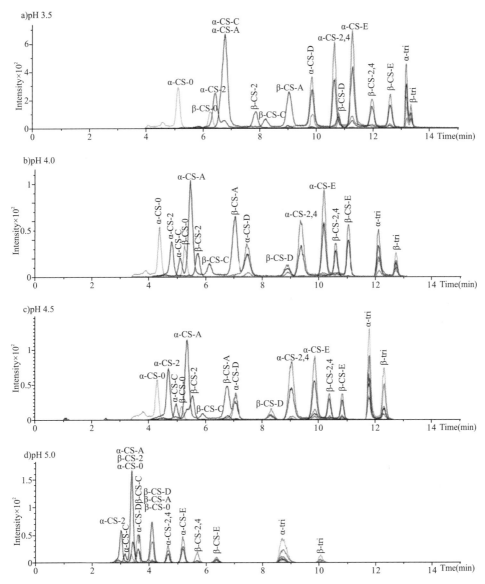

图3-6 pH值对单硫酸化、二硫酸化和三硫酸化的硫酸软骨素二糖的分离影响[16]

注：pH值，3.5（a），4.0（b），4.5（c）和5.0（d）。硫酸软骨素二糖混合物：CS-0（10 μmol/L）、CS-A（4 μmol/L）、CS-C（2 μmol/L）、CS-E（20 μmol/L）、CS-D（20 μmol/L）、CS-2（2 μmol/L）、CS-2，4（20 μmol/L）和三硫酸化CS（50 μmol/L）。

（三）缓冲液的类型和浓度

缓冲液通常用于调整色谱流动相的pH值，其缓冲容量可以防止流动相的pH值波动，从而使方法的重现性更强。在HILIC中，需要可溶解于含有较高有机溶剂流动相的缓冲盐来获得所需pH值和离子强度。酸性pH值通常选择乙酸铵或甲酸铵，而氨水和碳酸盐是高pH值时的常用选择。由于磷酸盐缓冲液在HILIC通常使用的流动相中溶解度低，而且与MS或CAD检测器不兼容，所以一般应避免使用。不过当需要在低波段进行紫外检测时，低浓度的磷酸盐缓冲液则也可能有一定作用。

通常建议 HILIC 分离时使用适当的缓冲液浓度（5~100 mmol/L）以保持良好的峰形。缓冲液浓度对保留作用和选择性的影响取决于 HILIC 中分析物与固定相相互作用的方式。对于非离子型化合物，固定相上的静滞水层与疏水流动相之间的分配是决定分析物保留行为的主导力量。在这种情况下，当缓冲液盐浓度增加时，保留时间会适度增加。有人提出，较高的盐浓度增加了静滞水层的体积，这反过来也为分析物提供了更多的分配空间，从而导致更长的保留时间[19]。对于可离子化物质，静电相互作用起着重要作用，并可以改变保留行为[15]。根据溶质和固定相上的带电情况，它们之间的静电相互作用可以是吸引的，也可以是排斥的。在没有盐或缓冲液的情况下，带电溶质更易通过静电吸引与固定相上带相反电荷的基团（如质子化的氨基或去质子化的硅羟基团）结合在一起，导致在柱子上强烈甚至永久保留。这种情况下，添加盐或缓冲盐就成为顺利洗脱和良好峰形的必要保障。当缓冲液或盐浓度增加时，保留时间会缩短，因为在较高的离子强度下静电吸引力会减弱。同样，带负电的分析物（如酸性化合物）在硅基固定相上的保留行为也会受到带负电的分析物和表面硅羟基之间静电排斥作用的影响。随着缓冲液浓度的增加，静电排斥作用减弱会导致更强的保留作用。据观察，较高的盐浓度可以改善带电分析物的峰形以及色谱柱的负载能力[17]。缓冲液或盐浓度的变化也可能导致选择性的显著变化，如图 3-7 所示，只需将乙酸铵的浓度从 10 mmol/L 变为 15 mmol/L，羟基苯甲酸在不同色谱柱上的洗脱情况就发生了明显变化[20]。

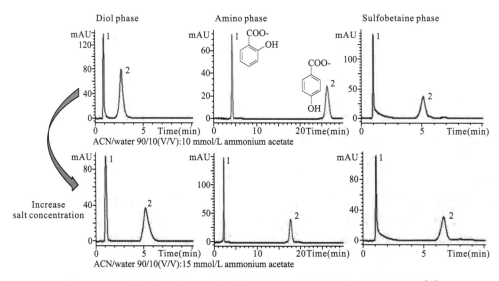

图 3-7 2-羟基苯甲酸和 4-羟基苯甲酸在不同色谱条件下的分离情况[20]

在静电作用的情况下，由于洗脱强度不同，缓冲盐的抗衡离子（通常是阳离子）也可能对带电分析物的保留产生影响，但程度较小。例如，Liu 等发现，对于不同阳离子的磷酸盐缓冲液，肼的保留时间按 Na^+ < NH^+ < 三乙胺（TEA^+）的顺序减少[21]。此外，过量的阳离子存在可能会促进与带电溶质形成离子对。离子对的形成降低了分析物的亲水性，从而导致保留时间缩短[22]。

综上所述，在根据初步筛选结果选择色谱柱和流动相时，需要仔细优化流动相中的缓冲盐。关键是要确定带电分析物与固定相之间的相互作用的类型（吸引或排斥），这样才能优化缓冲液组成、类型和盐浓度，以获得理想的保留作用和选择效果。

（四）柱温

在色谱方法中，有时会使用柱温来调节目标分析物的保留作用和选择性。对于 HILIC 中的大多数极性化合物，当亲水作用是主要的保留机制时，柱温的提高通常会导致保留作用的减弱。然而，当其他保留机制成为主导时，可能会出现与之相反的情况。比如，乙酰水杨酸的保留会随着在氨基固定相上柱温的升高而增加[19]。应该注意的是，在 HILIC 中柱温对酸性化合物保留的影响比有机溶剂含量或缓冲液浓度的影响小[8]。Marrubini 对核酸碱基和核苷类的研究也显示，当柱温从 20 ℃增加到 50 ℃时，保留时间的变化相对较小。只有当柱温达到 80 ℃时，才观察到明显的变化[23]。尽管柱温在 HILIC 中的作用相对有限，但在方法开发过程中应清楚地了解其对保留作用和选择性的影响，特别是在出现反常行为时，便于及时调整实验。在方法开发的最后一步，可以对柱温进行优化，对方法进行微调。此外，控制柱温的波动还可以提高分离过程的稳健性，尤其是在已知温度会影响保留作用时。

（五）样品溶剂

乙腈通常是小分子化合物样品溶剂的首选，但其他有机溶剂（如甲醇、乙醇和 IPA）也可用于 HILIC 的样品制备。当样品在纯乙腈中的溶解度不够时，可以使用乙腈和 IPA 的混合物（如 50∶50，V/V）作为样品溶剂。在某些特殊情况下，可以考虑使用二甲亚砜（DMSO），因为它能够在较高浓度下对各类有机化合物都有较好的溶解性。水或一定 pH 值的缓冲溶液通常与有机溶剂混合以提高样品的溶解度，但对样品溶剂中加入的水含量应慎重考虑，因为太多的水会导致峰形变差（变宽或分裂）[24]。为了达到理想的峰形和目标灵敏度，样品溶剂中的水含量也应与适当的进样体积相平衡。含有大量水的样品溶液在进样体积大时会导致峰形变差，但减少进样体积可以在不减少样品溶剂中水含量的情况下恢复峰形。

第三节　检测方式

对于具有一个或多个生色团的分析物，紫外检测算得上是液相色谱法中使用最广泛的检测方法，因为其线性范围广、成本相对较低、易于使用，而且无论在等度或梯度洗脱模式下都能与流动相中使用的大多数溶剂兼容。作为紫外线/可见光检测的替代方法，特别是对于缺乏强紫外吸收官能团的化合物，质谱和 CAD 是有优势的。其他基于洗脱液蒸发的检测器如蒸发光散射（ELSD）和纳克级激光计数检测器（NQAD）也是一种选择。其他不太常用的检测器如示差折光检测（RID）、氮化学发光检测（CLND）、电化学检测和荧光检测也可能与 HILIC 条件兼容，从而可能适于某些特定的应用。然而，ELSD 和 RID 检测器在精确度、灵敏度和动态范围上有一定的限制，且 RID 也与梯度洗脱不兼容。总的来说，由于流动相中存在高含量的有机物，MS 和 CAD 检测器在 HILIC 分析中具有一定的优势。

一、MS 检测器

当液相色谱与质谱检测器联用时，通常使用电喷雾电离（ESI）或大气压化学电离（APCI）方式。ESI 或 APCI－MS 需要在流动相中加入挥发性的缓冲盐，这与用于 HILIC 的常见流动相良好匹配。此外，流动相中的高有机溶剂含量有利于洗脱液的汽化，提高了电喷雾界面的电离效率，从而有利于提高 ESI－MS 检测的灵敏度，这些优势已被用于 HILIC－MS 的极性药物测定等方面。挥发性缓冲盐应在合理的浓度下使用（5～20 mmol/L），因为高浓度的缓冲盐会抑制 ESI 信号。也可通过在 HILIC 分离柱后添加非质子溶剂或长链醇等方式对信号进行增强，但需平衡因稀释效应而带来的灵敏度损失。应该注意的是，某些流动相添加剂（如 TFA）或样品基质引起的电离抑制也可能发生在 HILIC－ESI－MS 检测中。与 ESI 源相比，APCI 源更不容易受到基质电离抑制效应的影响，而且 APCI 响应恢复至进样前水平的时间也更短。为了使用 HILIC－MS 获得高质量的分析结果，基质效应和其他色谱特性，如峰形、过载、交叉干扰和质谱干扰信号等，都是值得考察的内容[25]。

二、CAD

在 CAD 中，来自色谱的洗脱液经氮气流雾化后，气溶胶通过漂移管，其中的挥发性成分和溶剂被蒸发掉，然后干燥的粒子流在通过高压铂丝后被次生氮气流带电，由此产生的带电粒子通量由一个电子测量仪测量。与紫外检测不同的是，CAD 是一种质量依赖性检测器，只要分析物是不挥发的，它的反应就不依赖于分析物的光谱或物理化学特性。在理论上，这意味着 CAD 可以对相同数量的不同分析物产生类似的响应。CAD 的灵敏度比 ELSD 高，因为 CAD 产生的信号受气溶胶液滴大小或其分布的影响要小得多，但 CAD 检测的线性浓度范围通常较窄。鉴于液滴直径与流动相的密度和黏度因素相关，因此 CAD 响应也会受流动相组成的影响。流动相中的有机溶剂含量越高，雾化器的传输效率就越高，从而使更多的粒子能够到达检测器，因此信号也就越高。所以，在梯度洗脱中，响应因子会随着流动相组成的不同而发生显著变化，尽管反应可以通过柱后反梯度进行归一化[26]，但在一般的 HILIC－CAD 应用中，尤其是缺乏标准物质来确定响应因子的情况下，比如杂质或降解产物分析时，通常还是首选等度洗脱。

第四节　总结

开发建立 HILIC 方法与其他色谱方法（如 RPLC）没有本质的区别，应该建立在对 HILIC 基础知识的扎实理解上。在条件许可的情况下，应该采用系统优化的方法来确定色谱柱和流动相条件。通常推荐使用几种具有不同选择性的固定相色谱柱，再结合不同的流动相条件进行初步筛选。初步筛选后，应仔细考察方法的其他方面，包括样品对象、检测器选择、系统适用性和定量策略等。除了流动相的 pH 值外，流动相中的缓冲盐对 HILIC 方法特别重要，缓冲盐的类型和浓度需要根据分析物和固定相的相互作用进行优化。为了获得更好的未知物检测通用性，在 HILIC 方法开发过程中，紫外检测器应与 CAD 或 MS 检测器同时使用，因为许多极性化合物缺乏强紫外线生色团而无法在紫外检测器测得，这类化合物需要使用 CAD 或 MS 检测器进行检测，而一般 HILIC 的流动相又多与 CAD 或 MS 检测器相兼容，这也为二者的使用带来了便利。此外，更多装填细粒径颗粒的 HILIC 色谱柱被开发并应用于超高效分离，为建立更快速、效率更高的 HILIC 方法创造了更多的选择。

参考文献

［1］ Dejaegher B，Heyden YV. HILIC methods in pharmaceutical analysis ［J］. Journal of Separation Science，2010，33（6－7）.

［2］ Chirita RI，West C，Finaru AL，et al. Approach to hydrophilic interaction chromatography column selection：application to neurotransmitters analysis ［J］. Journal of Chromatography A，2010，1217（18）.

［3］ Kartsova LA，Bessonova EA，Somova VD. Hydrophilic Interaction Chromatography ［J］. Journal of Analytical Chemistry，2019，74（5）.

［4］ Hemström P，Irgum K. Hydrophilic interaction chromatography ［J］. Journal of Separation Science，2006，29（12）.

［5］ Hsieh YS. Potential of HILIC－MS in quantitative bioanalysis of drugs and drug metabolites ［J］. Journal of Separation Science，2008，31（9）.

［6］ Bernard A. Olsen BWP. Hydrophilic Interaction Chromatography：A Guide for Practitioners ［M］. New York：John Wiley & Sons，Inc，2013.

［7］ Quiming NS，Denola NL，Saito Y，et al. Chromatographic behavior of uric acid and methyl uric acids on a diol column in HILIC ［J］. Chromatographia，2008，67（7－8）.

［8］ Guo Y，Srinivasan S，Gaiki S. Investigating the effect of chromatographic conditions on retention of organic acids in hydrophilic interaction chromatography using a design of experiment ［J］. Chromatographia，2007，66（3－4）.

［9］ Olsen BA. Hydrophilic interaction chromatography using amino and silica columns for the determination of polar pharmaceuticals and impurities ［J］. Journal of Chromatography A，2001，913（1－2）.

［10］ PetrusHemström TJ，Appelblad P，Jiang W. HILIC after the Hype：A Separation Technology here to Stay ［N］. Chromatography Today，2011.

［11］ Abou Zeid L，Pell A，Tytus T，et al. Separation of multiphosphorylated cyclopeptides and their positional isomers by hydrophilic interaction liquid chromatography（HILIC）coupled to electrospray ionization mass spectrometry（ESI－MS）［J］. Journal of Chromatography B－Analytical Technologies in the Biomedical and Life Sciences，2021，1177.

［12］ Orentiene A，Olsauskaite V，Vickackaite V，et al. UPLC a powerful tool for the separation of imidazolium ionic liquid cations ［J］. Chromatographia，2011，73（1－2）.

［13］ Vehovec T，Obreza A. Review of operating principle and applications of the charged aerosol detector [J]. Journal of Chromatography A, 2010, 1217 (10).

[14] Olsen BA, Pack BW. Hydrophilic interaction chromatography: a guide for practitioners, 2013.

[15] Guo Y, Gaiki S. Retention and selectivity of stationary phases for hydrophilic interaction chromatography [J]. Journal of Chromatography A, 2011, 1218 (35).

[16] Poyer S, Seffouh I, Lopin-Bon C, et al. Discrimination of sulfated isomers of chondroitin sulfate disaccharides by HILIC-MS [J]. Analytical and Bioanalytical Chemistry, 2021, 413 (28).

[17] Mccalley DV. Is hydrophilic interaction chromatography with silica columns a viable alternative to reversed-phase liquid chromatography for the analysis of ionisable compounds? [J]. Journal of Chromatography A, 2007, 1171 (1-2).

[18] Subirats X, Roses M, Bosch E. On the effect of organic solvent composition on the pH of buffered HPLC mobile phases and the pKa of analytes: a review [J]. Separation and Purification Reviews, 2007, 36 (3-4).

[19] Guo Y, Gaiki S. Retention behavior of small polar compounds on polar stationary phases in hydrophilic interaction chromatography [J]. Journal of Chromatography A, 2005, 1074 (1-2).

[20] Greco G, Letzel T. Main interactions and influences of the chromatographic parameters in HILIC separations [J]. Journal of Chromatographic Science, 2013, 51 (7).

[21] Liu M, Ostovic J, Chen EX, et al. Hydrophilic interaction liquid chromatography with alcohol as a weak eluent [J]. Journal of Chromatography A, 2009, 1216 (12).

[22] Wang XD, Li WY, Rasmussen HT. Orthogonal method development using hydrophilic interaction chromatography and reversed-phase high-performance liquid chromatography for the determination of pharmaceuticals and impurities [J]. Journal of Chromatography A, 2005, 1083 (1-2).

[23] Marrubini G, Mendoza BEC, Massolini G. Separation of purine and pyrimidine bases and nucleosides by hydrophilic interaction chromatography [J]. Journal of Separation Science, 2010, 33 (6-7).

[24] Ruta J, Rudaz S, Mccalley DV, et al. A systematic investigation of the effect of sample diluent on peak shape in hydrophilic interaction liquid chromatography [J]. Journal of Chromatography A, 2010, 1217 (52).

[25] Nguyen HP, Schug KA. The advantages of ESI-MS detection in conjunction with HILIC mode separations: fundamentals and applications [J]. Journal of Separation Science, 2008, 31 (9).

[26] Gorecki T, Lynen F, Szucs R, et al. Universal response in liquid chromatography using charged aerosol detection [J]. Analytical Chemistry, 2006, 78 (9).

（白　玉）

第四章　亲水作用色谱在食品与环境分析中的应用

第一节　亲水作用色谱在食品中的应用

食品的种类繁多，形态各异，不同种类食品的营养成分、污染物种类与含量差异较大。强极性、亲水性化合物是食品分析的重要内容，因其在反相色谱柱保留时间短，容易与食品基质中的极性化合物共洗脱，从而导致分离效果不佳。亲水性高效液相色谱采用强极性固定相，同时结合高比例有机相和低比例水相所组成的流动相可实现对强极性化合物的有效分离，对强极性化合物具有良好的保留作用和分离选择性，因此在食品复杂基质中强极性化合物的分析方面具有很大的优势。另外，HILIC 往往仅需简单的样品前处理，即可有效去除食品基质效应，近年来已广泛应用于食品中极性化合物的分析。

一、亲水作用色谱在食品内源组分分析中的应用

（一）食品核苷类、核碱类分析

核酸碱基、核苷和核苷酸是食品的内源性物质，是一类强极性、亲水性、不易挥发的小分子有机化合物，因其在中性流动相体系中可转化为阴离子，故常用高效液相色谱法（High Performance Liquid Chromatography，HPLC）在反相色谱、离子对色谱和离子交换色谱模式下实现分离检测[1-2]。目前也有采用高效毛细管电泳法（High Performance Capillary Electrophoresis，HPCE）检测核酸碱基、核苷和核苷酸的报道，但 HPCE 使用的流动相与离子检测手段（如质谱）无法兼容。HILIC 克服了上述技术的局限，已经应用于不同基质食品中核苷、核酸碱基的分析。另外，由于食品中核酸碱基、核苷和核苷酸的含量较高，且该类物质大部分结构中含有共轭双键，因此可采用紫外检测器进行检测[3]。由于质谱的定性能力强，且灵敏度高，因此亲水作用色谱串联质谱法也已用于不同食品中核酸碱基、核苷和核苷酸的定性和定量分析。

1. 果蔬及相关制品。

金丝小枣是药食两用植物，核苷类物质是其重要的补益成分。东莎莎等[4]采用超声辅助提取结合 HILIC 测定了金丝小枣中的尿嘧啶、尿苷、腺嘌呤、肌苷、胞嘧啶、胞苷、鸟苷、cAMP、cGMP 等 9 种核苷类成分。该方法具有良好的精密度、重现性和稳定性，可为枣类质量控制研究提供技术支持。

酸枣果实和叶片中均含有丰富的核苷、核酸碱基和核苷酸，可作为健康食品资源。周翔等[5]建立了酸枣仁中的 11 种核苷及核酸碱基成分的 HILIC 模式超高效液相色谱（Ultra-high Performance Liquid Chromatography，UPLC）-三重四级杆质谱检测方法。研究采用 Acquity UPLC BEH Amide（2.1 mm×100 mm，1.7 μm）色谱柱、以 10 mmol/L 乙酸铵-0.8%乙酸水（A）和 0.1%乙酸-乙腈（B）为流动相实现了 11 种目标化合物的良好分离，该方法可用于酸枣仁中核苷及核酸碱基成分的快速定量分析。Guo 等[6]建立了酸枣中 20 种痕量核酸碱基、核苷和核苷酸的亲水作用超高效液相色谱-三重四极杆串联质谱联用（HILIC-UHPLC-TQ-MS/MS）分析方法。在优化的色谱条件下，20 个目标化合物在粒径小于 2 μm 的 UPLC 酰胺柱上于 10 分钟内得到了较好的分离。该方法的检出限（LOD）和定量限（LOQ）分别在 0.11～3.12 ng/mL 和 0.29～12.48 ng/mL 之间，且快速、灵敏。同时，他们的研究结果也表明，酸枣果实和叶片中均含有丰富的核苷和核酸碱基，所建立的方法适用于酸枣及其他药用植物或食品样品的质量评价。

2. 婴儿食品。

HILIC 用于婴儿食品中核苷类物质的分离分析也已有报道。María 等[7]提出了一种以二乙胺为离子对试剂的亲水作用色谱串联质谱技术（IP-HILIC-MS/MS）用于乳制品和非乳制品婴儿食品中核苷和核苷酸的快速高效检测。婴儿食品样品用超纯水提取，离心后上清液再离心超滤（CUF），用乙腈稀释后进样 HILIC 系统进行分离检测。该法加标回收率高（大于 80%），且无基质效应。根据 2002/657/EC 决议对所建立的 CUF-IP-HILIC-MS/MS 方法进行验证，表明其可靠、稳健，用于 16 种市售婴儿食品中核苷酸和核苷的定量分析，结果满意。但也有研究提出，不建议 ESI 离子源使用离子对试剂，因其挥发性低，可能会降低质谱检测的灵敏度。

3. 功能食品。

银杏果作为膳食补充剂应用较为广泛。Zhou 等[8]建立了银杏果中 20 种核苷和核酸碱基的亲水超高效液相色谱-三重四极杆串联质谱（HILIC-UPLC-TQ-MS/MS）定量分析方法。在优化的色谱条件下，使用 Waters Acquity UPLC BEH Amide 色谱柱并进行梯度洗脱，在 11 分钟内可实现 20 种目标化合物的良好分离，其检出限和定量限分别为 0.02～42.54 ng/mL 和 0.05～98.18 ng/mL。

酵母中核苷酸和维生素的含量很高，因此可用于生产食品补充剂。Marta 等[9]首次提出了一种 HILIC-高分辨率质谱（HRMS）法，用于烘焙面包和酵母食品补充剂的酵母中的核酸碱基、核苷和核苷酸检测。样品用均质机均质处理使细胞裂解，低速离心将上清液（胞浆部分）与沉淀（核部分）分离，再采用 5% 的 HClO$_4$ 提取，而后用 HILIC-Q-TOF-MS 测定。该方法的检出限为 2.5～22 ng/mL（62～550 ng/g，200 mg 酵母）。采用建立的方法对 5 种不同的酿酒酵母进行检测，其细胞核和细胞质中均检出核苷酸，浓度范围分别为 0.6～570 μg/g 和 5.6～924 μg/g，而核苷和核酸碱基在所有样品中均未检出。

蛹虫草是我国名贵中药材之一，其具有极高的药用价值。腺苷和虫草酸是蛹虫草的重要活性成分，常用于其质量评价。张铭雅等[10]建立了一种亲水作用色谱串联质谱法分析蛹虫草中腺苷、肌苷、虫草素和虫草酸的含量。该法相较于传统的 HPLC，分析效率显著提高，4 种目标化合物的标准曲线线性良好，且腺苷、肌苷的灵敏度可达0.004 $\mu g/mL$，能够用于蛹虫草等相关产品的微量检测。同时，该方法也可为区分天然虫草与人工蛹虫草提供技术参考。

山药作为传统的保健食品之一，具有健脾补气的功效，临床上常将其用于治疗脾胃虚弱、食少体倦、泄泻等。腺苷和尿囊素是山药的重要功效成分，其极性较强，在反相色谱柱上极易与极性化合物共洗脱，从而导致分离效果不佳。朱群英等[11]建立了HiLIC－HPLC 双波长法测定山药中的腺苷和尿囊素的含量。该研究采用90％的乙腈超声提取样品，而后用 Waters XBridge Amide 色谱柱（250 mm×4.6 mm，3.5 μm），以乙腈－水（90∶10）为流动相进行分离，采用224 nm 和260 nm 进行双波长检测。该法线性良好（$r>0.999$），平均加标回收率为 90.45％～93.31％，相对标准偏差（RSD）小于 2.50％。

（二）食品氨基酸分析

大多数氨基酸易溶于水，在 C18 色谱柱中保留效果不佳，且在紫外－可见光区无吸收、无荧光特性，因此多通过衍生化处理改善其在 C18 色谱柱中的保留及其紫外或荧光检测性能，但操作步骤较为烦琐。常见氨基酸的理化性质见表 4－1。HILIC 在强极性、亲水性化合物的保留方面具有优势，可在流动相构成简单、无需衍生化处理的情况下较好地分离氨基酸类物质。质谱检测可增加氨基酸分析灵敏度，故亲水作用色谱串联质谱法常用于定性和定量分析食品中的氨基酸。

表 4－1　常见氨基酸的理化性质

氨基酸	英文名称	缩写	分子量	等电点	结构式
甘氨酸	Glycine	Gly	75.07	5.97	
丙氨酸	Alanine	Ala	89.09	6.00	
丝氨酸	Serine	Ser	105.09	5.68	
脯氨酸	Proline	Pro	115.13	6.30	
缬氨酸	Valine	Val	117.15	5.96	

氨基酸	英文名称	缩写	分子量	等电点	结构式
苏氨酸	Threonine	Thr	119.12	5.64	
异亮氨酸	Isoleucine	Ile	131.17	6.02	
亮氨酸	Leucine	Leu	131.17	5.98	
天冬酰胺	Asparagine	Asn	132.12	5.41	
天冬氨酸	Aspartic Acid	Asp	133.10	2.77	
谷氨酰胺	Glutamine	Gln	146.15	5.65	
赖氨酸	Lysine	Lys	146.19	9.59	
谷氨酸	Glutamic Acid	Glu	147.13	3.22	
甲硫氨酸（蛋氨酸）	Methionine	Met	149.21	5.74	
组氨酸	Histidine	His	155.16	7.47	
苯丙氨酸	Phenylalanine	Phe	165.19	5.48	

氨基酸	英文名称	缩写	分子量	等电点	结构式
精氨酸	Arginine	Arg	174.20	11.15	
酪氨酸	Tyrosine	Tyr	181.19	5.66	
色氨酸	Tryptophan	Trp	204.23	5.89	
鸟氨酸	Ornithine	Orn	132.16		
同型半胱氨酸	Homocysteine	Hcy	135.18	5.07	

1. 植物来源食品。

马铃薯除了含有丰富的蛋白质、碳水化合物、膳食纤维、矿物元素和维生素等营养物质外，还含有大量的必需氨基酸。必需氨基酸是在人体内无法合成、必须由食物获取的氨基酸，包括赖氨酸、色氨酸、苯丙氨酸、甲硫氨酸、苏氨酸、亮氨酸、异亮氨酸和缬氨酸等 8 种。必需氨基酸摄入不足会影响机体的生理机能，导致代谢紊乱、机体抵抗力下降等。马铃薯中必需氨基酸检测对其品种育种及优选具有重要意义。莫日根等[12]建立了超高效液相色谱串联质谱法用于马铃薯中缬氨酸、苏氨酸、亮氨酸、异亮氨酸、赖氨酸、甲硫氨酸、苯丙氨酸、色氨酸等 8 种必需氨基酸的同时测定。样品经超纯水提取后，用 Accucore HILIC 色谱柱分离，以含 0.1%（V/V）甲酸的甲醇溶液为流动相进行洗脱，采用电喷雾电离源、正离子扫描、多反应监测模式进行检测。经参数优化，HILIC 色谱柱对 8 种必需氨基酸的分离效果优于 C18 色谱柱，且降低了基质效应的影响，峰拖尾现象明显改善。8 种氨基酸在各自质量浓度范围内与色谱峰面积成良好的线性关系，相关系数为 0.9990～0.9996，检出限为 0.04～1.50 mg/kg，定量限为 0.12～4.99 mg/kg。测定结果的相对标准偏差为 0.4%～4.6%（$n=6$），不同水平的样品加标回收率为 89.9%～115.1%。该方法前处理简单、灵敏度高、有良好的稳定性和准确度，可为其他种类的马铃薯及相关食品中必需氨基酸的检测提供参考。

茶叶中游离氨基酸的含量和组成对茶汤的口感、色泽具有显著影响，同时对茶汤的香气和鲜爽度也起着关键作用。茶的原料、加工方式不同，其游离氨基酸的含量差异较大，从而影响其营养价值和风味特性。王忠合等[13]采用超高效液相色谱－四级杆飞行时间质谱法对 5 种单丛乌龙茶中的游离氨基酸进行了鉴别和定量测定。样品经热水提取，采用 HILIC 色谱柱分离，以 20 mmol/L 甲酸铵（含 0.1%的甲酸，V/V）和乙腈

（含 0.1％甲酸，V/V）为流动相梯度洗脱，电喷雾正离子模式检测，基质匹配标准曲线法定量。结果表明，单丛乌龙茶中游离氨基酸的总量为 485.12～575.95 mg/100 g，乌叶、鸭屎香、玉兰香、白叶、水仙等 5 种单丛乌龙茶中含有多种常见氨基酸，而不同单丛乌龙成茶中各氨基酸的含量差异较大（P＜0.05），其中茶氨酸、谷氨酸、精氨酸、丝氨酸、天冬氨酸等含量较高。

2. 动物来源食品。

皮革水解蛋白是将皮革、皮鞋下脚料及动物毛发等水解提炼得到的一种蛋白。因水解过程中添加了含铬重金属盐，所以具有潜在致癌和致畸作用。有些商家在乳和含乳食品中非法添加皮革水解蛋白以提高其表观蛋白质含量，从而对消费者健康产生威胁。羟脯氨酸（Hydroxyproline，L－Hyp）是组成动物胶原蛋白的特征性氨基酸。检测皮革水解蛋白多以 L－Hyp 为标示检测物，其测定方法主要有分光光度法、毛细管电泳法、氨基酸分析仪法、高效液相色谱法及液相色谱串联质谱法等。分光光度法的特异性较差、干扰因素较多，且灵敏度相对较低。采用反相高效液相色谱法分离 L－Hyp 需进行衍生化处理，不仅操作烦琐费时，还需额外加入离子对试剂以增加 L－Hyp 的保留，从而导致色谱与质谱的兼容性较差。采用低分辨质谱分析 L－Hyp 易受亮氨酸、异亮氨酸等相同或相近分子量化合物的干扰。高分辨质谱（HRMS）具有分辨率高、灵敏度高、抗干扰能力强等特点。刘伟等[14]将动物肝组织样品酸水解、过滤及稀释后，用 HILIC 对 L－Hyp 进行色谱分离，采用基于静电场轨道阱技术的 Q Exactive 高分辨质谱定量检测。该法无需衍生化，前处理简单，分析检测快速，准确灵敏度高，可用于肝组织中 L－Hyp 的快速定量分析。

3. 功能食品。

支链氨基酸属于小分子、强极性氨基酸，不能直接用紫外检测器检测。蒸发光散射检测器（Evaporative Light Scattering Detector，ELSD）的响应不依赖于样品的光学性质，特别是无紫外吸收的化合物，因此可在一定程度上弥补紫外检测器的不足。李玉珍等[15]建立了亲水作用色谱－蒸发光散射检测保健食品中 L－亮氨酸、L－异亮氨酸和 L－缬氨酸三种支链氨基酸的分析方法。该法不需要衍生，前处理步骤较少、易于操作，可快速实现批量样品中支链氨基酸的准确测定。

阳曦等[16]建立了涪城麦冬中 18 种氨基酸的亲水作用色谱串联质谱检测方法，样品用水超声提取后，用 Poroshell 120HILIC－Z 亲水作用色谱柱（2.1 mm×100 mm，2.7 μm）、乙腈－10 mmol/L 乙酸溶液（含甲酸 0.05％）作为流动相，采用梯度洗脱分离，用正离子模式多反应监测扫描，测定样品中氨基酸含量。该方法提取简单、灵敏度高、重复性好，能有效满足涪城麦冬中多种氨基酸的同时测定需求。

（三）食品糖类化合物分析

糖类化合物结构复杂，含有大量的羟基官能团，存在多种异构体和分支结构。非衍生的糖类化合物在反相 C18 色谱柱上难以保留，因此无法实现有效分离。目前，糖类化合物常用的分离技术包括高效阴离子交换色谱、石墨化碳液相色谱和 HILIC。傅青等[17]以糖类化合物（单糖、双糖、三糖）为研究对象，系统考察了在 HILIC 模式下，流动相、固定相和缓冲盐等条件参数对其保留的影响，并选择合适的色谱模型建立了糖类化合物的保留方程，实现了对其在 HILIC 模式下保留规律的定量描述。将该模型用于实际样品中糖类化合物保留的预测，获得了较好的实验结果，预测与实测保留时间的相对误差小于 0.3%。该研究有助于推动 HILIC 在糖类化合物分析中的应用发展。

甜菊糖是从甜叶菊中提取的天然甜味剂，具有甜度高、热量低、安全无毒等优点，因此在食品、饮料、医药中应用越来越多，尤其适于糖尿病、肥胖症、高血压、动脉粥样硬化的患者。甜菊糖中经济价值和含量较高的主要有莱鲍迪 A、甜菊糖甙、莱鲍迪甙 C。因其口味、价格差异较大，因此准确定量甜菊糖样品中三者的含量非常必要。陈斌等[18]采用强碱性阴离子交换分析柱，建立了甜菊糖中甜菊糖甙、莱鲍迪甙 A 和莱鲍迪甙 C 的 HILIC 检测方法。同时，他们也根据吸附剂、吸附质的结构特点及物理特性，对甜菜糖三种目标组分的分离机理进行了初步探讨，推测其机理可能为氢键、偶极作用等。与国标法相比，虽然该方法色谱图中杂峰数目增多，但主要待测物的分离度却显著提高。该方法对三种组分的高、中、低水平的加标回收率为 95.8%～101.1%，相对标准偏差（$n=6$）均小于 1.00%，为准确分析甜菊糖主要极性组分提供了可靠的检测方法。Wang 等[19]建立了 HILIC 和二维反相色谱/HILIC（2D-RPLC/HILIC）检测甜菊糖。他们比较了聚丙烯酰胺硅胶柱（PA）与其他三种 HILIC 色谱柱（Diol、XAmide 和 Unitary NH$_2$）对甜菊糖的保留。结果表明，与其他三种 HILIC 色谱柱相比，PA 柱具有较好的选择性和较强的保留，可实现 12 种甜菊糖的良好分离。同时采用弱洗脱液乙醇代替乙腈作为流动相，可提高甜菊糖的溶解度，同时为 HILIC 保留增加了多样性。该研究也以 C18 色谱柱为一维分离系统（流动相为甲醇/水）、PA 柱为二维分离系统（流动相为乙醇/水），开发了离线 2D-RPLC/HILIC 系统，用于纯化甜叶菊提取物中的低丰度甜菊糖检测。

核苷和糖醇类成分是冬虫夏草中两类重要的活性成分，常被作为冬虫夏草质量的评价指标。核苷类成分多采用反相高效液相色谱法检测，为了增加其保留、改善分离效果，常选用能够耐受纯水的特殊色谱柱和高比例的水相（甚至 100% 水相）进行分析。糖醇类化合物比核苷类成分的极性更强，在反相色谱柱上基本不保留，因此常用高效阴离子交换色谱或 HILIC 分析。核壳型填料兼有小粒径填料高效、快速分离的优点，又能降低背压，在快速分析中表现出优越的分离性能。钱正明等[20]采用核壳型 HILIC，建立了同时、快速检测冬虫夏草中尿苷、腺苷、肌苷、鸟苷和甘露醇含量的 HPLC 分析方法，在 8 分钟内即可实现 5 种目标物的基线分离，且各成分线性关系良好，其日内、日间精密度和重复性均小于 3%，平均加标回收率在 99.0%～106.1%。用所建立的方法对 20 批冬虫夏草的尿苷、腺苷、肌苷、鸟苷和甘露醇含量进行检测，与文献报道结果基本一致。

（四）食品维生素分析

1. 水溶性维生素分析。

维生素是一大类必需微量营养素，根据其溶解度可分为水溶性维生素和脂溶性维生素。水溶性维生素包括维生素 C 和 B 族维生素。水溶性维生素结构复杂，具有不同的理化性质和稳定性。尽管其均为亲水性化合物，但在水中的溶解度却差异很大，从低水溶性的核黄素到高水溶性的维生素 C。反相高效液相色谱结合紫外检测器、荧光检测器及质谱仪常用于食品中的黄素类化合物、烟酰胺类化合物、烟酸类化合物、吡哆醛类化合物、吡哆胺类化合物、吡哆醇类化合物、四种钴胺类化合物和一些叶酸类维生素等水溶性维生素的活性化合物检测。HILIC 是 RPLC 的最佳替代方法，在水溶性维生素的分离分析中具有较大优势。

Gratacós-Cubarsí 等[21]建立了亲水作用色谱-二极管阵列检测（DAD）法，用于定量测定干制腊肠中硫胺素含量。样品用稀酸（0.1 mol/L HCl）提取，酶解后从食品基质中释放出游离硫胺素。粗提物采用弱阳离子交换固相萃取柱纯化，进样 HILIC-DAD 检测。该方法的检出限低于 0.01 mg/100 g，且无需将硫胺素衍生化为硫醚，在 8 分钟内即可实现分离和鉴定。用加标样品和参比物质猪肝 BCR© 487 评估该方法的选择性、重复性和准确性，结果满意。在 HILIC 模式下，采用二醇和酰胺固定相分析 B 族维生素已有报道。Sentkowska 等[22]首次采用两性离子亲水作用色谱-质谱联用法分析了甜菜汁中的多酚类物质和 B 族维生素，甜菜汁中黄酮类和酚酸的检出限为 0.01 mg/L，B 族维生素的检出限为 0.03 mg/L，灵敏度较 RP-HPLC 法均有提高。同时，该研究也对甜菜汁中主要酚酸（原儿茶酸和咖啡酸）与 B 族维生素（烟酰胺和泛酸）的相互作用进行了评价。

Langer 等[23]采用 HILIC 分析了食品中六种水溶性 B 族维生素［硫胺素（维生素 B_1）、核黄素（维生素 B_2）、烟酸、烟酰胺、吡哆醛、叶酸］和抗坏血酸，并比较了紫外线、荧光和库仑定量检测方法。硫胺素、核黄素、烟酸、烟酰胺在室温下很容易提取，而吡哆醛需要升高温度，并进行盐酸水解和酶处理。抗坏血酸用水溶液提取，不需要酸或酶水解，因其不稳定，需在提取时加入还原剂 DTT。采用紫外/二极管阵列和荧光检测，6 种 B 族维生素可在 18 分钟内实现分离。其中，硫胺素、烟酸、烟酰胺的检测波长分别为 268 nm、260 nm 和 284 nm，核黄素的激发波长为 268 nm、发射波长为 513 nm；吡哆醛的发射波长为 284 nm/317 nm。库仑定量检测可用于维生素 B_6、叶酸和维生素 C 的检测。尽管该方法无法用库仑法鉴定出食品中的维生素 C，但其成功地用于复杂基质食品中 6 种 B 族维生素的定量分析。总体而言，HILIC 在复杂食品基质中测定天然维生素的应用仍然非常有限。此外，目前尚缺乏使用 HILIC 模式筛选活性形式 B 族维生素的研究[24]。

维生素 C 是一种多羟基化合物，具有较强的极性。传统液相色谱法测定维生素 C 多采用 C18 色谱柱，利用反相色谱的原理进行分离。但由于 C18 色谱柱固定相的硅胶上键合了非极性的十八烷基，根据相似相容的原则，待分离组分极性越强，其保留越弱，而且流动相中水的比例增加时组分的保留增加，与 C18 色谱柱的固定相不发生作用，因此会与基质中亲水性较强的杂质在死时间附近共流出，导致难以实现维生素 C 和杂质的有效分离，这大大限制了液相色谱法在测定维生素 C 含量方面的应用。吴昊等[25]采用 Agilent Zorbax Carbohydrate 亲水色谱柱分离测定维生素 C，该色谱柱的固定相硅胶载体上键合了氨丙基，具有一定的极性，其保留机理与反相色谱相反，组分的极性越强，其保留越强，还可通过调节流动相中水的比例进一步改善目标组分的保留。该法克服了维生素 C 在 C18 色谱柱上保留不足的问题，实现了饮料样品中维生素 C 与杂质的有效分离，获得了尖锐、对称性好的目标峰。需要指出的是，在水相条件下（特别是酸性物质存在的情况下）使用氨基丙基色谱柱时，可能会使略带负电荷的氨基官能团质子化，导致其使用一段时间后对某些分析物的保留性质有所改变或柱效下降。Zia等[26]建立了 HILIC-MS/MS 法，同时分析果汁中的维生素 C 和脱氢维生素 C，分别以 175→115 和 173→113 作为还原型抗坏血酸和脱氢型抗坏血酸的定量离子，样品采用简单的稀释法制备，可真实反映果汁中维生素 C 的含量。

2. 脂溶性维生素分析。

维生素 E 又名生育酚，是人体必需的脂溶性维生素。董基等[27]建立了一种加速溶剂萃取结合 HILIC 同时检测油料种子中 4 种生育酚及 4 种生育三烯酚的方法。样品在 110 ℃条件下用正己烷萃取后，以 90％正己烷/10％叔丁基甲基-四甲醇（20：1：0.1，V/V）为流动相，经 BEH Amide HILIC 分离、荧光检测器外标法定量。结果表明，4 种生育酚及 4 种生育三烯酚分别在 0.5～80.0 $\mu g/mL$ 和 0.5～30.0 $\mu g/mL$ 成良好线性关系，相关系数为 0.995～0.999，检出限为 32～70 $\mu g/kg$，定量限为 9～210 $\mu g/kg$，加标回收率为 86.3％～99.2％，相对标准偏差为 2.5％～6.1％。该方法可满足油料种子中多种生育酚异构体的定性定量检测需求。

（五）食品黄酮化合物分析

花青素是自然界中广泛存在于植物中的水溶性天然色素，属于类黄酮化合物，多以糖苷形式存在，具有抗氧化性、抗癌、防止 DNA 损伤及预防心血管和神经类疾病等功能。红葡萄酒中的花青素由红色或黑色葡萄皮中浸提而来，以单葡萄糖苷、双葡萄糖苷和酰基等衍生物的形式存在。花青素极性很强，另外，结构类似的花青素具有相近的紫外吸收，从而影响了其高效液相色谱定量分析的准确性。夏碧琪等[28]建立了葡萄酒中矢车菊素-O-葡萄糖苷、氯化葡萄糖苷芍药素、飞燕草素葡萄糖苷和氯化锦葵色素-3-O-葡糖苷等 4 种花青素的 HILIC-MS/MS 同时检测方法。葡萄酒样品仅需用甲醇稀释即可直接测定，方法定量限为 0.05～1.0 ng/mL，平均加标回收率为 93.1％～96.7％，相对标准偏差不大于 5.2％。

（六）食品内源毒性成分分析

1. 食品生物胺分析。

生物胺（Biogenic Amines，BA）是一类低分子量的碱性含氮化合物，其常存在于动植物体内和食品中。摄入适量的生物胺对人体有益，但高浓度的生物胺会对人体产生毒害作用。BA 是小分子极性化合物，反相色谱柱对其无法保留，因此常通过衍生化处理，提高其在反相色谱柱的保留、改善分离。同时，BA 的分子中缺少发色基团，其本身既无紫外吸收又无荧光和电化学活性，这使得 BA 分析比较困难。崔晓美等[29]建立了鱼中组胺、尸胺、酪胺、乙胺色胺的基质分散固相萃取（Matrix Dispersion Solid Phase Extraction，MSPD）-亲水作用色谱串联质谱测定方法。样品经 MSPD 萃取后无需衍生化和进一步净化处理，以乙腈和 50 mmol/L 甲酸溶液（pH 值为 4.0）为流动相、HILIC 色谱柱分离，采用电喷雾正离子模式电离、多反应监测模式检测。5 种 BA 在 0.005～0.200 mg/L 范围内线性关系良好（$R \geqslant 0.99$），定量限为 0.1 mg/kg，加标回收率为 74.5％～116.5％，相对标准偏差为 3.8％～13.9％（$n=6$）。董淼鑫等[30]以吡啶离子液体和甲酸铵作为流动相添加剂，建立了酪胺、苯乙胺、色胺等生物胺的HILIC 分析方法。他们研究了吡啶离子液体、咪唑离子液体和甲酸铵作为流动相添加剂对生物胺分离效果的影响，考察了吡啶离子液体、甲酸铵和乙腈的浓度及检测波长等因素的影响，并对离子液体的作用、保留规律和相关机理进行了探讨。该方法应用于面包发酵饮料样品中生物胺含量测定，加标回收率为 92.6%～102.0%。

2. 食品生物碱分析。

罂粟壳含有可待因、吗啡、罂粟碱等物质，长期摄入容易导致成瘾。一些不法商家为谋取暴利，在麻辣烫、火锅底料、调味粉等中添加罂粟壳以吸引消费者。简龙海等[31]建立了 HILIC－MS/MS 法快速测定食品中罂粟壳残留的生物碱。样品中的罂粟壳成分采用优化后的 QuEChERS 方法进行提取，BEH HILIC 色谱柱分离（2.1 mm×100 mm，1.7 μm），而后用串联质谱仪对吗啡、可待因、罂粟碱、那可丁及蒂巴因进行检测。吗啡、可待因在 2.0～100 ng/mL 范围内线性关系良好，罂粟碱、那可丁、蒂巴因在0.10～5.0 ng/mL 范围内线性关系良好。平均加标回收率（$n=6$）在 70%～120%之间，相对标准偏差小于 12%。该方法检出限低于 10 μg/kg，且简便、快速，可用于食品中残留罂粟壳成分检测。

3. 食品丙烯酰胺分析。

丙烯酰胺［NH_2－C（＝O）－CH ＝CH_2］是含糖和蛋白质等食品加热至 120 ℃ 以上形成的有毒化合物，其具有致癌和神经毒性作用。丙烯酰胺是一种水溶性、极性分子，其在常规的反相色谱柱难以保留。Tölgyesia 等[32]建立了一种测定姜饼等食品中丙烯酰胺的亲水作用色谱串联质谱法。该研究采用基于中心成分设计（CCD）的实验设计，优化了样品的制备工艺。样品以酸化乙腈水溶液进行提取，提取液进一步稀释，用TSKgel Amide－80 HILIC 色谱柱 8 分钟内可实现分离。采用自然污染质控样和加标样品对方法进行验证，准确度（101%～105%）和精密度（2.9%～7.6%）均可接受，其定量限为 20 μg/kg。同时，该方法也用于其他食品样品（面包、烤咖啡、速溶咖啡、卡布奇诺粉和炸土豆）中丙烯酰胺的分析。该方法具有样品易于制备、分析快速的优点，并可降低基质效应的影响。

（七）其他

Sentkowska 等[33]将亲水作用色谱串联质谱法用于硒形态分析中，研究了二氧化硅和两性离子两种不同的亲水相互作用固定相对硒化合物的保留。比较了乙腈和甲醇两种有机溶剂作为流动相的组成，研究了有机改性剂含量、洗脱液 pH 值和无机缓冲液浓度等分离参数。分离硒化合物的最佳色谱柱为硅胶柱。所开发的方法在没有实现无机硒分离的反相色谱法方面具有竞争力。

二、亲水作用色谱在食品外源污染物分析方面的应用

（一）食品中农药残留分析

1. 草甘膦及其代谢物残留。

草甘膦及其代谢物氨甲基膦酸是广谱灭生性除草剂，常用于农业、林业等杂草的控

制，也是全球使用最为广泛的除草剂之一。世界卫生组织国际癌症研究机构将草甘膦列为 2A 类致癌物，并对其在食品中的残留量进行严格管控。草甘膦及其代谢物氨甲基膦酸均具有强极性和亲水性的特性，且不易挥发，缺乏发色团或荧光载体，这使得其在反相色谱柱上无保留，分析具有一定难度。目前，草甘膦分析多用 9－氟乙基氯甲酸酯进行衍生化处理，以改善其色谱保留，但分析过程耗时、操作较复杂。孟繁磊等[34]采用 Oasis PRiME HLB 固相萃取柱净化、亲水作用色谱串联质谱法建立了一种净化步骤简单、无需衍生、快速、灵敏度高、可同时准确定量分析蔬菜中草甘膦和氨甲基膦酸残留量的检测方法。蔬菜样品匀浆后经含 1％甲酸的甲醇水溶液（V/V＝1∶1）涡旋、超声提取，用 Oasis PRiME HLB 固相萃取小柱净化后，以 5 mmol/L 乙酸铵水溶液（pH 值为 11）和乙腈溶液作为流动相在 Dikma Polyamino HILIC 色谱柱上进行梯度洗脱分离，在电喷雾负离子模式下进行多反应监测、同位素内标法定量分析。草甘膦和氨甲基膦酸在 2～200 μg/L 呈现良好的线性关系（$R^2 > 0.999$），检出限和定量限分别为 0.002 mg/kg、0.005 mg/kg；0.005 mg/kg、0.01 mg/kg、0.05 mg/kg 3 个水平的加标回收率为 88.2％～103.1％，相对标准偏差 0.9％～7.6％。该方法与 SN/T 1923—2007 标准对比的结果表明，两种方法的检测结果无显著性差异，证明该方法准确可靠。同时，该方法前处理简便快速、准确性好、灵敏度高、检测时间短、成本低，适用于蔬菜中草甘膦及其代谢物残留量的日常监测。

2. 灭蝇胺残留。

灭蝇胺的化学名为 N－环丙基－1,3,5－三－2,4,三胺，是一种三嗪类含氮杂环有机化合物，是强内吸性昆虫生长调节剂。灭蝇胺作为农药，已经在多个国家登记使用。在我国，灭蝇胺主要用于防治黄瓜、菜豆、韭菜等蔬菜的美洲斑潜蝇和潜叶蝇。三聚氰胺是灭蝇胺在蔬菜中的主要代谢产物，二者均为弱碱性化合物。钱鸣蓉等[35]建立了蔬菜中灭蝇胺及其代谢物三聚氰胺的亲水作用色谱串联质谱同时检测方法。蔬菜样品用甲醇－水提取，经盐酸酸化后采用阳离子 SPE 柱净化，用亲水作用色谱串联质谱法测定，两种目标物均有较好保留，且灵敏度高。该方法可用于分析食品中灭蝇胺和三聚氰胺的残留状况。

3. 其他。

孙伶俐等[36]根据农药和人参皂苷的结构特点，利用两类化合物在 HILIC 色谱柱上的保留差异，开发了一种农药残留脱除方法。该研究以市售纯高纯人参提取物为例，评价了农药分子和人参皂苷在 HILIC 色谱柱上的保留，并考察了上样量、淋洗体积、上样体积等因素对农残脱除效果的影响。在优化的脱除工艺条件下，所得到的人参总皂苷样品中总皂苷的含量由 59.87％提高至 69.61％，加标回收率为 94.4％；采用气相色谱－三重四极杆质谱（GC－MS/MS）对样品中的农药残留进行检测，发现提取物中 14 种农药残留均得到了有效脱除，其中 9 种完全脱除，其他 5 种含量也降至 0.05 mg/kg 以下。该研究将 HILIC 的应用拓展到中药提取物中农药残留脱除领域，有效解决了现有方法农药残留脱除不彻底、适用种类少、人参总皂苷损失率高和可能产生二次污染等问题，为天然产物的精制提供了一种新的技术手段。

（二）食品兽药残留分析

1. 食品氨基糖苷类抗生素分析。

氨基糖苷类抗生素（Aminoglycosides，AGs）是一类由一个或多个氨基糖分子与氨基环醇通过氧桥连接而成的苷类抗生素，极性大，呈碱性。AGs 对多种革兰阳性菌和革兰阴性菌均有较强杀菌作用，在养殖过程中被广泛用于预防和治疗奶牛乳房炎。然而，不合理用药或不遵守休药期规定滥用药物常导致牛、羊等生鲜乳中出现 AGs 残留，长期饮用含 AGs 残留的乳制品可能对消费者产生耳毒性和肾毒性。王帅兵等[37]建立了生鲜牛乳中链霉素、双氢链霉素、庆大霉素、妥布霉素、卡那霉素、阿米卡星和安普霉素等 7 种 AGs 残留的超高效液相色谱串联质谱检测方法。样品经 100 mL/L 三氯乙酸－乙腈提取和 WCX 固相萃取柱净化后，采用 HILIC 分离、四极杆－静电场轨道阱高分辨质谱检测。7 种 AGs 在 20～500 μg/L 范围内线性关系良好，生鲜牛乳中的加标回收率为 88.7%～111.2%，相对标准偏差为 6.3%～13.1%。

2. 食品氨丙啉分析。

氨丙啉（amprolium），化学名 1－[（4－氨基－2－丙基－5－嘧啶基）甲基]－2－甲基吡啶氯化物，是一种抗原虫药，主要以盐酸盐形式存在，由美国默沙东公司于 1960 年开发。盐酸氨丙啉虽然毒性较低，但长期高浓度应用能引起雏鸡硫铵缺乏而表现多发性神经炎，对产蛋鸡禁用。李丹等[38]建立亲水作用色谱柱－高效液相色谱法检测鸡蛋中氨丙啉残留。样品加入 10 mL 5% 三氯乙酸水溶液进行提取，离心后取一半上清液过HLB 柱净化。色谱柱为 Poroshell 120 HILIC－Z（100 mm×3.0 mm，2.7 μm），流动相为 5 mmol/L 乙酸铵－0.1% 甲酸水溶液和乙腈＝20：80（V/V），等度洗脱，流速为0.4 mL/min。氨丙啉在 0.35～10.0 μg/mL 成良好的线性关系，R^2 大于 0.999。方法的最低定量限为 250 μg/kg。氨丙啉在 250～2000 μg/kg 的浓度添加水平上，其加标回收率在 85.0%～96.7%，批内、批间的相对标准偏差小于 6%。

3. 食品抗病毒药物残留分析。

抗病毒药物是一类用于预防和治疗人和动物病毒感染的药物，常用的有阿昔洛韦、奥司他韦、奈韦拉平等。由于抗病毒药物对畜禽的病毒性流感有一定的预防和治疗作用，且价格低廉，所以常被用于畜禽养殖业。抗病毒药物过度使用会导致其在动物体内残留，产生耐药问题。市场上的运动营养品多以动物源为基质，其品种繁多，且所占市场份额也越来越大。近年来，兽药残留超标事件时有出现。目前食品中抗病毒药物残留的检测方法主要包括酶联免疫法、高效液相色谱法、亲水作用色谱串联质谱法等。酶联免疫法由于仪器精度所限，检测灵敏度低；高效液相色谱法较为常用，但对于极性组分相近的化合物，分离度较差；色谱串联质谱法需在流动相中加入离子对试剂，存在系统稳定性差以及抑制待测组分电离的问题。郭巍等[39]建立了一种亲水作用色谱串联质谱法测定动物源运动营养品中奈韦拉平、泛昔洛韦、阿比多、阿昔洛韦、咪喹莫德、美金刚、金刚烷胺、奥司他韦、吗啉胍等 9 种抗病毒药物。动物源运动营养品样品用 1% 乙酸－乙腈提取、PRiME HLB 小柱净化后，用乙腈－10 mmol/L 乙酸铵溶液（含 0.1% 甲酸）作为流动相，经 Sielc Obelisc R 柱梯度洗脱分离、串联质谱检测。9 种抗病毒药物在 0.1～20.0 ng/mL 浓度范围内线性良好，检出限为 0.1～0.5 μg/kg，定量限为

$0.3\sim1.5~\mu g/kg$，加标回收率为 $82.3\%\sim95.7\%$，相对标准偏差（$n=5$）为 $3.2\%\sim5.9\%$。该方法可满足鸡胸肉源蛋白棒、牛肉源蛋白棒、乳清蛋白棒、鸡胸肉运动代餐粉、牛肉运动代餐粉、蛋白运动能量棒等动物源运动营养品中 9 种抗病毒药物残留的检测需求。

（三）食品添加剂分析

1. 食品抗氧化剂分析。

L−抗坏血酸（L−Ascorbic Acid）其化学名为 L−3−氧代苏己糖醛酸内酯，是维持人体正常活动必需的营养物质，但 L−抗坏血酸无法由人体合成。L−抗坏血酸广泛分布在果蔬中，是一种天然的具有抗氧化性质的有机化合物。L−抗坏血酸可作为食品添加剂，广泛用于食品加工行业，具有抗氧化剂、增效剂、发色助剂、强化剂和酸味剂的作用。D−抗坏血酸与 L−抗坏血酸是一对光学异构体，其化学性质与 L−抗坏血酸相似，具有强还原性，但生理活性极低，抗坏血病作用仅为 L−抗坏血酸的 1/20。D−抗坏血酸摄入过多会导致机体免疫力下降，引起尿酸结石、腹泻、多尿、皮疹等。由于 L−抗坏血酸和 D−抗坏血酸的生理活性不同，因此，对抗坏血酸对映体进行分离分析十分必要。刘育坚等[40]采用 HILIC 色谱柱，利用高效液相色谱分离 L−抗坏血酸和 D−异抗坏血酸，考察了流动相的组成、柱温和流速对 L−抗坏血酸和 D−异抗坏血酸分离的影响。结果表明，在流动相为乙腈−0.1％磷酸（93∶7），流速为 0.8 mL/min，柱温为 20 ℃，检测波长为 243 nm 的条件下，分离效果最优，分离度为 7.79。该法用于市售维生素 C 片、维 C 加锌泡腾片、维 C 银翘片等实际样品检测，仅检出 L−抗坏血酸，其含量在 96.62～985.8 mg/g，相对标准偏差在 0.65％～0.94％。该方法对抗坏血酸对映体的手性分离无需进行柱前衍生和添加有机胺类离子对试剂，操作简单、快速，能够满足实际样品中抗坏血酸对映体的分离分析。林青兰等[41]对比了 C18 色谱柱和 HILIC 色谱柱对 L−抗坏血酸、D−异抗坏血酸的分离效果，对 HILIC 色谱柱法进行了条件优化，并成功测定了市售的功能性饮料、果酱和蜜饯 3 种食品中的 L−抗坏血酸和 D−异抗坏血酸含量。

2. 食品甜味剂分析。

甜味剂是能够赋予食品甜味的一类食品添加剂，其可分为人工甜味剂和天然甜味剂。人工甜味剂因甜度高、成本低，在食品加工中应用广泛，但长期过量摄入人工合成甜味剂存在一定安全风险。范广宇等[42]建立了亲水作用色谱−三重四极杆质谱同时测定液体食品中甜蜜素、安赛蜜、糖精钠、三氯蔗糖、阿斯巴甜和纽甜等 6 种人工合成甜味剂和 8 种甜菊糖苷类天然甜味剂的分析方法。样品经 Waters Xbridge Amide 色谱柱（150 mm×5.0 mm，3.5 μm）分离，以乙腈−10 mmol/L 甲酸铵溶液（65∶35，V/V）为流动相，采用电喷雾电离源，在多反应监测、负离子模式下进行三重四极杆质谱检测。14 种甜味剂在各自的范围内线性关系良好，R^2 均大于 0.995，检出限为 0.03～0.70 mg/kg，定量限为 0.1～2.2 mg/kg。在 2 mg/kg、5 mg/kg 和 20 mg/kg 添加水平下，14 种甜味剂的平均回收率为 80.8％～108.7％，相对标准偏差（$n=6$）为 1.5％～7.7％。该方法样品前处理操作简单、准确度高、灵敏度高，可用于液体食品中 14 种甜味剂的同时测定。

3. 食品合成色素分析。

柱串联技术是将两种或多种不同类型的色谱柱进行顺序连接，实现不同色谱柱的分离功能互补，提高复杂样品中重要物质的分离效果。刘智敏等[43]建立了亲水作用色谱柱串联 C18 色谱柱的方法，高效分离实际样品中的胭脂红，并对色谱柱的串联顺序以及色谱分离条件进行优化。结果表明：当 HILIC 色谱柱在前 C18 色谱柱在后，流动相为乙腈－乙酸铵（5 mmol/L）＝91∶9（V/V），流速为 0.9 mL/min，柱温为 25 ℃，检测波长为 508 nm 时，此时胭脂红的分离效果最佳。在最佳的色谱分离条件下，选用两种市售饮品进行实际样品的测定，加标回收率在 81.2％～119％。该方法适用于水相样品中的强极性物质的高效分离与分析。

（四）食品杀菌剂分析

Hassan 等[44]建立了一种灵敏、快速、经济的亲水作用色谱－二极管阵列检测法（HILIC/DAD）测定多菌灵、噻苯达唑、甲氨苄、依马唑和丙环唑等 5 种杀菌剂。研究以乙醚和乙酸乙酯混合液为萃取溶剂，采用液液萃取法提取柑橘样品中的杀菌剂。该方法在 15 分钟内可完成分析，加标回收率为 99.32％～101.08％，平均相对标准偏差小于 5.27％，成功用于不同柑橘样品中目标杀菌剂的残留检测。同时，他们也进行了多菌灵降解动力学研究，通过对杀菌剂残留的连续监测，考察了其在柑橘树上施用后的消散规律，并确定最佳采收前间隔，可为消费者安全食用提供参考。

（五）食品三聚氰胺分析

薛霞等[45]建立了 HILIC－MS/MS 法同时检测原料乳和液体乳中的三聚氰胺和舒巴坦。样品用 2％乙酸水溶液提取、乙腈沉淀蛋白，以乙腈－乙酸铵溶液为流动相、经 Acquity UPLC BEH HILIC 色谱柱分离，而后采用多反应监测模式扫描、外标法定量。三聚氰胺的检出限为 10 μg/kg，加标回收率为 85.4％～102.5％，相对标准偏差为 3.10％～6.55％；舒巴坦的检出限为 1.0 μg/kg，加标回收率为 86.1％～104.3％，相对标准偏差为 2.35％～5.37％。该方法适用于原料乳和液体乳中三聚氰胺和舒巴坦的检测，且具有前处理简便快速、灵敏度高、加标回收率和重现性均较好的优点。

（六）食品高氯酸盐分析

氯酸盐、高氯酸盐作为消毒和其他工业行为的副产物，污染水源和土壤，并广泛存在于饮用水、粮食、肉类、蔬菜、牛奶等中。何国成等[46]建立了 HILIC－MS/MS 法测定茶叶中的高氯酸盐。该研究采用水溶液萃取茶叶中的高氯酸盐，然后经 Oasis® PRiME HLB 固相萃取柱净化，用 Obelisc R 色谱柱分离、串联质谱法测定、同位素内标法定量。高氯酸盐在 1～200 ng/mL 范围内线性良好（R^2＞0.9996），加标回收率为 79.3％～115.3％，相对标准偏差小于或等于 9.4％，定量限为 35 μg/kg。该方法操作简便，分离效果好，灵敏度可满足欧盟拟定的限量要求。

三、亲水作用色谱在食品多组分同时检测方面的应用

（一）食品风味组分分析

HILIC 的最新发展趋势之一是发展经济、快速、简便的多组分检测方法，用于种

类不同、理化性质各异的目标物质的同时分析。风味活性物质种类和含量对食品的口感和营养价值具有重要影响，但目前其同时定量分析仍然存在挑战。现有的方法很难同时测定种类多、数量大的风味活性物质。Xin 等[47]建立了一种快速可靠的 HILIC-MS/MS 法，用于同时定量检测不同食品样品中的游离氨基酸、有机酸、有机碱和核苷类化合物等 51 种风味活性物质。所建立的方法线性范围宽（0.1~3000 ng/mL），定量限在 0.1~100.0 ng/mL 范围内。该方法加标回收率较好（60%~130%）。该方法成功地应用于 25 种食品样品中 51 种风味活性物质的同时测定。结果显示，氧化三甲胺、甜菜碱、甘氨酸和精氨酸在水产品中含量普遍较高。在 19 种水产品中，头足类样品中甜菜碱含量普遍较高，虾类样品中氧化三甲胺含量普遍较高，鱼类样品中乳酸和肌苷-5′-单磷酸含量普遍较高，贝类样品中谷氨酸含量普遍较高；畜禽产品中丙氨酸、羟脯氨酸、牛磺酸、苦核苷等化合物的含量普遍较高。主成分分析和相关热图分析表明，牛和鱼肉尽管种类不同，但其风味活性物质的种类和含量相似。在陆生生物中，牛肉与羊肉、猪肉、鸡肉、鸭肉和鹅肉等的风味活性物质差异更大。牛肉样品中含有较多的黄嘌呤、乳酸、顺式乌头酸和苹果酸。该研究揭示了不同类型食品的化学特征和差异，有助于从化学角度进一步阐明水产、畜禽产品感官特征的形成，也可为开发多样化食品调料和个性化风味研发提供支持。

（二）食品多残留分析

在粮食种植、动物饲养及食品加工、储存和运输过程中，除草剂、植物生长调节剂、真菌毒素和抗生素等可能会进入食物链，导致食品存在一种以上的污染物。因此同时检测不同种类污染物的多残留分析方法具有重要意义。Danezis 等[48]采用 HILIC 和三重四极杆质谱联用（LC-MS/MS）技术，建立了同时测定不同基质食品中农药、植物生长调节剂、真菌毒素和兽药等 28 种极性、亲水性化合物多残留分析方法。在 10 mg/kg 和100 mg/kg 的水平下，对不同食品代表性基质进行了多重残留方法检测验证：水果和蔬菜（苹果、杏、生菜和洋葱）、谷物和豆类（面粉和鹰嘴豆）、动物产品（牛奶和肉类）和谷类婴儿食品。根据欧盟指南，所建立的方法显示出可接受的线性（$r \geqslant 0.99$）、准确度（加标回收率在 70%~120%）和精密度（RSD$\leqslant$20%）。对于准确度和精密度值超出可接受范围的分析物，该方法可作为半定量方法。该研究第一次采用 HILIC 建立了同时检测农药、兽药和真菌毒素的多残留方法，且具有样品前处理简单、快速的特点，为多种食品基质中不同外源化合物检测提供了成功的验证数据。

（三）食品代谢组学研究

酿酒和葡萄栽培是食品领域中最早、最活跃的代谢组学研究之一。与大多数食品不同，葡萄酒可储存很长时间，且其陈年与质量正相关。从出厂到饮用，许多因素（尤其储存条件和持续时间）会影响葡萄酒的品质和营养价值。Arapitsas 等[49]建立了一种用于葡萄酒极性代谢物检测的 HILIC-MS 非靶向代谢组学方法。5 种不同的红葡萄酒在酒窖最佳条件和常温典型条件下分别储存 24 个月，测定其在 0、6、12、18 和 24 个月的代谢组分变化。样品用乙腈 1∶2 稀释后加入内标，采用 ACQUITY UPLC BEH Amide 色谱柱（2.1 mm×150 mm，1.7 μm）分离、梯度洗脱，采用 ESI 正离子模式、

QTOFMS 检测。应用该方法研究了储存条件对红酒极性代谢物的影响，且该研究首次在葡萄酒中检出 4-氨基庚二酸及其乙酯，可作为葡萄酒最佳储存条件的标志。

另外，代谢组学目前也已应用于茶树生长发育、茶叶品种分类与鉴别、茶叶品质控制、茶叶产地和年份鉴定及茶叶加工工艺优化等领域。陈翔等[50]基于亲水作用色谱-三重四极杆质谱法研究了白茶萎凋过程中代谢物的变化。该方法采用亚乙基桥键合氨基硅胶柱为分离柱、含有 25 mmol/L 乙酸铵和 25 mmol/L 氨水（pH 值为 9.75）的水溶液和乙腈为流动相，整个分析过程为 23 分钟，分别对白茶鲜叶 F 和室内萎凋处理 29 h（W）、53 h（P）的萎凋叶样品进行了靶向代谢谱分析，了解白茶萎凋过程中氨基酸、核苷酸、维生素和辅酶、糖类和甘油磷脂类等小分子代谢物的变化规律及其对白茶品质的影响。结果表明，与鲜叶 F 相比，萎凋叶 W 和 P 中显著增加的代谢物分别有 39 种和 41 种，其中共有的代谢物为 35 种；显著降低的代谢物分别有 9 种和 11 种，其中共有的代谢物为 8 种。该研究可为白茶萎凋工艺技术参数的确定提供分子水平的理论依据。

（四）其他分析

宋青青等[51]建立了反相色谱-亲水作用色谱-定制多反应监测方法，对肉苁蓉中极性跨度大、含量差异大的氨基酸类、有机酸类、糖类、苯乙醇苷类、环烯醚萜类、木质素类等 27 个化学成分含量进行了同步检测。该方法检出限为 0.0032～160 μg/g，定量限为 0.032～320 μg/g，R^2 大于 0.9929，加标回收率为 74.7%～125.1%，相对标准偏差为 1.6%～13.7%。本方法线性范围宽、准确度高、适用性广，为肉苁蓉及其他中药化学成分的深入定量分析提供了有效手段。

四、总结与展望

HILIC 是采用极性固定相、以高比例的有机相（通常大于 60%）为流动相的一种分离技术，其具有和反向色谱类似的简单流动相，化合物的洗脱顺序与正相色谱类似，能有效地保留反相色谱中保留不完全或难以保留的强极性样品，且具有良好的分离效果。由于 HILIC 可与多种检测器兼容，因此这种可快速分离、分析的色谱技术已广泛应用于食品检验相关领域。HILIC 在分离强极性、离子型化合物方面的优势使其在食品内源组分、食品外源污染物方面可与反相色谱互为补充。随着质谱检测技术的迅速发展，亲水作用色谱串联质谱法能显著提高食品分析的准确度及灵敏度，因而近年来受到了广泛的关注。常见的串联质谱，如三重四级杆（QQQ）质谱、四级杆串联飞行时间（Q-TOF）质谱、四级杆串联轨道阱（QE）质谱、三重四级杆复合线性离子阱（Q-TRAP）质谱等因能够提供丰富的结构信息，在精确定量检测中的应用日益增加。食品成分复杂，单一的色谱体系难以同时实现大极性跨度的多组分群同时定量分析。利用反相色谱与 HILIC 分离机制的互补性，将 RPLC 与 HILIC 色谱柱结合的二维液相色谱，可为食品多组分检测提供有力的分析手段。随着材料合成技术的发展，新的、更好性能的材料不断出现，人们将研发出更多种类的 HILIC 色谱柱，同时结合先进的前处理技术和智能数据处理技术，将进一步拓展亲水作用色谱在食品分析中的应用范围。将来，HILIC 可与食品组学结合用于详细阐述食品的物质基础，同时也可应用于食品加工、储存、风味研究。

第二节　亲水作用色谱在环境分析中的应用

在环境分析中，环境基质较为复杂，且污染物的含量低、种类多，因此环境样品中污染物的分析方法必须具备高效分离与高灵敏检测的特点。近年来，HILIC 主要用于极性化合物的分离和分析。相对于传统的反相色谱，HILIC 对极性化合物更加友好，可在较低的有机溶剂浓度下进行有效的分离，有利于减少对环境的污染。HILIC 还可结合质谱技术进行分析，实现有机物和无机离子高灵敏度和高选择性的分析，目前已被广泛应用于环境水样、土壤和大气颗粒物的分析和监测，为环境保护和健康风险评估提供了有力支持。

一、水生腐殖质分析和表征

水生腐殖质（Humus，HS）是水中有机物的重要组分，具有广泛的应用价值，可影响水体的色度、自然有机物分布、水生生物的生长等。水生腐殖质具有多种化学性质，如多酚、脂质、蛋白质、多糖等，因此分析水生腐殖质需要使用多种方法。HILIC是一种基于分子的亲水性质而实现目标物分离的技术。通过改变柱的化学性质和运行条件，可以分离不同种类的亲水物质，如羟基苯甲酸类、咖啡酸类、黄酮类等。

HILIC 已经广泛应用于水生腐殖质的分析和表征。例如，研究者使用高效液相色谱和液质联用技术对水生腐殖质进行表征。在这些研究中，利用 HILIC 分离出样品中不同种类的亲水物质，然后通过质谱分析技术鉴定化合物的结构和含量，从而了解不同水域中水生腐殖质的组成和分布情况。此外，HILIC 还可用于水生腐殖质的性质和生态作用的研究。研究者使用 HILIC 和荧光光谱技术研究了水生腐殖质在环境中的行为和迁移，发现不同种类的亲水分子具有不同的迁移能力和行为，该研究结果有助于解释水生腐殖质在环境中的分布和影响作用。

总之，HILIC 是一种有力的工具，可以用于水生腐殖质的分析和表征。它具有高分离度、高灵敏度和高选择性等特点，可以对复杂的水生腐殖质进行有效的分析和表征。这对于了解水生生态系统的生态作用、环境污染和气候变化等具有重要的意义。在实际应用中，HILIC 可以用于监测水体中的有机物污染物，以及评估水生腐殖质的质量和特征。此外，HILIC 还可以用于研究水生腐殖质的形成和演化。由于水生腐殖质的形成过程涉及多种生物和化学过程，因此其化学性质和组成随着时间和环境的变化而变化。通过对不同年代的水生腐殖质样品进行 HILIC 分析，可以研究其演化过程和环境变化的影响。最后，需要注意的是，在进行亲水色谱分析时，样品的制备和前处理非常重要。样品的净化和浓缩可以提高分析的灵敏度和准确性。因此，在实际应用中，需要选择合适的前处理方法，如超滤、凝胶渗透色谱、固相萃取等，以获得准确可靠的分析结果。

二、水中农药残留分析

水中农药检测一直是环境和食品安全领域的重要研究方向，HILIC 可用于有机磷农药、有机氯农药、三唑类农药等的分析。在农药检测中，研究人员更加注重 HILIC 色谱柱材料的选择和优化。比如，在使用氨基硅胶柱时，控制硅胶的含量，提高选择性和分离效果。还有一些新型的柱材料，如分子印迹聚合物、离子液体柱等，可以提高检测的选择性和灵敏度。

流动相直接影响到分离的效果和灵敏度。针对不同的农药，研究者会优化流动相的组成和性质。通常使用的流动相是极性有机溶剂和缓冲剂组成的混合物。近年来，研究者探索了许多新型的流动相组合，如使用离子液体作为流动相，可以提高水中农药的分离效果和灵敏度；使用表面活性剂调节流动相的性质，可以实现更好的选择性和分离效果。

针对农药检测中水样基质干扰的问题，研究者开发了各种不同的样品前处理方法。如使用固相萃取可以有效地去除水样中的干扰物质，提高农药的富集度和分离效果[52]。同时，固相萃取吸附材料的选择也是关键，如氢氧化铁、硅胶等材料可以在去除有机物的同时去除硬度离子、杂质等干扰物质。另外，液液萃取（Liquid-Liquid Extraction，LLE）、超声波萃取（Ultrasonic Extraction，UE）等也常用于样品前处理。

有机磷农药是广泛用于作物保护的胆碱酯酶抑制剂。大多数有机磷农药可采用 GC 进行分析，但有些有机磷农药极性较强或热不稳定，无法采用 RPLC 或 GC 测定。对于这些化合物，HILIC 可能是一个很好的替代方案。Hayama 等[53]采用 GL-Pak 活性炭柱进行样品制备，HILIC-MS/MS 法同时检测水样中 6 种极性有机磷农药（乙酰甲胺磷、甲胺磷、久效磷、氧乐果、亚砜磷和蚜灭磷）。HILIC-MS/MS 法的优点是固相萃取的洗脱液可以直接注入 HILIC-MS/MS 系统中，经 HILIC 硅胶柱（150 mm×2.0 mm，5 μm）分离后，采用同位素内标法准确定量分析，该方法的灵敏度明显高于传统的 RPLC-MS 法。

百草枯和敌草枯因其离子结构，只能选用离子对 RPLC 方法进行测定，离子对试剂的加入会降低方法的灵敏度，并增加分析程序的复杂性。近年来，使用 Oasis WCX 柱的固相萃取技术处理样品后，经 HILIC 硅胶柱（150 mm×2.0 mm，5 μm）分离耦联质谱检测的方法，已成为敌草枯和百草枯检测的常用方法，该方法的灵敏度高且定量准确[54]。

此外，多维亲水色谱（MD-HILIC）作为一种结合多个亲水色谱柱和不同流动相的技术，也被用于提高水中农药检测的选择性和灵敏度。多维亲水色谱技术在水中农药检测中已经得到了广泛的应用。研究者通常采用两种不同的柱材料结合，并进行不同的流动相优化，以获得更好的分离效果和选择性。例如，切换合氨基硅胶柱和 C18 色谱柱，可以实现对不同极性农药的分离和检测。另外，使用硅胶柱、氨基硅胶柱或碳水化合物柱，也可以提高分离效果和选择性。

三、水中兽药残留分析

兽药是用于治疗和预防动物疾病的化学物质，但如果不当使用，就会对环境和人类健康产生潜在危害。药物在体内代谢后，可以通过粪便、尿液等排泄物进入环境中，如地下水、地表水等，进而影响到水生态系统的健康和稳定性。因此，开展水中药物检测是保护环境和人类健康的必要措施。

在实际应用中，HILIC 可以结合不同的检测技术对水中药物进行准确的检测和鉴定。同时，HILIC 还可以结合前处理技术，对样品进行净化和富集，提高检测的灵敏度和准确性。

大量研究表明，HILIC 已经成功地应用于水中兽药物残留的检测和分析。例如，在某些地区的饮用水中检测到了多种药物残留，HILIC 可以对这些残留物进行有效的检测和鉴定，为保护水源提供科学依据[55]。此外，HILIC 还可以用于药物的降解和代谢产物的分析，从而使人们更全面地了解药物在环境中的影响[56]。Qin 等[57]使用 C18 和 HILIC 色谱柱切换的方法，实现了地表水中的雌激素（例如雌酮、雌三醇、雌二醇）及其葡糖苷酸和硫酸盐缀合物的同时分析。500 mL 地表水中经 Oasis HLB 柱分离并预浓缩分析物，游离雌激素用乙酸乙酯洗脱，偶联雌激素用含有 2% 氢氧化铵的甲醇洗脱，分析物经进样 LC-MS 系统即可实现分析。RPLC-MS 在分离和检测游离雌激素的疏水性磺酰衍生物方面表现最佳，而 HILIC-MS 在高亲水性雌激素方面表现出良好的性能。

抗生素作为一大类兽药也存在于地表水中。它们可能影响不同营养水平的生物体并可能导致耐药性。有学者采用 HILIC-MS/MS 法检测液体粪便和降雨径流中的大观霉素和林可霉素，研究这些抗生素的环境归趋和迁移规律。样品经 Oasis HLB 和 WCX 柱分离纯化后，用柠檬酸盐缓冲液和 3% 甲酸的乙腈溶液（pH 值为 5）依次洗脱，将萃取物蒸发干并用乙腈复溶，采用 HILIC 硅胶柱（150 mm×2.1 mm，3 μm）分离，并通过大气压化学电离（APCI）接口在 MRM 正离子模式下进行 MS 检测[58]。这两种化合物在 RPLC 中的保留率较低，导致基质干扰较高。而在 HILIC 色谱柱上，两种化合物都能很好地与复杂的基质成分分离，从而有效地降低基质干扰，提高检测灵敏度。

四、水中其他药物残留分析

二甲双胍是一种广泛使用的双胍类抗糖尿病药物。二甲双胍的极性较强，因此在 RPLC 中获得的保留率较低。为了测定废水和地表水中的二甲双胍，Zheng 等[56]验证了一种使用直接注射 LC-MS/MS 同时测量废水中羟基嘌呤和二甲双胍的灵敏且简单的方法。方法采用 HILIC，并通过 0.2 μm 再生纤维素过滤器进行简单过滤，然后以 10 倍的稀释倍数在乙腈中稀释。所开发的方法通过定量限（LOQ）进行了验证，体现了其高度的适用性。Minkus 等[59]通过将 RPLC 和 HILIC 与高分辨率质谱串联耦合实现不同极性物质的同时分析，并提出了一个使用非目标筛选（NTS）数据的优化数据处理，随后通过开放访问的 NTS 平台和实施的化合物数据库生成用于识别极极性分子的候选列表的工作流程。研究结果显示，极性扩展色谱可重复地从地表水中分离（强）极性化合物。美国环境保护署（EPA）发布的环境中新兴污染物检测方法明确指出，对于极性最强的物质（沙丁胺醇、二甲双胍、西咪替丁和雷尼替丁）的检测首选 HILIC。Agilent 公司也研发了 EPA 设置的替代方案。样品预处理相同，但分离是在 Agilent Zorbax

HILIC Plus 色谱柱（100 mm×2.1 mm，3.5 μm）上进行，采用10 mmol/L醋酸铵水溶液和乙腈进行梯度洗脱，并增加一对 MRM 离子对以提高检测方法的定性准确性。

钆基造影剂广泛用于磁共振成像（MRI），从而导致钆（Gd）在环境中广泛分布。由于各种形态的 Gd 都有毒性，因此不仅要测量总 Gd 浓度，还要测量不同 Gd 形态的浓度。Künnemeyer 等[60]开发了一种分离 5 种 Gd 螯合物（Gd－BT－DO3A、Gd－DTPA、Gd－DTPA－BMA、Gd－DOTA 和 Gd－BOPTA）的分析方法，用于研究医院废水和底泥中 Gd 螯合物的分布。该研究使用新型两性离子 HILIC 色谱柱（ZIC－cHILIC）分离，并结合电感耦合等离子体质谱（ICP－MS）联用技术，实现含 Gd 造影剂的形态分析，并通过加入内标物，校正强度漂移、样品体积的微小变化以及可能的基质效应[60]。

近年来，对废水和地表水中滥用药物（DOA）残留的分析已成为评估这些非法物质消费量的工具。考虑到部分 DOA 的极性结构，HILIC 可能是水样中 DOA 检测的良好方案。已有研究报道了 HILIC 测定废水和地表水中可卡因及其主要代谢物的方法，并将其应用于污水处理厂和河流水样的测定。样品经 Oasis HLB 柱上纯化，HILIC 分离在 Agilent Zorbax 柱（150 mm×2.1 mm，5 μm）进行，ESI 正离子模式检测。与 RPLC－MS/MS 相比，HILIC－MS/MS 法的灵敏度显著提高。随后，有研究者开发了一种可同时测定废水中 9 种 DOA 和代谢物（苯丙胺、甲基苯丙胺、MDMA、美沙酮、DDP、6 单乙酰吗啡、可卡因、苯甲酰芽子碱和依克戈宁甲酯）的 HILIC 方法，该方法中样品在 Oasis MCX 柱预处理后，采用 Phenomenex Luna HILIC 色谱柱（150 mm×3.0 mm，5 μm）分离，所有化合物的检出限均得到改善（降至 1 ng/L）[61]。

五、空气中挥发性有机物分析

挥发性有机物（Volatile Organic Compounds，VOCs）是空气中重要的污染源之一，其对人体健康和环境的影响不容忽视。因此，研究开发一种高效、准确、灵敏的检测方法是至关重要的。HILIC 是近年来备受关注的分析技术之一，其在空气中 VOCs 检测方面的应用研究也有了显著的进展。

HILIC 具有高度的选择性和灵敏度，能够检测出低浓度的 VOCs，并且对于一些常见的有机物，如甲苯、苯、二甲苯等，具有较高的分离效率和准确性。近年来，一些研究者对 HILIC 在空气中 VOCs 检测方面进行了深入的研究。例如，有研究者利用 HILIC 对大气中的挥发性有机物进行了分析，结果显示该技术具有较好的检测能力和准确性，能够有效地识别和分离不同种类的 VOCs。另外，一些研究还探讨了 HILIC 评估实验室和环境中水溶性二次有机气溶胶样品中 2－甲基四醇和甲基四醇硫酸盐的质量分数，据此揭示了酸催化多相化学中甲基四醇硫酸盐特有的异构模式[62]。

HILIC 在空气中 VOCs 检测方面的应用研究正在不断深入和扩展。随着技术的不断发展和完善，相信该技术将在环境监测、工业安全、医疗保健等领域得到更加广泛和深入的应用。

六、固体环境样品中污染物的分析

相对于水样和空气样本，HILIC 在固体环境样品中的应用较少，这可能是因为固体样品（如土壤、沉积物等）的基质比水样更复杂，共存基质会抑制或促进目标化合物的离子化，从而影响仪器的分析精度、灵敏度和方法检出水平。因此，为了克服基质的影响，固体样品需要更复杂的样品处理过程，以去除干扰物，提高目标化合物的检测灵敏度和准确性。同时，固体样品中的基质效应也需要更加细致的控制和研究，以避免基质干扰对仪器分析的影响。在固体环境样品的分析中，HILIC 的高分辨率和灵敏度使其成为一种非常有前途的分析方法。

在固体环境样品中，HILIC 可以应用于多种化合物的分析，如多环芳烃、农药残留、有机污染物等。例如，针对土壤样品中的农药残留分析，研究者通过使用 HILIC 和适当的前处理方法，成功地对多种农药残留进行分离和定量分析。此外，在沉积物和水泥样品中，HILIC 也被应用于多环芳烃、多氯联苯等化合物的分析。

尽管 HILIC 在固体环境样品的分析中已经取得了一定的成就，但仍然存在很多问题需要解决。例如，如何进一步提高样品前处理和 HILIC 的耦合效率，如何改善柱材料的选择和充填，以适应不同样品基质的分析需求，以及如何提高仪器的稳定性和准确性等。这些问题的解决需要 HILIC 研究者不断进行探索和创新，开发出更加高效、精确和稳定的分析方法和仪器，以应对不断增长的固体环境样品分析需求。

参考文献

［1］ Chen Z，Buchanan P，Quek SY. Development and validation of an HPLC−DAD−MS method for determination of four nucleoside compounds in the New Zealand native mushroom *Hericium sp*［J］. Food Chemistry，2019，278.

［2］ Yamaoka N，Kudo Y，Inazawa K，et al. Simultaneous determination of nucleosides and nucleotides in dietary foods and beverages using ion−pairing liquid chromatography−electrospray ionization−mass spectrometry［J］. Journal of Chromatography B，2010，878（23）.

［3］ Studzińska S，Zalesińska E. Development of an ultra high performance liquid chromatography method for the separation and determination of nucleotides and nucleosides in extracts from infant milk formulas and human milk samples［J］. Journal of Food Composition and Analysis，2023，115.

［4］ 东莎莎，杨晓，王春燕，等. HILIC 测定金丝小枣中核苷酸含量［J］. 中国果菜，2014，34（12）.

［5］ 周翔，姚鑫，孙丽红. 基于 HILIC−UPLC−MS/MS 测定酸枣仁核苷及碱基类成分［J］. 中国实验方剂学杂志，2017，23（7）.

［6］ Guo S，Duan J−A，Qian D，et al. Hydrophilic interaction ultra−high performance liquid chromatography coupled with triple quadrupole mass spectrometry for determination of nucleotides，nucleosides and nucleobases in Ziziphus plants［J］.

Journal of Chromatography A，2013，1301.

[7] Mateos-Vivas M, Rodríguez-Gonzalo E, Domínguez-Álvarez J, et al. Determination of nucleosides and nucleotides in baby foods by hydrophilic interaction chromatography coupled to tandem mass spectrometry in the presence of hydrophilic ion-pairing reagents [J]. Food Chemistry，2016，211.

[8] Zhou G, Pang H, Tang Y, et al. Hydrophilic interaction ultra-performance liquid chromatography coupled with triple-quadrupole tandem mass spectrometry (HILIC-UPLC-TQ-MS/MS) in multiple-reaction monitoring (MRM) for the determination of nucleobases and nucleosides in ginkgo seeds [J]. Food Chemistry，2014，150.

[9] Pastor-Belda M, Fernandez-Caballero I, Campillo N, et al. Hydrophilic interaction liquid chromatography coupled toquadrupole-time-of-flight mass spectrometry for determination of nuclearand cytoplasmatic contents of nucleotides, nucleosides and theirnucleobases in food yeasts [J]. Talanta Open，2021，4.

[10] 张铭雅，朱志铭，姚迪，等. HILIC-MS/MS 技术同时检测蛹虫草中虫草素、虫草酸、腺苷和肌苷含量的方法学 [J]. 生物加工过程，2019，17（4）.

[11] 朱群英，张亚锋，苏超男，等. HILIC-HPLC 双波长法测定山药中尿囊素和腺苷的含量 [J]. 西北药学杂志，2018，33（3）.

[12] 莫日根，杜艳，吕娟，等. 超高效液相色谱-串联质谱法测定马铃薯中 8 种必需氨基酸 [J]. 化学分析计量，2021，30（9）.

[13] 王忠合，李晓婷，胡文梅，等. 超高压液相色谱-高分辨质谱法检测单丛乌龙茶中氨基酸 [J]. 食品与发酵工业，2020，46（21）.

[14] 刘伟，戚胜兰，徐莹，等. 亲水相互作用色谱-四极杆/静电场轨道阱高分辨质谱法测定肝组织中羟脯氨酸 [J]. 色谱，2017，35（12）.

[15] 李玉珍，聂舟，吴韶敏，等. 亲水作用色谱-蒸发光散射检测保健食品中三种支链氨基酸的含量 [J]. 分析科学学报，2014，30（4）.

[16] 阳曦，刘玮. 亲水作用色谱-串联质谱法同时测定涪城麦冬中的多种氨基酸 [J]. 食品与发酵工业，2020，46（20）.

[17] 傅青，王军，梁图，等. 糖类化合物亲水作用色谱保留行为评价 [J]. 色谱，2013，31（11）.

[18] 陈斌，李曙光，马晓迅，等. 亲水作用色谱法测定甜菊糖主要极性组分 [J]. 食品科学，2013，34（14）.

[19] Wang J, Zhao Y, Yang Y, et al. Separation of minor steviol glycosides using hydrophilic interaction liquid chromatography（HILIC）and off-line two-dimensional reversed-phase liquid chromatography/HILIC methods [J]. Journal of Food Composition and Analysis，2022，112.

［20］钱正明，周妙霞，方琼谜，等. 基于核壳型亲水作用色谱技术同时测定冬虫夏草中核苷和糖醇类成分的含量［J］. 环境昆虫学报，2022，44（2）.

［21］Gratacós-Cubarsí M，Sárraga C，Clariana M，et al. Analysis of vitamin B1 in dry-cured sausages by hydrophilic interaction liquid chromatography（HILIC）and diode array detection［J］. Meat Science，2011，87（3）.

［22］Sentkowska A，Pyrzyńska K. Zwitterionic hydrophilic interaction liquid chromatography coupled to mass spectrometry for analysis of beetroot juice and antioxidant interactions between its bioactive compounds［J］. Lwt-Food Science and Technology，2018，93.

［23］Langer S，Lodge JK. Determination of selected water-soluble vitamins using hydrophilic chromatography：a comparison of photodiode array，fluorescence，and coulometric detection，and validation in a breakfast cereal matrix［J］. Journal of Chromatography B，2014，960.

［24］Fatima Z，Jin X，Zou Y，et al. Recent trends in analytical methods for water-soluble vitamins［J］. Journal of Chromatography A，2019，1606.

［25］吴昊，刘燕，李晓明，等. 亲水高效液相色谱法测定饮料中的维生素 C 含量［J］. 中国食品添加剂，2015（11）.

［26］Zia H，Fischbach N，Hofsommer M，et al. Simultaneous analysis of ascorbic and dehydroascorbic acid in fruit juice using HILIC chromatography coupled with mass spectrometry［J］. Journal of Food Composition and Analysis，2023，124.

［27］董基. 加速溶剂萃取结合亲水交互色谱法同时测定油料种子中多种生育酚及生育三烯酚［J］. 中国酿造，2021，40（2）.

［28］夏碧琪，黄芙珍，陈祥准，等. 亲水相互作用色谱-串联质谱法快速测定葡萄酒中四种花青素［J］. 分析科学学报，2016，32（4）.

［29］崔晓美，陈树兵，陈杰，等. 基质分散固相萃取-亲水作用色谱-串联质谱法测定鲣鱼中 5 种生物胺的含量［J］. 分析化学，2013，41（12）.

［30］董淼鑫，万长长，殷振杰，等. 以离子液体和甲酸铵为流动相添加剂的亲水作用色谱法分析生物胺［J］. 化学研究与应用，2022，34（6）.

［31］简龙海，茹歌，陈丹丹，等. 亲水作用液相色谱-串联质谱法快速测定食品中罂粟壳的生物碱残留［J］. 食品安全质量检测学报，2017，8（7）.

［32］Tölgyesi Á，Sharma VK. Determination of acrylamide in gingerbread and other food samples by HILIC-MS/MS：A dilute-and-shoot method［J］. Journal of Chromatography B，2020，1136.

［33］Sentkowska A，Pyrzynska K. Hydrophilic interaction liquid chromatography in the speciation analysis of selenium［J］. Journal of Chromatography B，2018，1074-1075：8-15.

［34］孟繁磊，谭莉，范宏，等. 亲水作用色谱-串联质谱法测定蔬菜中草甘膦及其代谢物残留［J］. 食品科技，2022，47（9）.

[35] 钱鸣蓉，章虎，何红梅，等. 亲水作用色谱－串联质谱测定蔬菜中灭蝇胺及其代谢物三聚氰胺 [J]. 分析化学，2009，37（6）.

[36] 孙伶俐，刘佳，郭秀洁，等. 亲水作用液相色谱脱除人参提取物中农药残留 [J]. 色谱，2021，39（4）.

[37] 王帅兵，曲斌，耿士伟，等. 亲水作用色谱－高分辨质谱测定生鲜牛乳中 7 种氨基糖苷类药物残留 [J]. 动物医学进展，2017，38（9）.

[38] 李丹，吴翠玲，张聪聪，等. 亲水作用色谱柱－高效液相色谱法测定鸡蛋中氨丙啉的残留量 [J]. 食品安全质量检测学报，2019，10（17）.

[39] 郭巍. HILIC－MS/MS 法检测动物源运动营养品中 9 种抗病毒药物残留 [J]. 食品与机械，2023，39（1）.

[40] 刘育坚，王丹，许志刚. HILIC 色谱柱拆分抗坏血酸对映体及其在药物分析中的应用 [J]. 化学研究，2017，28（6）.

[41] 林青兰，区硕俊，岑建斌. HILIC 色谱柱法检测 L－抗坏血酸和 D－异抗坏血酸及其在食品分析中的应用 [J]. 广东化工，2018，45（5）.

[42] 范广宇，冯峰，张峰，等. 亲水相互作用色谱－串联质谱法测定液体食品中 14 种甜味剂 [J]. 色谱，2018，36（4）.

[43] 刘智敏，余诗雨，刘育坚，等. 亲水相互作用色谱柱串联 C18 柱高效分析饮品中的胭脂红 [J]. 中国无机分析化学，2020，10（3）.

[44] Hassan YAA, Ayad MF, Hussein LA, et al. Hydrophilic interaction liquid chromatography（HILIC）with DAD detection for the determination of relatively non polar fungicides in orange samples [J]. Microchemical Journal，2023，193.

[45] 薛霞，郑红，魏莉莉，等. 亲水作用色谱－串联质谱同时测定原料乳和液体乳中三聚氰胺和舒巴坦 [J]. 食品工业科技，2017，38（15）.

[46] 何国成，叶少媚，何思聪，等. 亲水交互作用/高效液相色谱－串联质谱法测定茶叶中高氯酸盐 [J]. 安徽农业科学，2022，50（12）.

[47] Xin R, Dong M, Zhang Y Y, et al. Development and validation of a HILIC－MS/MS method for simultaneous quantitative of taste－active compounds in foods [J]. Journal of Food Composition and Analysis，2023，120.

[48] Danezis GP, Anagnostopoulos CJ, Liapis K, et al. Multi－residue analysis of pesticides, plant hormones, veterinary drugs and mycotoxins using HILIC chromatography－MS/MS in various food matrices [J]. Analytica Chimica Acta，2016，942.

[49] Arapitsas P, Corte AD, Gika H, et al. Studying the effect of storage conditions on the metabolite content of red wine using HILIC LC－MS based metabolomics [J]. Food Chemistry，2016，197.

[50] 陈翔，田月月，张丽霞. 基于亲水相互作用液相色谱－三重四极杆质谱法研究白茶萎凋过程中代谢物的变化 [J]. 茶叶科学，2020，40（2）.

［51］ 宋青青，张珂，李婷，等. 反相－亲水作用色谱－定制多反应监测法同步测定肉苁蓉多成分含量［J］. 分析化学，2020，48（11）.

［52］ Fauvelle V，Mazzella N，Morin S，et al. Hydrophilic interaction liquid chromatography coupled with tandem mass spectrometry for acidic herbicides and metabolites analysis in fresh water［J］. Environmental Science and Pollution Ressearch，2015，22（6）.

［53］ Hayama T，Yoshida H，Todoroki K，et al. Determination of polar organophosphorus pesticides in water samples by hydrophilic interaction liquid chromatography with tandem mass spectrometry［J］. Rapid Communication Mass Spectrometry，2008，22（14）.

［54］ Guo H，Li L，Gao L. Paraquat and diquat：recent updates on their pretreatment and analysis methods since 2010 in biological samples［J］. Molecules，2023，28（2）.

［55］ Boulard L，Dierkes G，Ternes T. Utilization of large volume zwitterionic hydrophilic interaction liquid chromatography for the analysis of polar pharmaceuticals in aqueous environmental samples：Benefits and limitations［J］. Journal of Chromatography A，2018，1535.

［56］ Zheng Q，Dewapriya P，Eaglesham G，et al. Direct injection analysis of oxypurinol and metformin in wastewater by hydrophilic interaction liquid chromatography coupled to tandem mass spectrometry［J］. Drug Testing and Analysis，2022，14（8）.

［57］ Qin F，Zhao YY，Sawyer MB，et al. Column－switching reversed phase－hydrophilic interaction liquid chromatography/tandem mass spectrometry method for determination of free estrogens and their conjugates in river water［J］. Analytica Chimica Acta，2008，627（1）.

［58］ Knoll S，Rösch T，Huhn C. Trends in sample preparation and separation methods for the analysis of very polar and ionic compounds in environmental water and biota samples［J］. Analytical and Bioanalytical Chemistry，2020，412（24）.

［59］ Minkus S，Grosse S，Bieber S，et al. Optimized hidden target screening for very polar molecules in surface waters including a compound database inquiry［J］. Analytical and Bioanalytical Chemistry，2020，412（20）.

［60］ Lindner U，Lingott J，Richter S，et al. Analysis of gadolinium－based contrast agents in tap water with a new hydrophilic interaction chromatography（ZIC－cHILIC）hyphenated with inductively coupled plasma mass spectrometry［J］. Analytical and Bioanalytical Chemistry，2015，407（9）.

［61］ Mardal M，Kinyua J，Ramin P，et al. Screening for illicit drugs in pooled human urine and urinated soil samples and studies on the stability of urinary excretion products of cocaine，MDMA，and MDEA in wastewater by hyphenated mass spectrometry techniques［J］. Drug Testing and Analysis，2017，9（1）.

[62] Cui T，Zeng Z，Dos Santos EO，et al. Development of a hydrophilic interaction liquid chromatography（HILIC）method for the chemical characterization of water-soluble isoprene epoxydiol（IEPOX）-derived secondary organic aerosol [J]. Environmental Science-Processes & Impacts，2018，20（11）.

（李永新　周琛）

第五章　亲水作用色谱在药物分析和研究中的应用

作为反相色谱的重要补充，亲水作用色谱（HILIC）在碱性化合物、极性化合物、可离子化以及离子的保留及分离中具有独特性能。HILIC 的工作条件能与反相色谱完全兼容，包括采用通用的色谱仪器、一致的流动相溶剂体系、广泛适配的检测器，这使实验室可基于已普及的反相色谱分析平台拓展分析范围。

第一节　亲水作用色谱在单一分类药物成分分析中的应用

HILIC 对极性成分或离子定性和定量分析的适应性增强。这种作用既体现于极性成分是药物主成分时的分析需求，也体现为杂质或残留成分的监测需求。

一、咪唑类及咪唑杂环化合物

（一）咪唑类

联苯苄唑是咪唑类广谱抗真菌药。咪唑是联苯苄唑的合成原料，也是其主要降解产物，是联苯苄唑药物的重要质控指标。咪唑是一种酸碱两性化合物，一位氮原子上的氢易以氢离子的形式解离。反相体系中无保留，需要流动相添加离子对试剂，如在流动相中添加 16 mmol/L 的十二烷基硫酸钠可在 250 mm 的 C18 色谱柱分离中将咪唑的保留时间延迟至 8 分钟[1]。采用 HILIC 可避免在流动相中使用离子对试剂。如未衍生核壳型裸硅胶柱作固定相（Atlantis HILIC，4.6 mm×150 mm，3 μm），以 0.2% 磷酸水：乙腈（V/V）＝20：80 体系为流动相等度洗脱构建分离体系检测联苯苄唑乳膏和凝胶中的咪唑。在该色谱条件下咪唑保留时间为 7 分钟，药物主成分在 4 分钟内完成出峰，与咪唑完全分离[2]。该研究中色谱柱适用的 pH 值范围是 1~5，低 pH 值流动相可以中和游离的硅烷醇，并防止分析物和硅烷醇基团之间的相互作用，使分配作用在分离中占主导地位。

（二）咪唑杂环化合物

尿囊素是一种咪唑杂环化合物，具有促进细胞生长、软化角质蛋白、抗炎等药理作用，常在多组分制剂中应用。尿囊素也是天然活性成分，是山药、金铁索等中药材及小儿健脾颗粒、参芪消渴颗粒等中成药的质量指标物质。在中文文献数据库中以"尿囊素、高效液相色谱"为关键词检索到相关文献近百篇，尿囊素的高效液相色谱检测方法开发在化学药物、中药材及中成药质量控制中已有较多的实践。由于其反相保留弱，在反相柱上的保留时间通常与死时间接近，反相色谱方法的应用受到限制[3,4]。

HILIC 在尿囊素检测中的应用较早[5]。选用的色谱柱包括正电荷衍生硅胶柱，如氨基硅烷键合硅胶柱［ZORBAX NH$_2$ 柱（4.6 mm×250 mm），Alltima NH$_2$（150 mm×4.6 mm，5 μm)]$^{[6-7]}$、氨丙基键合硅胶柱［Inertsil NH$_2$ 柱（4.6 mm×250 mm，5 μm)，（Venusil HILIC，4.6 mm×250 mm，5 μm)]$^{[8-9]}$、季铵基键合硅胶柱［Zorbax Sax（4.6 mm×250 mm，5 μm)]$^{[10]}$、两性离子键合硅胶柱［Thermo Syncronis HILIC（250 mm×4.6 mm，5 μm)]$^{[11-12]}$、中性衍生非硅胶柱如酰胺基键合亚乙基桥杂化颗粒（BEH）柱［Waters XBridge Amide 柱（250 mm×4.6 mm，5 μm)]$^{[13]}$。流动相通常为甲醇/乙腈与水组成的两相溶剂，不加入酸碱或缓冲液调整 pH 值，不加入电解质增加离子浓度。

上述 HILIC 体系解决了多组分制剂中尿囊素与共存强极性主成分的分离问题，如复方盐酸林可霉素凝胶中与林可霉素的分离[10]，复方硫酸软骨素滴眼液中与硫酸软骨素钠、牛磺酸等的分离[8]；满足有复杂极性成分基体的中药材及其成药制剂中定性定量检测尿囊素的要求，如定量测定山药中的尿囊素以及以山药为主要原料的制剂小儿生血糖浆中的尿囊素[11,13]，测定土鳖虫中的尿囊素[6]；适用于检测有复杂亲水性基体组分的血浆样品中的尿囊素，以此为基础建立中药材金铁锁基于入血成分的质量标准[7]。

二、氨基糖苷类抗生素

氨基糖苷类抗生素是氨基糖与氨基环醇通过醚键连接的苷类化合物，属于一组用于治疗革兰阴性菌感染的抗生素。氨基糖苷是碱性和强极性的化合物，含有几个具有不同 pK_a 值的氨基，pK_a 值的差异来源于空间效应以及糖环上氨基和相邻羟基之间的氢键[14]。该类药物多数无紫外吸收，反相保留弱。采用 C18 色谱柱等反相固定相需要以离子对试剂为流动相[15]。由于流动相中添加了三氟乙酸（0.2 mol/L 三氟乙酸溶液：甲醇=98：2），无法联用质谱检测，应用光学检测器的前提通常是衍生化，如上述研究中采用柱前衍生生成荧光产物，通过荧光强度定量。

Kumar P 等[14]曾详尽考察了氨基糖苷类抗生素在 HILIC 中的分离性质，提出如果共洗脱峰中不同物质具有相同前体和产物离子，在低分辨质谱中则会产生质谱干扰，即串扰效应（Crosstalk Effect）。氨基糖苷类抗生素中有能形成串扰效应的成员，需要通过较高的色谱分离度来避免该效应对定性定量结果的影响。研究比较了裸硅胶柱、无修饰的 BEH 柱、氨基柱、酰胺柱和两性离子柱，在不同 pH 值条件、离子浓度和洗脱梯度的流动相条件下分离氨基糖苷类抗生素的性能，筛选了最适色谱分离条件：固定相选择两性离子柱（ZICs），流动相采用酸性 pH 值和高离子浓度。上述色谱条件成功应用于蜂蜜中 11 种氨基糖苷类抗生素分离检测的液质联用方法[16]。研究者为了改善两性离子（磺基甜菜碱）衍生的硅胶柱键合相远端微弱的负电荷引起的带正电荷分析物色谱峰拖尾，在流动相中加入有机电解质（甲酸铵）增加了流动相的离子浓度，改善了分离能力。但值得注意的是，电解质的加入浓度仍然受到质谱检测器应用条件的限制。胡青等用 HILIC 体系解决在动物源成药的复杂基体中分离检测氨基糖苷类抗生素残留问题[17]。该研究采用了亚乙基桥杂化颗粒（BEH）三键键合的酰胺基键合相的色谱柱和甲酸水、甲酸乙腈的流动相体系。该分离条件实现了极性的目标物与高含量极性基体成分胆汁酸（占比 40％～60％）等的分离。该研究采用的 BEH 酰胺柱相比硅胶酰胺柱减少了氨基与糖形成席夫碱，确保了定量准确性，色谱柱寿命更长，在未添加电解质的流动相体系中得到了目标物良好的峰形。不过，目标化合物阿米卡星、卡那霉素、托布拉霉素未实现色谱分离（图 5-1），是否发生串扰效应是评估方法准确性需要关注的问题。

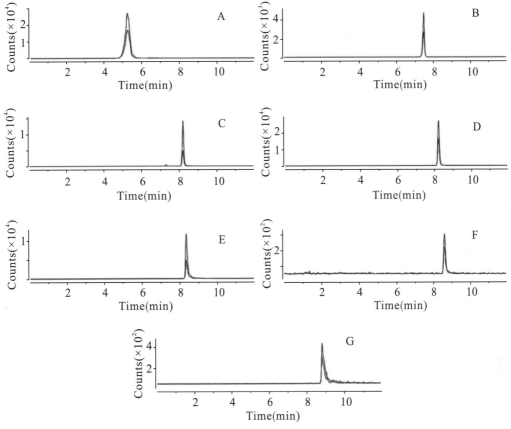

图 5-1　混合型固相萃取-亲水作用色谱串联质谱法检测 7 种
氨基糖苷类抗生素的 MRM 色谱图[17]

注：A，大观霉素；B，链霉素；C，阿米卡星；D，卡那霉素；E，托布拉霉素；F，阿普霉素；G，新霉素。

三、天然及人工药物中的糖类成分或糖结构

糖类化合物用高效液相色谱分析需要解决的问题之一是检测问题，它们在紫外波段无吸收亦无荧光基团，紫外检测器、荧光检测器均不能直接检测。常见的一种解决办法是通过衍生化形成具有紫外吸收或荧光性质的基团，再采用紫外检测器、荧光检测器检测。另一种方法是采用通用型更强的检测器，如蒸发光散射检测器、电化学检测器、气溶胶检测器（如 CAD、NQAD）或与质谱联用。需要解决的另一问题是反相色谱体系对糖类化合物保留、分离能力弱，在反相体系内的解决方法为在流动相中加入离子对试

剂，但这影响了方法对检测器的兼容性，特别是对联用质谱的兼容性，极大地限制了检测方法开发的自由度。HILIC 体系则可避免离子对试剂流动相，特别适合与质谱联用方法的开发。

（一）药用植物多糖的单糖组成

单糖组成是多糖的重要理化性质，多糖水解产物单糖组成的测定方法通常采用衍生化-气相色谱法，该方法需要保证衍生化的比率，不适用于一些难衍生化的单糖和糖醛酸。氨基硅胶柱高效液相色谱分离，示差检测器、蒸发光散射检测器定性定量方法检测单糖是 HILIC 色谱柱较早的应用。HILIC 分离联用质谱建立的多种单糖分离定量检测方法适应性更强。

以药用植物麻黄根多糖水解物单糖定量检测为例：固定相采用非硅胶基的 BEH 酰胺柱，流动相采用无添加乙腈-水，联用 Qtrap 质谱以负离子多反应离子监测（MRM）模式在麻黄根多糖水解物中定量检测到鼠李糖、阿拉伯糖、甘露糖、半乳糖、半乳糖醛酸 5 种单糖。该方法不需要样品衍生化前处理，简化方法的同时避免衍生化效率对检测质量的影响。该方法可同时测定糖醛酸，确保区分甘露糖、木糖、半乳糖等色谱分离难度较高的单糖，BEH 基质的色谱柱相比硅胶基质色谱柱在分离糖类时寿命表现更好[18]。

（二）糖胺聚糖类药物肝素和硫酸乙酰肝素的双糖单元结构特征

肝素与硫酸乙酰肝素是线性糖胺聚糖，由糖醛酸与葡糖胺通过 $1\to4$ 糖苷键连接形成的双糖重复单元组成，各单元存在着不同程度的异构化和硫酸化。糖胺聚糖类药物的质量标准要求明确的组成和结构，肝素与硫酸乙酰肝素双糖单元的定性定量特征是其重要结构参数。研究者应用亲水作用色谱串联质谱法建立了同时测定肝素（钠/钙）、硫酸乙酰肝素中含量最多的 8 种不同硫酸化程度双糖单元（ΔUA-GlcNAc、ΔUA-GlcNS、ΔUA-GlcNAc6S、ΔUA2S-GlcNAc、ΔUA2S-GlcNS、ΔUA-GlcNS6S、ΔUA2S-GlcNAc6S、ΔUA2S-GlcNS6S）（ΔUA = 4-脱氧-L-苏式-己-4-烯吡喃糖糖醛酸，GacNAc = N-乙酰-D-葡萄糖胺）的 HILIC-MS/MS 法。该方法采用了两性离子磷酸胆碱衍生硅胶柱［资生堂 PC HILIC（4.6 mm×250 mm，5 μm）］，乙酸胺水溶液-乙腈体系的流动相建立 HILIC 分离体系。8 种不同硫酸化结构的 ΔUA-GlcNAc 双糖实现了色谱保留和质谱检测，两种同分异构体 ΔUA2S-GlcNS/ΔUA-GlcNS6S（2SNS/6SNS）（m/z 247.7/69.9）、ΔUA2S-GlcNAc/ΔUA-GlcNAc6S（2S/6S）（m/z 458.1/175.0）无法在色谱或质谱 MRM 维度分离，其他组分实现了分别定量（图5-2）。在固定相选择方面，该研究还尝试了交联相二醇衍生硅胶柱（Phenomenex Luna HILIC（2.3 mm×150 mm，3 μm）。有研究[19]认为这类型柱是最适宜糖类分离的固定相，可能由于硫酸化基团对极性和电离性质的影响，该色谱柱在分离度和峰形对称性方面表现不及两性离子衍生柱。在流动相方面，流动相加入低浓度电解质（10 mmol/L乙酸）比不加电解质更有利于不同硫酸化结构的 ΔUA-GlcNAc 双糖单元在分离中取得对称的峰形。该方法的建立和优化过程也对 HILIC 分离双糖同分异构体能力的进一步优化提出了要求[20]。

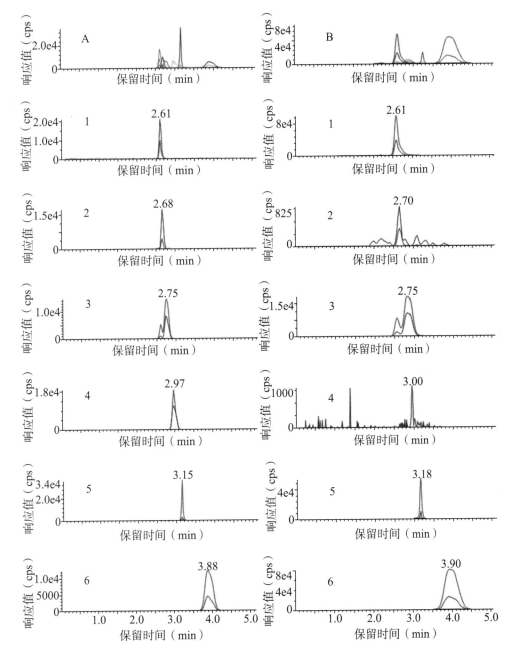

图 5-2　HILIC-MS/MS 法鉴别肝素和硫酸乙酰肝素方法中对照品（A 1.0 nmol /mL）
及供试品（B Heparin-4）溶液中双糖成分的 MRM 色谱图[20]

注：1，TriS；2，2S6S；3，2SNS /6SNS；4，2S /6S；5，NS；6，0S。

（三）寡糖特征图谱

寡糖特征图谱在天然药物和单克隆抗体等包含寡糖结构的合成药物的结构分析和质量控制中能提供特征性信息。寡糖结构可从聚合度、单糖组成等不同维度区分，做定性和定量分析时是否能从不同维度实现差异结构的分离是需要考察的问题。

天然药物多糖部分水解得到寡糖谱具有特征性，可作为天然药物来源鉴别和质量评价的依据。HILIC 与二级质谱联用建立的方法可实现寡糖片段的分离和结构表征。在一个黄芪多糖的研究中，研究者以酰胺硅胶柱为固定相，添加了电解质甲酸铵的水－乙腈体系作为流动相，黄芪多糖部分酸水解的寡糖片段得到了基于极性差异的色谱分离，极性相对小的保留更弱。在该研究的色谱条件下，保留时间小于 20 分钟的为单糖、双糖或其他非糖类成分，保留时间最长（接近 120 分钟）的是未水解的黄芪多糖，色谱峰则为部分水解得到的寡糖。经过二级质谱解析发现寡糖各色谱峰分别对应不同聚合度的葡寡糖。组成单糖均为葡萄糖的寡糖在上述色谱体系中表现出的保留性质与聚合度相关，聚合度更大的保留更强[21]。该应用表明 HILIC 体系可基于聚合度实现寡糖的色谱分离，这为天然药物多糖成分的分析提供了新手段。该研究解决的是由同种单糖组成的寡糖 HILIC 分离和结构鉴定问题，相同聚合度不同单糖组成的寡糖在 HILIC 体系中的色谱分离效果需要进一步考察。

在单克隆抗体药物的质量控制中对其 N 端寡聚糖链谱的解析可提供重要信息。亲水作用色谱－荧光光度法、亲水作用色谱－高分辨率质谱联用法可用于这些 N 端寡聚糖链谱的解析。在重组抗 IL－36 受体单克隆抗体药物的质量控制中，经肽 N－糖苷酶（PNGase F 酶）从糖基化的单克隆抗体上酶切，再由 2－氨基苯甲酰胺做荧光标记，最后采用 HILIC－FID 对得到的荧光标记寡糖混合物做寡糖谱分析。用 BEH 酰胺硅胶柱作为固定相，电解质乙酸胺水溶液－乙腈为流动相组成的 HILIC 体系完成了抗 IL－36 受体单抗的 N 端寡糖谱分离（图 5－3）。由于本研究仅采用荧光检测器定量，未进一步鉴定分离得到的 6 种主要寡糖的结构，不能分析具体影响保留能力的寡糖结构属性[22]。

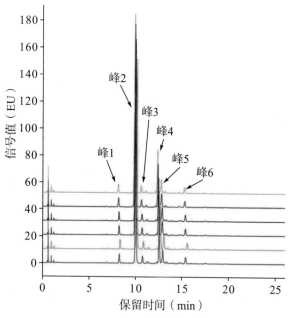

图 5－3　重组抗 IL－36 受体单克隆抗体药物的质量控制研究峰面积
排在前 6 位的寡糖 HILIC－FID 色谱图[22]

研究者采用酰胺全多孔硅胶柱固定相、乙腈－甲酸铵水溶液流动相组成的色谱分离系统对带标记的西妥昔单抗 N 端糖链的寡糖谱进行了色谱分离，并采用高分辨轨道阱质谱完成了结构解析（图 5-4）。解析到的 9 种寡糖聚合度为 7～9，由 N-乙酰葡萄糖、甘露糖、岩藻糖、半乳糖 4 种单糖聚合，除其中一种外，其他均符合聚合度小的保留时间相对短的规律，相同聚合度的寡糖能以结构差异实现色谱分离，其中互为异构体的两种糖链也实现了色谱分离。该研究充分展示了在适当的条件下 HILIC 体系对寡糖的分离能力既基于聚合度，也能区分相同聚合度下的结构差异[23]。

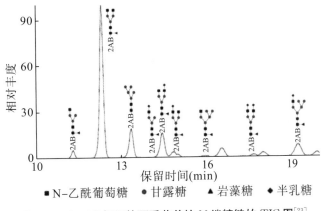

图 5-4　2-AB 标记的西妥昔单抗 N 端糖链的 TIC 图[23]

在 2020 年版《中国药典》修订工作中，中国食品药品检定研究院组织了对 N 糖分析方法的联合验证。验证方法为 HILIC-FID，具体方法参数为 BEH 酰胺色谱柱，流动相为乙腈－50 mmol/L 甲酸铵（pH 值为 4.5）水溶液体系，检测波长为激发波长 330 nm，发射波长 420 nm。验证结果表明该方法具有良好的特异性、准确性、精密性和耐用性，可用于对单抗 N 糖的质控分析[24]。除酰胺硅胶柱，两性离子柱（ZIC）也有应用于 N-糖基化修饰糖链的分析的尝试，在建立的方法中 ZIC 柱分离结合离子阱质谱检测，成功比较了不同肿瘤坏死因子受体（TNFR）-Fc 融合蛋白 N-糖基化修饰差异[25]。

酰胺柱和两性离子衍生柱是糖类化合物 HILIC 分离中常用的固定相，单糖、双糖、寡糖均可实现保留和分离。一般的保留规律为聚合度越高保留越强，不同的单糖组成或相同单糖的不同修饰（如硫酸化）基团位置也可以得到良好分离。

四、天然及人工药物中核苷成分

核苷类是典型的碱性化合物，在反相色谱分析中的主要困难是严重的峰拖尾影响定量的准确性，一般采用在流动相中添加离子对试剂的方法改善。核苷类药物既有天然来源，也有来自人工合成的，均可用 HILIC 分离检测。

（一）天然药物中的核苷类成分

核苷类成分是动植物的初级代谢产物，是天然药物中的重要活性成分。由于腺苷、尿苷、鸟苷等具有紫外吸收，反相高效液相色谱－紫外光学检测器是核苷类物质分析的常用技术。Zong 等[26] 建立的反相色谱方法，采用碱性成分保留更强的 ACQUITY UPLCTM HSS C18 色谱柱建立超高效液相色谱联用二级质谱检测冬虫夏草中 13 种核苷和核苷碱基的方法，梯度洗脱流动相中有机相比例为 1%～30%，不利于质谱离子源的离子化作用，色谱分离将 13 种目标物分为了三个部分，每个部分中的几种组分没有实现色谱分离，需要依靠选择离子模式实现分别定量。

一项研究中采用两性离子磷酸胆碱（PC）衍生全多孔硅胶颗粒柱（ZIC-cHILIC）和乙腈-100 mmol/L 甲酸铵水溶液流动相体系构建的 HILIC 系统实现了核苷和核苷碱基的同时分离。该研究比较了 HILIC 色谱柱中的两性离子 ZIC-cHILIC 和核壳整体硅胶柱（Cortecs HILIC）分离尿嘧啶、尿苷、腺苷、腺嘌呤和鸟苷 5 种核苷、核苷碱基的性能，ZIC-cHILIC 能确保 5 种目标物基线分离，Cortecs HILIC 分离时腺苷和腺嘌呤保留时间完全重合（图 5-5），尿嘧啶和尿苷也无法实现基线分离。相比未衍生硅胶柱，两性离子衍生柱更适用于核苷、碱基的分离[27]。由样品色谱图（图 5-6）可见，该条件下虫草菌粉样品中主要干扰成分在 1.5 分钟内出峰，对保留时间最短的尿嘧啶形成色谱干扰，与保留时间更长的其他目标物能完全分离。该研究未覆盖前述 Zong 等研究中所有的核苷和核苷碱基，因此无法将两项研究中的色谱分离情况做完全的比较，但其中反相色谱中未分离的尿嘧啶和腺嘌呤在该 HILIC 条件下分离度高于 2。但值得注意的是，该 HILIC 方法联用的是光学检测器，检测的目标物只是部分核苷和核苷碱基，在样品测定中是否能完全分离非目标核苷和核苷碱基，实现对目标核苷和核苷碱基准确定性定量检测尚有疑问，如果换用质谱检测器开发本方法则可降低上述风险。

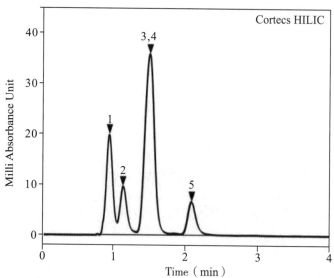

图 5-5　经 Cortecs HILIC 色谱柱分离的 5 种核苷和核苷碱基色谱图[27]

注：1，尿嘧啶；2，尿苷；3，腺苷；4，腺嘌呤；5，鸟苷。

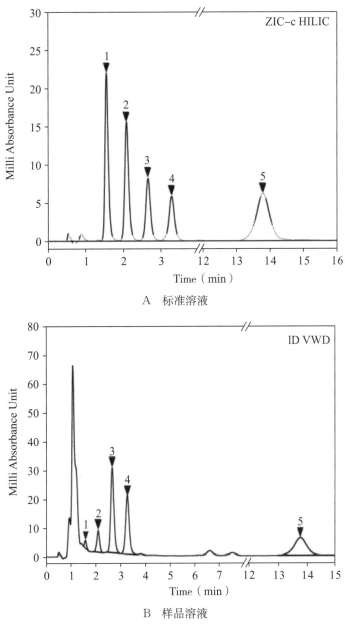

A　标准溶液

B　样品溶液

图 5-6　经 ZIC-cHILIC 色谱柱分离的 5 种核苷和核苷碱基色谱图[27]

注：1，尿嘧啶；2，尿苷；3，腺苷；4，腺嘌呤；5，鸟苷。

另一研究以核壳型裸硅胶柱为固定相，乙腈-5 mmol/L 乙酸胺水溶液体系为流动相，分离冬虫夏草中 4 种核苷[28]。由冬虫夏草样品色谱图（图 5-7）可见样品基体与目标物完全分离，4 种目标物间也完全能实现基线分离。与刘向国等的分析方法相比，该研究除固定相外，流动相中电解质（乙酸胺/甲酸铵）的浓度也有显著不同。但由于该项研究的目标物中未包含腺嘌呤与尿嘧啶，检测器也非质谱，因此在裸硅胶柱分离中没有观察到尿嘧啶与尿苷、腺嘌呤与腺苷不能实现基线分离的情况，但这不能说明在样品的色谱图中峰 1 标注的尿苷不包括尿嘧啶信号，峰 2 标注的腺苷不包括腺嘌呤信号。

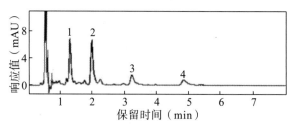

图 5-7　核壳型硅胶柱分离冬虫夏草提取液中的 4 种核苷[28]

注：1，尿苷；2，腺苷；3，肌苷；4，鸟苷。

（二）合成核苷类药物

吉西他滨是一种脱氧胞苷类似物，已用于广泛的肿瘤治疗，如非小细胞肺癌、膀胱癌和胰腺癌。应用亲水作用色谱－紫外光谱法可检测肿瘤患者血浆中的吉西他滨。酰胺柱和 20 mmol/L 乙酸胺的乙腈水体系在 4 分钟内使吉西他滨与血浆基体成分充分分离（图 5-8）。采用内标定量，该方法在 50 余次血浆样品进样后，目标峰与内标的峰面积比变化 3%，方法稳健性好[29]。

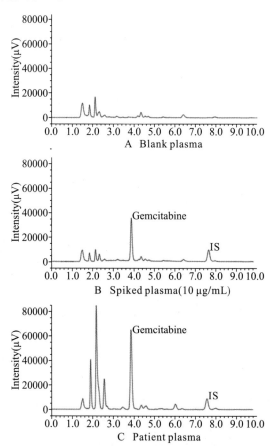

图 5-8　亲水作用色谱－紫外光谱法测定肿瘤患者血浆中吉西他滨的色谱图[29]

注：A，血浆样品；B，加标血浆样品（吉西他滨，10 µg/mL）；C，膀胱癌患者血浆。

利巴韦林是嘌呤核苷类药物，曾应用于治疗动物病毒性传染病。利巴韦林具有遗传、生殖毒性和致癌性，禽畜滥用可能会导致药物残留。中药材中的动物药需要关注这类药物滥用造成在药材和成药中残留的风险。一项研究将 HILIC 用于鸡源药材中利巴韦林残留的检测，建立符合实际检测需要的方法[30]。采用未衍生 BEH 柱为固定相，乙酸胺水溶液－乙腈体系为流动相，串联线性离子阱质谱仪 MRM 模式检测。该方法应用于鸡内金片和乌鸡白凤丸含鸡源成分的成药中利巴韦林残留的检测，解决在反相色谱柱上的保留弱问题，实现了目标物与高含量鸡内源性干扰物尿苷类似物色谱基线分离（图 5－9）。由于这些尿苷类似物的分子量与目标物相近（244.2），离子碎片也能对目标物 MRM 定量离子通道造成干扰，因此必须实现内源干扰物与目标物的色谱分离是该分析方法着重解决的问题。研究者也比较了耐水反相色谱柱（Agilent ZORBAX SB－Aq）的分离效果，在流动相中水相比例高于 85％ 的情况下可以实现目标物的有效保留以及与内源干扰物的色谱分离。但水相比例高可能降低质谱 ESI 离子源离子化效率，造成方法灵敏度显著损失。

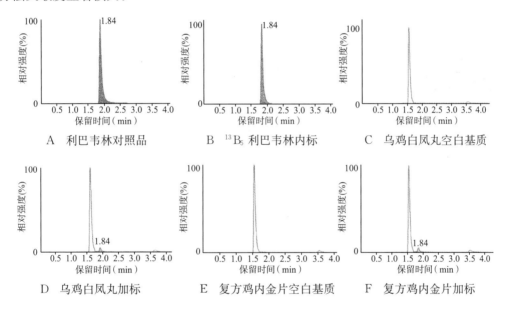

图 5－9　HILIC－MS/MS 结合酶解－QuEChERS 净化法测定含鸡源成分中
成药中利巴韦林及其代谢物总残留 MRM 定量离子对（245.1＞113.1）色谱图[30]

可见多种 HILIC 色谱柱适用于核苷类药物成分的色谱分析，如 ZIC 柱、酰胺硅胶柱、BEH 柱等，均能得到较好的色谱保留和对称的峰形，并可实现核苷类药物成分与动物药、人体血浆等复杂样品中的基体干扰成分的色谱分离。

五、天然及人工药物中的氨基酸成分

氨基酸在反相色谱中的保留弱，通常经柱前衍生后用反相高效液相色谱分离[31-32]。这种方法的稳定性和灵敏性受到衍生剂、衍生条件和衍生体系基体环境的影响。氨基酸是动植物初级代谢产物，也是天然药物的重要生物活性成分。天然药物氨基酸种类多、含量低并且基体背景复杂，衍生化方法不易达到检测要求。

应用 HILIC 不需要衍生化步骤。研究者采用 BEH 酰胺柱和乙腈-2 mmol/L 甲酸铵水溶液流动相建立同时检测中成药中 22 种目标氨基酸的方法。在该方法中质谱检测器的使用增强了对氨基酸的分辨能力。研究者[33]首先比较了 BEH 酰胺柱和未衍生化的 BEH 柱，发现 BEH 酰胺柱上得到的目标氨基酸的分离度更好。酸性流动相有利于质谱正离子模式检测。本方法检测到的目标氨基酸在样品中含量最低的种类为蛋氨酸，含量为 2 mg/kg，这说明亲水作用色谱串联质谱法对中药复杂基体中氨基酸的检测的灵敏度可达到 mg/kg 水平。该方法能将目标氨基酸与复杂基体中的大量极性基体成分分离，22 种氨基酸中的 18 种可实现色谱分离，除 4 种氨基酸（赖氨酸、组氨酸、精氨酸和天冬氨酸）有峰展宽的问题外，其他氨基酸峰形良好。与样品中目标物相当含量加标量的 22 种目标物回收率在 98%～102%范围内。良好的色谱分离确保了更小的基质效应，更简洁的前处理减少不确定度引入环节，这些因素都是得到良好回收率的基础[33]。除了应用于中成药，该方法曾成功应用于中药材三七中 22 种氨基酸的同时定性定量检测[34]。

除酰胺柱外，ZIC 柱亦有在中药材多种氨基酸分离检测中的应用。研究者[35]采用 ZIC 柱，乙腈-10 mmol/L 乙酸胺水溶液的流动相分离检测麦冬中 18 种氨基酸，QTRAP 质谱 MRM 模式检测。该研究比较了换用 C18 色谱柱的情况（图 5-10），发现即使流动相中水相比例达到 95%，仍不能使氨基酸的保留增加，保留时间小于 2 分钟，与药材中高含量的极性成分形成共流出，在质谱中形成基质效应影响定量检测。

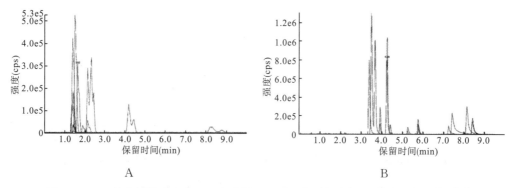

图 5-10　18 种目标氨基酸在 C18 色谱柱（A）和 ZIC 柱（B）分离的总离子流图[35]

HILIC 分离氨基酸的适应性实际上在更早期已被证明，建立了亲水作用色谱-邻苯二甲醛（OPA）/2-巯基乙醇（2-ME）柱后衍生-荧光检测的伯氨酸检测方法[36-37]。对药物恩扎鲁胺（ENZ）（一种治疗去势抵抗性前列腺癌的雄激素受体拮抗剂）的工艺杂质，非蛋白氨基酸 2-氨基异丁酸（2-AIBA）参照上述伯氨酸方法也成功建立了 HILIC 分析方法。由于 2-AIBA 非常容易解离为离子，在该方法建立之前，对其定量测定仅有一种采用离子交换树脂的定量色谱方法。选择三唑基硅胶柱（COSMOSIL HILIC）作为固定相，该柱具有阴离子交换和亲水作用的复合性质。通过柱后衍生得到有荧光性质的化合物，采用荧光检测器定量，使方法符合 ENZ 中规格极限为 0.15%的 2-AIBA 含量的定量测定要求。该色谱条件下 2-AIBA 得到了有效的保留和色谱分离，分离度可确保 2－AIBA 与结构相近可同时被衍生为荧光化合物的 3－氨基异丁酸基线分离[38]。

六、天然及人工药物中的多肽

（一）小分子肽

小分子肽是药物开发中的受关注的新领域，也是天然药物生物活性成分的重要分类，肽图分析已经成为多肽结构和性质研究的通用策略，反相高效液相色谱分离蛋白酶酶解的肽段混合物是肽图分析中的标准技术。但 HILIC 体系对特定肽具有优势。如与反相色谱构建的二维色谱体系为蛋白质消化物提供更全面的信息，在发现氨基酸数少的小分子肽方面有重要作用。对微藻胃肠道消化物的肽组学特征的研究[39]表明胃肠消化肽由于肽序列在多酶环境中经历了多次裂解，通常为分子量小于 1000 的小分子肽，而这些氨基酸数量少于 7 个的小分子肽通常比大分子肽更好吸收。胃肠消化肽的氨基酸化学性质以及主要为小分子肽的特征，导致在反相色谱分离中大部分在乙腈比例低于 15％时已被洗脱，部分肽保留很弱，相反在 HILIC 中则可实现良好保留。该研究构建了 HILIC×RP 二维色谱分离体系，一维通过比较二醇柱、硅胶柱、酰胺柱选择了对多肽保留更好且峰形更好的酰胺柱，二维为核壳型 C18 色谱柱。引入捕获柱解决 HILIC×RP 系统中溶剂强度差异导致较差的峰聚焦和谱带加宽的问题。在 Klamath 和 Spirulina 两种螺旋藻微藻制剂的胃肠消化物中检测到了更多数量的肽（图 5－11），使 HILIC×RP 方法成为微藻肽组学的有效工具。

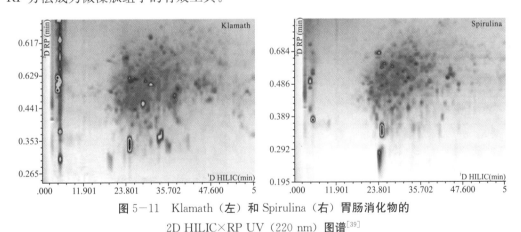

图 5－11　Klamath（左）和 Spirulina（右）胃肠消化物的
2D HILIC×RP UV（220 nm）图谱[39]

注：1D，UPLC© BEH Amide 150 mm×2.1 mm，1.7 μm；2D，BIOShell™ C18 50 mm×3.0 mm，2.7 μm。

（二）糖肽

HILIC 在糖肽分析领域具有更特殊的作用。基于反相液相色谱的糖肽分离主要依赖氨基酸序列，因为聚糖组成对疏水性差异的贡献很小，这可能导致的问题包括：单个肽上的不同糖型疏水性差异小，可能以峰簇的形式洗脱，如果存在具有相似疏水性肽序列的糖肽和非糖肽，则导致两者共洗脱，若存在 MS 检测动态范围和柱负载能力的限制，则可能出现对低丰度糖肽的 MS 信号抑制情况。HILIC 由于本身具备分离糖类化合物的能力，可以分离包括异构体在内的不同序列和结构的寡糖。因此在糖肽分离上 HILIC 具有优势。

新红细胞生成刺激蛋白（NESP）是高度糖基化的重组人促红细胞生成素类似物，属于糖蛋白类药物。研究者[40]比较了亲水作用 ZIC 柱和 XDB－C18 色谱柱两种分离模式在优化条件下对胰蛋白酶酶解肽段的分离效果（图 5－12）。被分离的肽段分子量为300～1300，氨基酸组成数量为 1～23 个。ZIC 柱对肽段的分离效率更高，且对糖肽的保留更强，灵敏度更高，选择离子流色谱图中峰形更好，更适用于对链霉蛋白酶 E 酶解的肽做位点特异性糖基化分析。该研究通过 ZIC－HILIC 分离，质谱鉴定 3 种 O－糖肽［糖链组成分别为 GalNAcGal（NeuAc）2、GalNAcGal（NeuAc）1 和 GalNAcGal］。

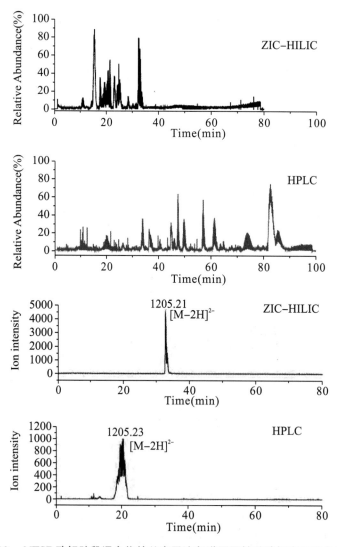

图 5－12　NESP 酶解肽段混合物的总离子流色谱图及糖肽选择离子流色谱图[40]

离子对亲水作用液相色谱（IP－HILIC）是糖蛋白质组学研究中离线富集糖肽的标准技术。其原理是通过在 HILIC 流动相添加 0.1％TFA，提供酸性环境（pH 值为 2）和强离子配对性质（TFA 阴离子），非糖基化肽的带电基团可以被中和使得亲水性显著降低，而糖肽因为聚糖富含不带电的极性部分（如羟基）受影响较小，则可增强从非糖基化肽中分离糖肽的性能。但由于离子对试剂的存在，该分离方法不能与质谱联用。研究者[41]发现在流动相中添加甘氨酸可有效改善离子对试剂对质谱信号的抑制。基于添加了甘氨酸的 IP－HILIC－MS 方法，研究者开发了单克隆抗体或 Fc 结构域融合蛋白的位点特异性糖基化谱的分析方法。该方法提高了识别治疗性单克隆抗体中极低丰度 O－连接和非一致 N－连接糖基化的可能性。该研究对单克隆抗体和融合蛋白的分析均表明（图 5－13）：①在 30 分钟的梯度下，非糖基化肽在最初的 12 分钟内被洗脱（占整个图谱的 40％），糖肽则从 16 分钟后开始洗脱，因此，非糖肽可以与糖肽有效分离。②糖肽可以在 IP－HILIC 中实现基于聚糖结构和氨基酸序列的分离，大多数糖肽可以在宽范围的洗脱时间内均匀分布，这为数据依赖性采集期间更有效选择前体用于 MS2 扫描提供了充分的时间。

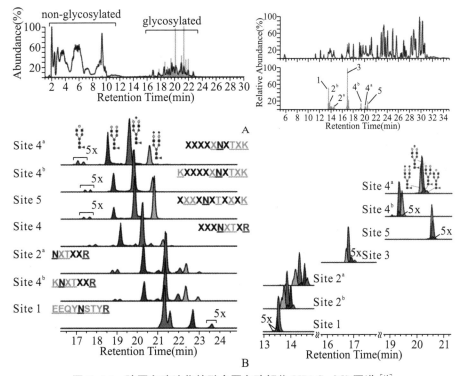

图 5－13　胰蛋白酶消化的融合蛋白酶解物 HPLC－MS 图谱[41]

注：左侧为 IP－HILIC 模式，右侧为 RP 模式。A 为总离子流图，B 为选择离子流图。

七、辅料中的无机盐和离子

（一）乙二胺四乙酸二钠

乙二胺四乙酸二钠是一种常用的螯合剂，常用作注射剂的辅料。人体大量摄入乙二胺四乙酸二钠可引起低血钙症或骨钙流失，需严格控制注射剂中乙二胺四乙酸二钠的用量。研究者采用未经键合的 BEH 色谱柱分离庆大霉素中的乙二胺四乙酸二钠，在乙腈－20 mmol/L 乙酸胺（pH 值为 3.0）水溶液流动相条件下获得了较好的峰形。采用了 QTOF－MS 定性检测，紫外检测器定量检测，以 Fe（Ⅲ）离子与目标物生成配合物的方式解决了目标物本身没有紫外吸收的问题。值得关注的是，被测药物主成分庆大霉素属于氨基糖苷类抗生素，其在 HILIC 体系中也有很好的保留，经该研究条件下的色谱分离后主成分庆大霉素未对螯合剂乙二胺四乙酸二钠定量造成干扰[42]（图 5-14）。研究者还考察了 C18 色谱柱、苯己基柱的分离效果，即使流动相添加离子对试剂，如四丁基氢氧化铵溶液－乙腈－硫酸铵或四丁基氢氧化铵溶液－甲醇－甲酸水等，两种色谱柱仍不能对目标物实现良好的分离检测。

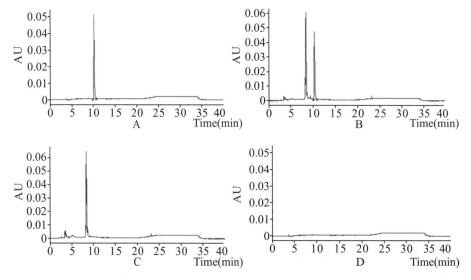

图 5-14　对照品（A）、样品（B）、阴性样品（C）、三氯化铁溶液（D）HILIC-UVD 色谱图[42]

注：色谱柱，Waters Xbridge HILIC 色谱柱（4.6 mm×250 mm，5 μm）；流动相，乙腈（A）－0.02 mol/L 醋酸铵（pH 值为 3.0）（B），梯度洗脱（0~5 分钟，95% A→70% A；5~15 分钟，70% A；15~20 分钟，70% A→50% A；20~30 分钟，50% A；30~31 分钟；50% A→95% A；31~40 分钟，95% A）；柱温，30 ℃；流速，1.0 mL/min；检测波长，270 nm。

（二）无机离子

无机离子分析最常用的技术为离子色谱。流动相需要具有离子交换的能力，一般是酸、碱、盐或络合物的水溶液，其检测器通常为电导检测器或安培检测器，检测器的选择受限。此外，该技术在同一条件下只能同时检测阳离子或阴离子，不同荷电性质的离子不能同时分离检测。Kaori 等应用两性离子 HILIC 色谱柱分离 10 种阳/阴离子，但仍然采用了离子色谱分离体系，即采用酸/碱离子水溶液作为流动相、以离子交换作用为基础完成色谱分离，电导检测器检测，在这种条件下两性离子 HILIC 色谱柱对离子分离作用实际未能有效发挥，流动相对检测器选择的限制也未消除[43]。氯离子含量测定是控制含氯离子辅料用量的重要方法，氯离子检测是药物分析中的常规任务，药典中采用的是硝酸银比浊法，无法给出准确的定量结果。有研究采用两性离子 HILIC 色谱柱，乙腈和乙酸胺水溶液（70：30）为流动相，检测氨基糖苷类抗生素妥布霉素为主成分的药物中的氯离子含量，妥布霉素与氯离子保留时间间隔大于 10 分钟。此研究还考察了多种阴离子（硝酸根、磷酸根、硫酸根）、阳离子（钾离子、钠离子、钙离子、镁离子）在该色谱条件下与氯离子的分离度，结果上述各离子与氯离子以及各离子相互间均得到了良好的分离[44]。

八、天然药物中的生物碱

生物碱是一类重要的药理活性成分，具有强极性和强碱性。葫芦巴碱是一种植物生物碱，具有抗氧化、降血糖等药理作用，是多种中药材的重要药理活性成分。葫芦巴碱极性强，合相色谱[45]和反相色谱[46]的保留和分离效果均不满足样品检测的要求。2015年版《中国药典》推荐的方法为反相离子对高效液相色谱法，保留和分离能力可满足样品检测需求，但体系的平衡时间超过 200 分钟（图 5—15），对检测工作的高效开展和确保检测结果重复性造成障碍[47]。为分析葫芦巴的葫芦巴碱，研究者采用 HILIC 色谱柱，比较了酰胺硅胶柱、氨基硅胶柱和 BEH 柱，用于葫芦巴提取物样品分离效果最好的为 BEH 柱，乙腈和乙酸胺等度洗脱、二极管阵列检测器检测条件下可实现基体与葫芦巴碱基线分离（图 5—16）。以 10 倍信噪比计算方法定量限为 36 μg/g，检测到葫芦巴样品中含量为 6~8 mg/g，方法完全满足样品定量检测要求。

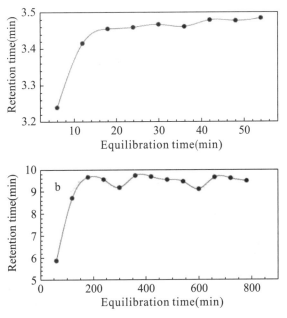

图 5—15　HILIC 和反相离子对色谱平衡时间比较[47]

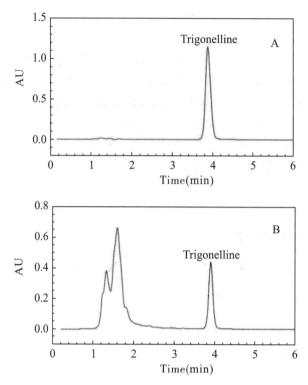

图 5-16　葫芦巴碱对照样品溶液（A）及葫芦巴样品溶液（B）的色谱图[47]

该分离体系也可以实现另一种中药使君子仁中葫芦巴碱及其另一质量标志物使君子氨酸的色谱基线分离，保留时间适宜（图 5-17）[48]。检测器为串联质谱，灵敏度达到 μg/L 水平（ppb），线性范围覆盖两个数量级，满足分析需求。

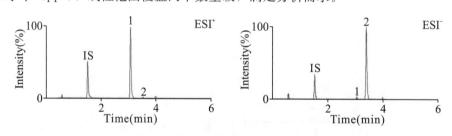

图 5-17　使君子仁中质量标志物 UHILIC-MS/MS 色谱图[48]

注：左，ESI+模式；右，ESI-模式。IS：对乙酰氨基酚。1 为葫芦巴碱，2 为使君子氨酸。固定相 Waters ACQUITY BEH HILIC Amide 色谱柱（2.1 mm×100 mm，1.7 μm），流动相 0.1％甲酸水与乙腈，梯度洗脱。

盐酸水苏碱是益母草的重要活性成分，是其成分中主要的两种生物碱之一。《中国药典》的方法为薄层扫描法。有研究者[49]建立了亲水作用色谱-蒸发光散射检测器方法，硅胶酰胺柱与高比例乙腈等度洗脱（低洗脱能力）组成的分离体系可以将目标物水苏碱与其基体成分完全分离（图 5-18），方法定量限比样品中水苏碱含量低一个数量级，适用于益母草样品中水苏碱的定量分析。

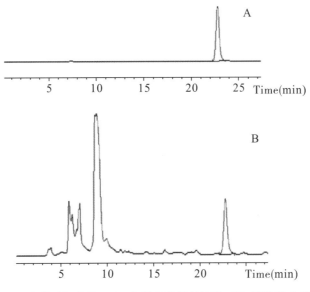

图 5-18　**水苏碱标准品（A）和益母草样品溶液（B）HILIC 色谱图**[49]

　　注：固定相，Venusil HILIC 色谱柱（250 mm ×4. 6 mm，5 mm）；流动相，乙腈－0. 2％冰醋酸溶液（80∶20）；流速，0. 5 mL/min；柱温，20 ℃；Alltech 2000 蒸发光散射检测器，漂移管温度 80 ℃，气体流速 2. 0 L/min。

　　甜菜碱是中药材枸杞子的主要活性成分之一，是甘氨酸的三甲基衍生物季胺型水溶性生物碱。一般采用柱前衍生的方法解决甜菜碱极性强、无紫外吸收等在不利于反相液相色谱－紫外检测器体系分离检测的问题。有研究者[50]建立一种亲水作用色谱－电雾式检测器方法用于枸杞子样品溶液中甜菜碱的定量分析。两性离子硅胶 HILIC 色谱柱为固定相，以高比例的乙腈（95％）－醋酸铵水溶液流动相等度洗脱，通用型电雾式检测器，构成分离检测体系可对枸杞子 80％甲醇提取溶液做直接进样分析，上述条件可实现甜菜碱和枸杞子提取物基体成分的良好分离。

　　中药材钩藤的植物来源为钩藤属、多毛钩藤属的 5 种植物，用于治疗高血压、惊厥、癫痫、发烧、头痛和头晕等。这些植物的生物活性成分中吲哚生物碱是对中枢神经系统具有保护性生物活性的成分，三萜酸（TAs）是具有抗炎作用的生物活性成分，两类成分均构成潜在的药效物质基础。但吲哚生物碱为碱性成分，三萜酸为酸性成分，同时覆盖酸碱成分对方法的开发提出了挑战。有研究者[51]建立了离线三维色谱分析钩藤药材生物碱和三萜酸类成分的方法（图 5-19）。离子交换模式作为一维分离，强阳离子交换柱（PhenoSphere TM SCX）分离钩藤药材提取液组分，紫外检测器观察下收集 6 个组分，其中组分 1 为无保留部分，主要为三萜酸，生物碱主要收集于组分 2~6 中。亲水作用模式为二维分离，选择酰胺基亲水作用色谱柱（Acchrom XAmide）分离收集的组分 1~6，从组分 1 总三萜酸中分离得到 6 个子样品，从组分 2~6 总生物碱中得到 8 个子样品。反相模式做三维分离，选择苯基己基柱（GSH C18）分别分离经二维分离得到的 14 个子样品并与 Q－Orbitrap－MS 联用阐明分离组分的结构。最终经过 IE× HILIC×RP 离线三维色谱分离和高分辨质谱检测鉴定或初步表征了钩藤药材中 128 种成分（包括 85 种生物碱、29 种三萜酸和 14 种其他成分），显示出优于传统的一维 LC/

MS 的优势。

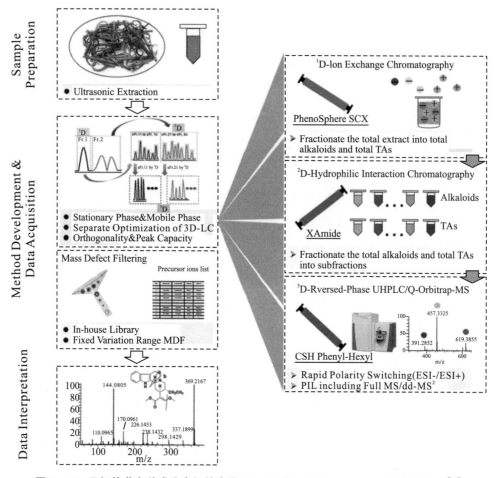

图 5−19　无柄钩藤多种成分表征的离线 3D−LC/Q−Orbitrap−MS 系统的流程图[51]

第二节　中药材及方剂的成分谱

　　中药材或方剂成分谱的解析是阐释中药物质基础任务中至关重要的步骤，成分谱检测的全面、准确的程度决定着物质基础解析的质量。根据系统中药学观点，仅明确部分成分或含量层面的主要成分尚不充分，增加物质解析的覆盖面有利于全面深入的阐释药效基础。

　　由于反相分离是高效液相色谱指纹图谱分析方法的常用模式，对反相保留较好的中等极性、弱极性成分的解析常见，但对极性化合物的解析则由于在反相色谱体系保留弱不易分离而研究较少。HILIC 在复杂体系质谱分析中有利于强极性化合物分离检测，能为物质基础的构建提供更完整的依据。

一、方剂当归补血汤

　　当归补血汤是国家首批经典名方。有研究者[52]为更全面地解析方剂当归补血汤成分谱，分别用反相色谱柱（ACQUITY UPLC HSS T3）和色谱柱（Waters BEH Amide 色谱柱）对当归补血汤（水煎剂）冻干粉末的甲醇复溶溶液做了液相色谱分离，均以乙腈－甲酸作为流动相，反相色谱柱分离中流动相乙腈比例由 15％ 逐渐增加到 95％，HILIC 色谱柱分离中流动相乙腈比例由 95％ 逐渐降低到 50％。通过高分辨质谱数据解析、数据库检索和标准品比对等数据分析过程，以亲水作用色谱串联质谱法检测到了 65 种成分，其中 15 个核苷及碱基类、29 个糖类（包括双糖和寡糖）、8 个氨基酸及其衍生物以及 13 个其他类别化合物，以反相色谱串联质谱法检测到 89 种成分，包括 16 个三萜皂苷类、40 个黄酮及其苷类、10 个苯酞类、5 个苯丙素类、14 个有机酸类成分和 4 个其他类成分。上述结果说明 HILIC 模式和反相色谱模式在分析方剂当归补血汤的物质种类和数量上都形成了有效的相互补充。

二、中药材茵陈

茵陈为菊科蒿属植物滨蒿或茵陈蒿的干燥地上部分，味苦、辛、微寒，归脾、胃、肝胆经，具清利湿热、利胆退黄之功效，常与其他中药配伍用于治疗甲、乙型和黄疸型肝炎。为了解析中药材茵陈的成分谱，实现强极性、中等极性、弱极性成分在一次分离中同时保留与分离，有研究者[53]采用 RP×HILIC 二维色谱，溶剂稀释泵连接。一维反相色谱柱为 C18 色谱柱，二维 HILIC 色谱柱为酰胺柱，分析茵陈醇提物。应用预测多反应监测的方法分别在正、负离子模式下检出 38 个和 101 个化学成分。检出的物质分类包括碱基、核苷、氨基酸，有机酸、黄酮、苯丙素（香豆素、绿原酸）等。另一研究采用超高效反相色谱柱 ACQUITY UHPLC HSS T3（2.1 mm ×100 mm，1.7 μm），流动相为 0.1％ 甲酸水溶液和乙腈（B），联用 LTQ－Orbitrap MS 分析茵陈醇提物，筛选比对了 50 个化合物，包括 21 个黄酮、22 个有机酸、6 个香豆素以及 1 个其他类成分。数量及种类均远少于 RP×HILIC 二维色谱检测的结果。

三、中药材防风

通过成分谱构建对中药材模式识别的方法是中药质量评价研究中的重要策略。为了构建对防风药材的产地、生长年限差异的模式识别的方法，有研究者[54]采用反相色谱模式和 HILIC 模式在 UHPLC－IM－QTOF 系统中对多个批次防风药材提取溶液（包括不同产地和不同生长时间）进行组分分析。反相色谱模式采用 BEH C18 色谱柱，HILIC 模式采用 BEH 酰胺柱。在两种模式下分别识别了 2086 个和 1308 个代谢特征作为化学剂量模式识别的变量。两种分离模式由于覆盖极性范围存在互补关系，因此产生的代谢特征变量在模式识别中提供了差异化的信息，增加了模式识别准确度（图 5－20）。

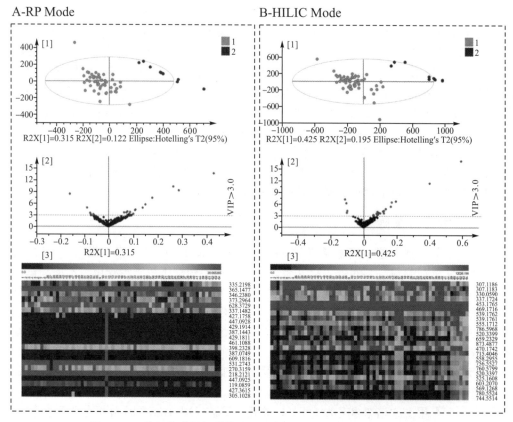

图5-20 基于关防风与其他防风样品 RPLC 和 HILIC 分析获取的
MSE 数据的多元统计分析[54]

注：[1]，OPLS-DA 评分图；[2]，VIP 图，界值设置为 3.0；[3]，热图可视化分析差异离子
（VIP＞3.0）。

四、中药材红花

极性成分丰富、极性成分的生物活性与药效密切相关的药材，对极性成分谱的分析提出更高的要求，由两个 HILIC 构成的在线二维色谱分离系统可以增强极性分离的能力。有研究者[55]开发了一个与 DAD 和混合线性离子阱（LTQ）-轨道质谱联用的在线综合 HILIC×HILIC 系统用于分析中药材红花的成分谱。一维采用 BEH 酰胺柱，二维采用硅胶酰胺柱。配合对两维色谱流速和溶剂阀切换程序的调整，所建立的 HILIC×HILIC 体系解决了流动相不兼容问题，具有良好的正交性和峰容量。在最佳条件下，正交性为 88.27%，在 2D-TIC 等高线图上检测到 231 个峰，鉴定了 93 个化合物，其中包括 5 个潜在的新化合物。

具体来讲，选择二维色谱柱的过程：首先由于更关注红花中的极性成分，一维色谱柱将范围确定于 HILIC 色谱柱。选择 BEH 酰胺柱作为一维分离的最优色谱柱，二维色谱中首先考虑最有利于获得高正交性的反相色谱柱，根据一维柱和二维柱的相关系数筛选最适合二维分离的反相色谱柱。但在应用优选的 HILIC×RP 柱组合对 14 种标准物质分析时观察到 14 种化合物均被拆分成两个具有不同二维保留时间的独立峰（图5-21A

和图 5-21B）。一维 HILIC 分析中较弱的洗脱溶剂（高乙腈比）是二维 RP 分析中较强的洗脱溶剂，这可能导致分离分辨率和效率的损失，即使在一维和二维之间加入稀释泵也无法解决具有强极性的标准物质（一维 RT>110 分钟）峰分裂的问题（图 5-21C）。因此研究者考虑了 HILIC×HILIC 的组合来重新配置 2D-LC 系统，采用具有不同官能团固定相的 HILIC×HILIC 提供不同的选择性以取得高正交性。在最终优化的参数下，红花样品在 170 分钟内在二维轮廓图上被很好地分离，没有任何可见的峰分裂（图 5-22），这降低了错误识别极性成分的可能性。这项研究工作优化了在线 HILIC×HILIC-DAD-ESI/HRMS/MSn 系统，并将其应用于红花黄酮和生物碱的分析。总的来说，所建立的 HILIC×HILIC-DAD-ESI/HRMS/MSn 系统证明了 HILIC 在深度解析复杂极性化合物体系物质组成方面具有独特的应用优势。

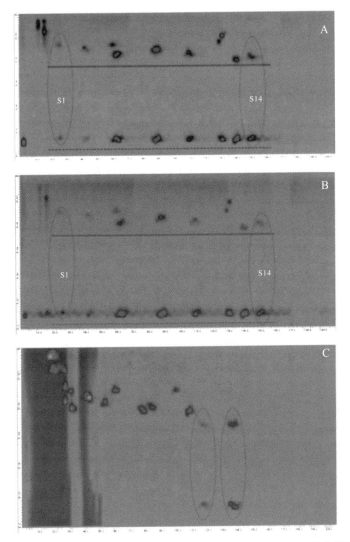

图 5-21　2D-LC 系统分离 14 种参考化合物标准品的 2D-TIC 等高线图[55]

注：A，HILIC 色谱柱和 Hypersil gold PFP 柱组合；B，HILIC 色谱柱和 Accucore Polar Premium 柱组合；C，配置有在线稀释模块的 HILIC 色谱柱和 Accucore Polar Premium 柱组合。

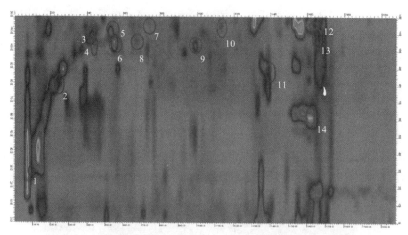

图 5-22　应用最优在线 HILIC×HILIC-ESI/HRMS/MSn 系统
分离红花样品的 2D-TIC 等高线图[55]

五、常规采用反相色谱的成分分类

皂苷类是中药材中受关注的生物活性成分，通常采用反相色谱模式分离检测。研究者[56]在知母皂苷成分分析中应用 HILIC 模式，以 BEH 酰胺色谱柱（2.1 mm×100 mm，1.7 μm）为固定相，流动相为含 10mmoL 甲酸铵的 0.1% 甲酸水溶液（A）-0.1% 甲酸乙腈溶液（B），做梯度洗脱，联用 Qtrap 质谱以 MIM-IDA-EPI 和 MRM-IDA-EPI 模式检测。在检测到的质谱信号中鉴定了 35 个甾体皂苷，其中 8 个螺甾烷醇型甾体皂苷、27 个呋甾烷醇型甾体皂苷。其中的 Pentandroside F、Timosaponin D1/I1、Isomer of terrestrosin H、Isomer of Asparagoside G（两种）、Dehydrotomatoside、26-Glc-2，3，22，26-tetrahydroxyl-5-en-furostan-3-O-Hex-Hex、2OH-anemarnoside B、2OH-anemarnoside B-Glc 为尚未在反相色谱中检测到的知母皂苷，丰富了知母皂苷类成分的信息。可见 HILIC 体系不仅是强极性成分分析的有效手段，对常规反相色谱分析的成分也可能提供新的物质信息，是对反相色谱模式解析成分谱的有效补充。

脂类常见的分析方法是气相色谱，对于沸点较高的脂类需要经过衍生化。高效液相色谱方法相比气相色谱法覆盖目标物沸点范围更宽，常用反相色谱模式分析。生物体的脂类成分根据脂质的母核结构可分为脂肪酰类（Fatty Acyls，FA）、甘油酯类（Glycerolipids，GL）、甘油磷脂类（Glyceropholipids，GP）、鞘脂类（Sphingolipids，SP）、甾醇酯类（Sterollipids，ST）、孕烯醇酮酯类（Prenolipids，PR）、糖脂类（Saccharolipids，SL）、聚酮类（Polyketides，PK）、固醇脂类（Sterol lipids，SL）。不同分类极性差异显著，如磷脂类为强极性，甾醇类为弱极性，甘油酯类本身包含不同极性化合物。因此脂类成分的解析需要覆盖尽量广的极性范围。中药葶苈子具有明确的临床作用，其脂质成分是解析其药效物质基础的关键之一。有研究者[57]为解析南葶苈子和北葶苈子的脂质成分，分别采用反相、合相、HILIC 三种分离模式的色谱与高分辨质谱联用分析。如图 5-23 所示，在反相色谱模式中固定相为 Waters ACQUITY HSS T3 色谱柱（100 mm×2.1 mm，1.8 μm），流动相为含有 10 mmol/L 乙酸铵的 40% 乙腈-水混合溶剂（A），含有 10 mmol/L 乙酸铵的 90% 异丙醇与乙腈混合溶剂（B），梯度洗脱。对甘油酯特别是三酰甘油的分离度和峰形均是三种色谱中表现最好的，磷脂由于保留弱完全未分离。HILIC 模式，固定相 Waters BEH HILIC 色谱柱（100 mm×2.1 mm，1.7 μm），流动相为含有 10 mmol/L 乙酸铵的水溶液（A）-乙腈（B），梯度洗脱。HILIC 模式对磷脂色谱分离表现是三种模式中最好的，4 种分类磷脂包括磷脂酰乙醇胺（PE）、溶血磷脂酰乙醇胺（LPE）、磷脂酰胆碱（PC）、溶血磷脂酰胆碱（LPC），每个分类之间可以完全分离，但同一分类的共流出依然显著，未能实现进一步的色谱分离，可能通过优化色谱条件继续改善分离能力。由于色谱分离度的增加，HILIC 分离后定性鉴定到 8 种未在反相色谱分离中鉴定到磷脂。相应的 HILIC 模式对甘油酯类的保留和分离能力也较弱。该研究表明了 HILIC 在脂质分析中应用的前景，也体现了 HILIC 和反相色谱模式良好的互补性质。

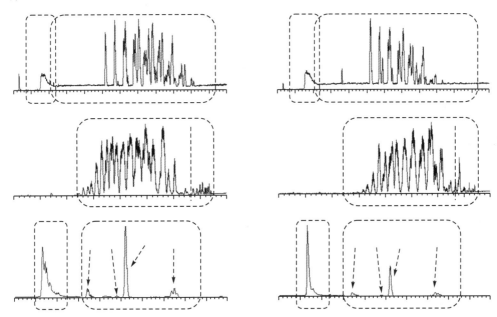

图 5-23　三种分离模式分离南葶苈子和北葶苈子脂质成分的总离子流图[57]

注：上图，反相模式南/北；中图，合相模式南/北，下图，亲水作用模式南/北。

第三节　其他应用

一、杂质分析

在杂质分析中，HILIC 不仅能解决前文中已提及的单一强极性杂质成分的分离检测问题，对结构类似的多种极性杂质的分离检测也有很好的适应性。万古霉素（VAN）是由东方链霉菌产生的一种糖肽类抗生素，主要用来治疗严重的革兰阳性菌感染。万古霉素在分子结构上由糖基和肽基两个亲水/疏水性有差异的部分组成，既有氨基也有羧基。这样的分子结构给色谱分离带来了较大挑战。万古霉素的杂质多来源于发酵和自身降解，因此有较多结构类似物，对分离选择性提出了较高的要求。反相色谱是万古霉素和杂质色谱分析的主要方法，但流动相需要磷酸三乙胺、四氢呋喃等成分才能得到较好的峰形和对部分杂质的分离选择性，有研究者对反相色谱分析条件进行了深入的优化，但总的来说，优化后的反相色谱方法不能为万古霉素和杂质提供足够的分离选择性。考虑到万古霉素有较强极性基团，可能在 HILIC 上实现较好的分离。有研究者[58]以万古霉素与其常见 5 种杂质为目标物，从硅醇基、两性离子、酰胺、麦芽糖等不同键合相的 HILIC 色谱柱中选择了对目标物的保留能力最强的两性离子柱（Click Xlon 柱）。通过考察目标物在 Click Xlon 柱上的保留发现流动相中乙腈比例和流动相 pH 值对保留性质影响显著。最后优化的方法除两种互为异构体的杂质未能分离，其余都实现较好的分离，比反相色谱模式提供了更强的极性选择性（图 5-24）。

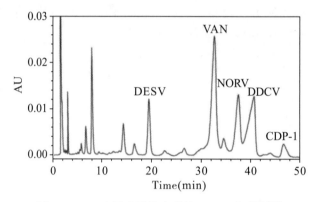

图 5-24　**万古霉素及其杂质的 HILIC 色谱图**[58]

除了解决已知结构极性杂质的分离问题，HILIC 对需要质谱鉴定结构的未知杂质分析更有不可替代的作用。腺苷蛋氨酸是临床广泛使用的肝病治疗药物，有研究者[59]在对市售产品分析时分离到两种结构未见报道的含量不超过 0.3% 的杂质成分。原色谱分析方法为反相色谱，流动相中需添加约 0.1% 的辛烷磺酸钠，与质谱不相容，无法直接成为质谱结构解析的方法。研究采用 HILIC 模式，采用酰胺柱（TSK Gel Amide-80），甲酸-水-乙腈体系为流动相，采用 DAD 确定未知杂质色谱峰保留时间，联用高分辨质谱（Triple TOF 4600）做定性分析。通过比较主成分腺苷蛋氨酸与两种未知杂质的特征离子组成，推测了两种杂质的结构，再通过基团的特征衍生化反应进行确证，解决杂质定性分析的问题。

二、药物代谢产物及药代动力学研究

HILIC 在人体内药物成分定量分析中应用的主要优势之一是能对极性化合物提供保留，也有利于与生物材料样品极性基体成分分离。比如铂类抗癌药的药代动力学研究中的 HILIC 应用。铂类抗癌药包括顺铂、卡铂、奥沙利铂等，是强极性化合物，人血浆或细胞基质中的铂类抗癌药采用 HILIC 模式的 UHPLC-MS/MS 法检出限能达到 ng/mL 水平，能满足临床人体药代动力学研究的需求[60]。阿片类药物原形和代谢产物均为极性化合物，Kolmonen 等[61]将 HILIC 与 TOF-MS 联用实现了人尿样中 5 种阿片类药物原形及其代谢产物的分离和定量检测，并且 5 种化合物吗啡（Morphine）、可待因（Codeine）、吗啡-6-葡萄糖醛苷（M6 G）、吗啡-3-葡萄糖醛苷（M3 G）和可待因-6-葡萄糖醛苷（C6 G）中互为异构体的 M6 G 和 M3 G 也在该色谱分离体系中实现了良好的分离。

　　HILIC 在人体内药物成分定量分析中应用的优势还表现在相比反相色谱模式能获得更高的灵敏度。沙丁胺醇是短效选择性 β2 受体激动剂，临床上常用于治疗支气管哮喘等。反相色谱模式的 HPLC－MS/MS 方法测定血浆中沙丁胺醇检出限为 200 pg/mL，该研究对应的给药剂量为 1.2 mg，远高于临床实际给药剂量 100～200 μg。反相色谱模式的 HPLC－MS/MS 方法灵敏度难以进一步提高，主要原因是沙丁胺醇在反相液相色谱分离的流动相水相比例高，降低了质谱的灵敏度。HILIC－MS/MS 方法[62] 流动相中乙腈比例以灵敏度为指标优化为 93％，另加入甲酸和乙酸铵以改善峰形，该方法测定人血浆中沙丁胺醇定量下限为 11.7 pg/mL。用于检测 19 名健康受试者吸入 200 μg 硫酸沙丁胺醇气雾剂，成功绘制平均血药浓度－时间曲线（图 5－25）。

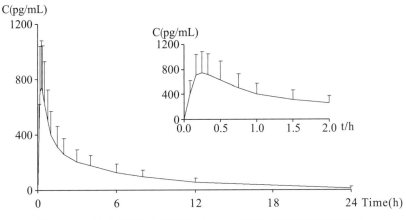

图 5－25　19 名健康受试者吸入 200 μg 硫酸沙丁胺醇气雾剂后的
平均血药浓度－时间曲线[62]

　　此外，张禄阳等[63] 的综述总结了 HILIC 的 HPLC－MS/MS 方法用于血药浓度检测获得更好灵敏度的实例。如阿那曲唑血浆浓度检测的 HILIC 的 HPLC－MS/MS 方法定量下限为 0.1 ng/mL，明显优于相应条件下的反相色谱方法；舒芬太尼半衰期短，用药浓度低，血药浓度低，色谱与质谱联用方法中只有 HILIC 的 HPLC－MS/MS 方法定量下限（0.25 pg/mL）能符合接受硬膜外麻醉的产妇及其新生儿脐带血中舒芬太尼含量的测定要求；用于延长妊娠期的 β2 肾上腺素受体激动剂利托君其反相色谱方法由于灵敏度低在实际应用中需要较大采血量，无法适用于胎儿或新生儿体内利托君的检测，HILIC 的 HPLC－MS/MS 方法灵敏度提高（0.39 ng/mL），将血清样品量减少至 50 μL，拓展了方法的适用范围；柱前衍生结合 HILIC 的 HPLC－MS/MS 方法建立的大鼠脑透析液中组胺及其主要代谢物 1－甲基组胺定量检测方法，可在 10 μL 脑透析液中完成目标物检测，定量下限分别为 83.4 pg/mL 和 84.5 pg/mL，突破了微透析技术样品中细胞外神经递质定性定量检测的技术难点。可见 HILIC 在血药浓度检测方面的高灵敏度可满足待测物浓度低、样本量少的临床样品的检测需求。

　　HILIC 在宽极性范围的多组分生物样品分析中也有良好的适用性。为了研究药物相互作用（DDI），需要同时分析生物材料中多种药物或其代谢产物。在抗病毒药物研究中，FDA 和 EMA 推荐基于细胞系的测定（例如 Caco－2、MDCK）在临床前研究中揭示 DDI。为了支持抗病毒治疗联合用药的需求，需要建立在单次分析运行中以高灵敏度和选择性监测大谱抗病毒药物的多分析细胞分析方法。其中的重要挑战在于抗病毒药物结构多样，性质差异大，如 lg P 范围为 $-3.44 \sim 6.71$，涵盖了从高度亲水性的化合物（如替诺福韦及其代谢产物齐多夫定和去羟肌苷）到高度亲脂性的化合物（如雷迪帕韦、韦帕坦司韦、利托那韦和利匹韦林），包括各种酸碱性质。研究者[64]以生物培养基中 21 种选定的抗病毒药物及其代谢物为目标物，拟开发一种完整的多分析方法用于评估膜外排转运蛋白 P-糖蛋白的 DDI。该研究比较了反相色谱模式和 HILIC 模式在完成该任务中的性能（图 5-26）。第一，两种优化的方法都能保留所有目标化合物。在反相色谱模式中获得更好的分离选择性。这可归因于在 RP 模式下获得的较窄的峰宽，在 $0.03 \sim 0.04$ 分钟范围内，除了波西普韦（0.08 分钟）。在 HILIC 中峰宽明显更大，从 $0.03 \sim 0.07$ 分钟。RP 中获得的峰对称因子为 $0.68 \sim 2.26$。在 HILIC 中，对称因子为 $0.94 \sim 3.94$，有 5 种化合物超过了 2。但两种模式下峰面积的重叠比率均未超过 10%，因此均可对所有化合物实现可靠的定量分析。第二，HILIC 模式对于大多数分析物获得了显著更高的方法灵敏度（相当于反相色谱模式的 100 倍），一些化合物灵敏度提高得更多，如阿他扎那韦（250×）、格列凯普瑞韦（1000×）和利托那韦（500×），多拉韦林、沙奎那韦、索非布韦和齐多夫定的灵敏度提高了 $40 \sim 50$ 倍，而阿巴卡韦、波西普韦、去羟肌苷、替诺福韦-阿拉芬酰胺、替诺福韦-二普罗西和韦拉他司韦的灵敏度高出 20 倍。只有依非韦伦在 HILIC 模式中显示出比反相色谱模式低 5 倍的灵敏度。第三，两种模式在对不同药物的定性和定量分析中体现出互补性。一些在亲水作用模式不能完成分析的药物可在反相色谱模式下进行，反之亦然。第四，两种模式呈现出相反的基质效应，反相色谱模式呈现正基质效应，HILIC 模式呈现负基质效应，但总体来看，HILIC 模式的基质效应更小，这也体现了 HILIC 用于药物代谢研究的生物样品分析的优势：更强的极性分离能力有利于减少目标物与极性基体成分的共流出。

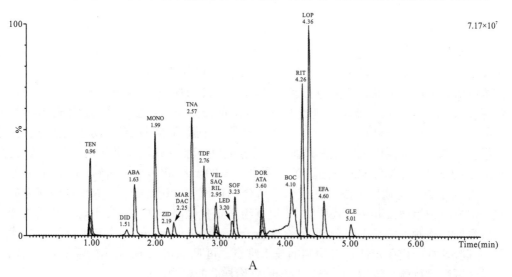

A

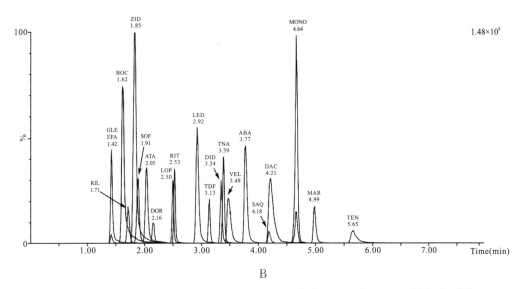

B

图 5－26　反相色谱模式与 HILIC 模式分析抗病毒药物及代谢物提取物的色谱图[64]

注：A，使用反相色谱模式优化条件分离 21 种抗病毒药物的 UPLC－MS/MS 色谱图，固定相 BEH Shield RP18 柱，流动相 25 mmol/L 甲酸水中添加 0.1％的亚甲磷酸，添加 0.1％亚甲磷酸的乙腈（ACN），梯度洗脱，5 分钟内从 5％ACN 到 98％ACN 的梯度程序，进样体积 2 µL，流速 0.3 mL/min。B，使用 HILIC 色谱模式优化条件分离 21 种抗病毒药物的 UPLC－MS/MS 色谱图，固定相 Cortecs HILIC 色谱柱，流动相 25 mmol/L 甲酸铵水溶液（pH 值为 3），乙腈（ACN）进行梯度洗脱，5 分钟内从 98％ACN 到 50％ACN 的梯度程序，进样体积 2 µL，流速 0.3 mL/min。

参考文献

[1] 王冰玉，赵文英，曹晓荣，等. 高效液相色谱法测定咪唑生产工艺中反应液中咪唑及 2 种杂质 2-甲基咪唑和 4-甲基咪唑 [J]. 理化检验：化学分册，2020，56（6）.

[2] 顾立强，魏仙妮，谢根英. HPLC－HILIC 法测定联苯苄唑乳膏和凝胶中的咪唑 [J]. 江西医药，2021，56（11）.

[3] 冯炜菁，梁蔚阳. 高效液相色谱法测定硫酸锌尿囊素滴眼液中尿囊素的含量 [J]. 中国新药杂志，2008，17（24）.

[4] 胡英娟，吴越. 高效液相色谱法测定复方尿囊素片中的尿囊素含量 [J]. 中南药学，2014，12（12）.

[5] 刘丽仙，梁晓美，赵洁，等. HPLC 法测定维生素 E 尿囊素乳膏中维生素 E 与尿囊素含量 [J]. 实用药物与临床杂志，2006（6）.

[6] 景晶，曹红. HPLC 法测定土鳖虫中尿嘧啶和尿囊素的含量 [J]. 药学实践杂志，2010，28（2）.

[7] 龚小见，周欣，陈华国，等. 基于入血成分的金铁锁药材质量标准研究 [J]. 中国中药杂志，2013，38（13）.

[8] 李蔚坤，任丽萍，许卉，等. 亲水作用色谱法测定复方硫酸软骨素滴眼液中尿囊素的含量 [J]. 药物分析杂志，2021，41（6）.

[9] 郁锟超，施孝金，郭燕萍，等. 尿囊素维生素 E 乳膏中尿囊素的 HPLC 法测定 [J]. 中国医药工业杂志，2008（6）.

［10］黄巧玲，陈理. 高效液相色谱法同时测定复方盐酸林可霉素凝胶中尿囊素和林可霉素的含量［J］. 中国现代应用药学，2007，24（6）.

［11］文庆，聂平，丁野，等. HILIC－HPLC 法测定山药中尿囊素的含量［J］. 中南药学，2014，12（2）.

［12］龙凌云，李成立，文庆，等. HPLC 法测定缩泉胶囊中尿囊素的含量［J］. 中国药师，2013，16（4）.

［13］陈玉龙，荀英，孙晓，等. 高效液相色谱法测定小儿生血糖浆中尿囊素含量［J］. 中国药业，2022，31（17）.

［14］Kumar P，Rubies A，Companyo R，et al. Hydrophilic interaction chromatography for the analysis of aminoglycosides［J］. Journal of Separation Science，2012，35.

［15］赵敬丹，刘浩. HPLC－ELSD 和 HPLC－FLD 法检测硫酸卡那霉素注射液中有关物质的比较研究［J］. 中国医药工业杂志，2020，51（10）.

［16］杨碧霞，王炼，骆春迎，等. 分子印迹固相萃取 LC－MS/MS 法同时测定蜂蜜中11 种氨基糖苷类抗生素［J］. 现代预防医学，2017，44（7）.

［17］胡青，孙健，于泓，等. 混合型固相萃取－亲水作用色谱串联质谱法测定熊胆粉中7 种氨基糖苷类抗生素残留量［J］. 药学学报，2022，57（2）.

［18］梁军，孙黎明，夏永刚，等. 亲水作用色谱－质谱法测定麻黄根多糖单糖的组成［J］. 中国实验方剂学杂志，2017，23（7）.

［19］Herbreteau B，Lafosse M，Morin－Allory L，et al. High performance liquid chromatography of raw sugars and polyols using bonded silica gels［J］. Chromatographia，1992，33.

［20］刘冬科，王凤山. HILIC－MS/MS 法鉴别肝素和硫酸乙酰肝素［J］. 山东大学学报（医学版），2021，59（3）.

［21］曹宇欣，李科，秦雪梅，等. 基于部分酸水解寡糖特征图谱及免疫活性评价的不同产地黄芪的品质比较［J］. 中草药，2020，51（21）.

［22］杜加亮，于传飞，王文波，等. 重组抗 IL－36 受体单克隆抗体药物的质量控制研究［J］. 山西医科大学学报，2022，53.

［23］高宗林，曹旭妮. 亲水作用色谱用于西妥昔单抗的 N 端糖链分析［J］. 化学试剂，2020，42.

［24］王文波，武刚，于传飞. 亲水相互作用超高效液相色谱法分析单抗 N 糖谱的方法学联合验证［J］. 中国药学杂志，2019，54（24）.

［25］何椿鹏，华玲，杨小盼. 不同肿瘤坏死因子受体－FC 融合蛋白 N－糖基化修饰糖链的初步分析［J］. 国际药学研究杂志，2013，40（3）.

［26］Zong S，Han H，Wang B，et al. Fast simultaneous determination of 13 nucleosides and nucleobases in cordyceps sinensis by UHPLC－ESI－MS/MS［J］. Molecules，2015，20.

［27］刘向国，刘向凌，宿书芳，等. 在线二维液相色谱法测定发酵虫草菌粉（Cs－4）中6 种活性物质［J］. 中国药物评价，2023，40（1）.

［28］钱正明，周妙霞，方琼谜，等. 基于核壳型亲水作用色谱技术同时测定冬虫夏草中核苷和糖醇类成分的含量［J］. 环境昆虫学报，2022，44（2）.

［29］ Wang M，Hiraki R，Nakamura N，et al. Determination of gemcitabine in plasma of bladder cancer patients by hydrophilic interaction chromatography with ultraviolet detection ［J］. Journal of Chromatographic Science，2020，58.

［30］ 李高天，王红青，彭彦，等. HILIC－MS/MS 结合酶解－QuEChERS 净化法测定含鸡源成分中成药中利巴韦林及其代谢物总残留 ［J］. 中成药，2022，44（1）.

［31］ 邓红英，张永文，李永贵. 柱前衍生高效液相色谱法测定复方氨基酸注射液中氨基酸的含量 ［J］. 药学研究，2020，39（1）.

［32］ 陈丽梅，尚艳芬，赵孟彬. 柱前衍生化－超高效液相色谱法快速测定酱油中的 18 种氨基酸 ［J］. 色谱，2010，28（12）.

［33］ 蒋昆霞，朱美玲，王雅心. UHILIC－MS/MS 同时测定栝楼桂枝颗粒中 22 个氨基酸的含量 ［J］. 药学研究，2022，41（1）.

［34］ 朱太雷，郭盛，唐志书，等. 亲水作用色谱串联质谱法分析三七药材中游离氨基酸类成分 ［J］. 中国实验方剂学杂志，2014，20（5）.

［35］ 阳曦，刘玮. 亲水作用色谱－串联质谱法同时测定涪城麦冬中的多种氨基酸 ［J］. 食品与发酵工业，2020，46（20）.

［36］ Douša M，Srbek J，Stránský Z，et al. Retention behavior of a homologous series and positional isomers of aliphatic amino acids in hydrophilic interaction chromatography ［J］. Journal of Separation Science，2014，37.

［37］ Douša M，Bčicháč J，Gibala P，et al. Rapid hydrophilic interaction chromatography determination of lysine in pharmaceutical preparations with fluorescence detection after postcolumn derivatization with O－phtaldialdehyde ［J］. Journal of Pharmaceutical and Biomedical Analysis，2011，54.

［38］ Douša M. Quantification of 2－Aminoisobutyric acid impurity in enzalutamide bulk drug substance using hydrophilic interaction chromatography with fluorescence detection ［J］. Journal of Pharmaceutical and Biomedical Analysis，2019，164.

［39］ Sommella E，Salviati E，Merciai F，et al. Online comprehensive hydrophilic interaction chromatography × reversed phase liquid chromatography coupled to mass spectrometry for in depth peptidomic profile of microalgae gastro－intestinal digests ［J］. Journal of Pharmaceutical & Biomedical Analysis，2019，175.

［40］ 李凤，张艳梅，何金娇，等. 液相色谱－串联质谱法分析新红细胞生成刺激蛋白的肽质量指纹图谱和糖肽结构 ［J］. 中国医药工业杂志，2018，49（6）.

［41］ Zhao Y，Raidas S，Mao Y，et al. Glycine additive facilitates site－specific glycosylation profiling of biopharmaceuticals by ion－pairing hydrophilic interaction chromatography mass spectrometry ［J］. Analytical and Bioanalytical Chemistry，2021，413.

［42］ 袁华峰，屈蓉，钱忠义，等. UPLC－QTOF－MS 联用技术检测硫酸庆大霉素注射液中的乙二胺四乙酸二钠 ［J］. 药物分析杂志，2013，33（12）.

［43］ Arai K，Mori M，Hironaga T，et al. 亲水作用色谱柱与阳离子交换树脂柱结合分离无机离子 ［J］. 色谱，2012，30（4）.

［44］ 沈小玲. 蒸发光散射法测定妥布霉素滴眼液中氯离子含量 ［J］. 今日药学，2016，

26（12）.

[45] 赵怀清，曲燕，王学娅，等. 高效液相色谱法测定胡芦巴中胡芦巴碱的含量［J］.
中国中药杂志，2002（3）.

[46] 刘广学，尚明英，李辉，等. 胡芦巴药材中胡芦巴碱的提取方法及其含量测定［J］.
中国药品标准，2005（4）.

[47] 卓荣杰，王莉，王龙星，等. 亲水作用色谱法测定胡芦巴中的胡芦巴碱［J］. 色
谱，2010，28（4）.

[48] 汪丽娜，张颖，温秀萍，等. 基于 UHILIC－MS/MS 和 NIRS 法的使君子仁中 2
个生物碱成分的含量测定研究［J］. 药物分析杂志，2023，43（6）.

[49] 陈碧莲，祝明，黄卫国，等. 亲水作用色谱－蒸发光散射法测定益母草中盐酸水
苏碱的含量［J］. 药物分析杂志，2012，32（3）.

[50] 张敏利，金燕. 亲水作用色谱与电雾式检测器测定枸杞子药材中的甜菜碱［J］. 中
成药，2014，36（10）.

[51] Feng K，Wang S，Han L，et al. Configuration of the ion exchange
chromatography，hydrophilic interaction chromatography，and reversed－phase
chromatography as off－line three－dimensional chromatography coupled with
high－resolution quadrupole－orbitrap mass spectrometry for the multicomponent
characterization of uncaria sessilifructus［J］. Journal of Chromatography A，
2021，1649.

[52] 雷冬梅，姚长良，陈雪冰，等. 基于 RP－Q－TOF－MS 和 HILIC－Q－TOF－MS
的经典名方当归补血汤成分分析［J］. 中国中药杂志，2022，47（8）.

[53] 曹妍，李婷，许霞，等. 利用反相色谱－亲水作用色谱－预测多反应监测方法快速
鉴定中药茵陈的化学成分组成［J］. 中国中药杂志，2019，44（6）.

[54] Wang S，Qian Y，Sun M，et al. Holistic quality evaluation of saposhnikoviae
radix（saposhnikovia divaricata）by reversed－phase ultra－high performance
liquid chromatography and hydrophilic interaction chromatography coupled with
ion mobility quadrupole time－of－flight mass spectrometry－based untargeted
metabolomics［J］. Arabian Journal of Chemistry，2020，13.

[55] Wang S，Cao J，Deng J，et al. Chemical characterization of flavonoids and
alkaloids in safflower（carthamus tinctorius l.）by comprehensive two－
dimensional hydrophilic interaction chromatography coupled with hybrid linear ion
trap orbitrap mass spectrometry［J］. Food Chemistry：X，2021，12.

[56] 郭信东，杨昌贵，肖承鸿，等. HILIC－UPLC－MS/MS 法鉴定知母中皂苷类成
分［J］. 中华中医药杂志，2021，36（12）.

[57] 李萍，姚长良，张建青，等. 基于 3 种色谱质谱联用技术的南葶苈子和北葶苈子
脂质成分分析［J］. 中草药，2023，54（2）.

[58] 闫竞宇，郭志谋，丁俊杰，等. 万古霉素及其杂质的亲水作用色谱分析［J］. 色
谱，2015，33（9）.

[59] 吴勇，李玉函. 亲水作用色谱质谱联用法鉴定丁二磺酸腺苷蛋氨酸中杂质的结
构［J］. 中国医药工业杂志，2018，49（3）.

［60］秦智莹，任光辉，谭雅男. 亲水作用色谱法（HILIC）的方法开发策略及其 在铂类抗癌药分析中的应用［J］. 药学研究，2018，37（11）.

［61］Kolmonen M，Leinonen A，Kuuranne T，et al. Hydrophilic interaction liquid chromatography and accurate mass measurement for quantification and confirmation of morphine，codeine and their glucuronide conjugates in human urine［J］. Journal of Chromatography B：Analytical Technologies in the Biomedical and Life Sciences，2010，878.

［62］马敏康，陈笑艳，郭丽霞，等. 亲水作用色谱－串联质谱法测定气雾剂给药后人血浆中的沙丁胺醇［J］. 药物分析杂志，2013，33（6）.

［63］张禄阳，田媛，沈晓航，等. 亲水作用色谱在体内药物定量分析中的应用进展［J］. 中国药科大学学报，2012，43（4）.

［64］Fical L，Khalikova M，Vlčková HK，et al. Determination of antiviral drugs and their metabolites using micro－solid phase extraction and uhplc－ms/ms in reversed－phase and hydrophilic interaction chromatography modes［J］. Molecules，2021，26.

（李　阳　范　雨）

第六章　亲水作用色谱在生物化学
分析方面的应用

生物分析利用色谱法、色谱-质谱联用等分析化学方法对生物基质中的碳水化合物、核苷、多肽、蛋白质等生物大分子或药物、代谢产物等小分子物质进行定量分析，在医学和生命科学的研究中具有重要作用，是分析化学的重要分支。由于大多数生物化学分子是极性分子，普通液相色谱分析较困难。HILIC 的分离机制取决于流动相和固定相的性质。通常认为，保留作用是由分析物在流动相和固定相上的富水层之间的分配引起的。因此，HILIC 可以作为 RPLC 在生物分析中的补充，用于高亲水性化合物的分离[1]。

HILIC 在 1975 年被 Linden 首次用于碳水化合物的分离后，逐渐成为统一研究中极具价值的分析工具。Alpert 在 1990 年提出 HILIC 的概念，并系统介绍了氨基酸、多肽、碳水化合物和寡核苷酸的分离[2]。近二十年来，HILIC 在极性小分子、生物标志物、氨基酸、蛋白质等物质分析应用中被广泛研究，研究者从 HILIC 保留机制、固定相、流动相、HILIC 色谱装置等方面进行了探索。

第一节　样品前处理

一、样品制备

生物分析样本通常是指人类或动物来源的生物体液或组织，主要涵盖全血、血清、尿液、唾液、脑脊液、胃液、头发、指甲、皮肤、骨骼、肌肉等组织样本。样本前处理的主要目的是去除干扰成分或对目标物物质进行预浓缩。前处理技术通常根据样本的组成和体积、检测器的灵敏度、样品准备时间、溶剂消耗等维度选择。

样品稀释溶剂的选择取决于分析物的进样体积和保留因子等因素。由于 HILIC 流动相中通常含有含水缓冲液和高比例有机溶剂的混合物，故用于 HILIC 分析的样品通常采用有机溶剂进行稀释。因此，蛋白质沉淀（PP）、液液萃取（LLE）和固相萃取（SPE）等前处理技术非常适用于 HILIC 的应用。

乙腈是较常用的溶剂，Ruta 等[1]研究了不同比例的含水溶剂（ACN/H_2O，10/0，9/1，8/2，6/4，0/10）对色谱流出曲线的影响，证实在 HILIC 分析中应尽量避免使用水作为样品稀释溶剂。在流动相中使用 95％乙腈时，通常不应溶解分析物超过 10％的水，以获得较好的峰形。但对于在纯乙腈中溶解度较低的化合物，可以用乙腈和异丙醇的混合物（50：50，V/V）替代。而分析肽时，可以用异丙醇或乙醇替代，以防止乙腈中的生物分子变性。

此外，在 RPLC 中常用的 Diluted-and-Shoot 方法也可以应用于 HILIC 分离，但其稀释溶剂需具有较高的有机成分。在稀释后，通过离心或过滤等步骤除去基质中的生物盐，然后将上清液注入 HILIC 色谱柱进行分离分析。Ruta 等[1]利用上述方法将尿液进行了 40 倍或 80 倍的稀释，结合 HILIC 完成了一年内运动员尿液样品中尼古丁、Phase Ⅰ代谢产物和次要烟草生物碱的含量情况监测分析，有效提高了分析的准确度和灵敏度，详见图 6-1。

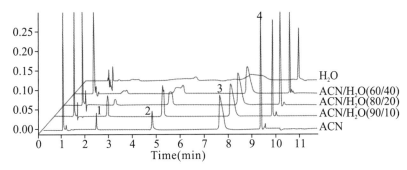

图 6-1　**溶剂中水含量对次黄嘌呤**（80 μg/mL）、**胞嘧啶**（10 μg/mL）、**烟酸**（30 μg/mL）、**普鲁卡因胺**（30 μg/ml）**峰形的影响**[1]

为了提高样品分析效率，有研究利用 96 孔板、自动化进样设备、在线萃取等方式对样品进行处理以提高样品制备效率[3]。

二、具体方法

（一）蛋白质沉淀（PP）

PP 由于操作简单、易于优化而成为广受欢迎的样品制备技术。此技术基于样品蛋白质与沉淀剂之间的相互作用，多种加入水、酸或盐的有机溶剂都可作为沉淀剂，而将样品短暂冷却到-20 ℃可用于增强分离效果。用此方法处理后再将混合物离心，可将上清液直接加样到 HILIC 色谱柱，不需要进行额外处理。

为减少样品制备时间并提高样品通量，大样品组的 PP 可在 96 孔板中进行。96 孔板 PP 的自动化解决方案最近已被成功商业化。这种 PP 板可以通过真空或加压过滤溶剂的方式沉淀样品，处理后的样品可在直接进样 HILIC 色谱柱。

由于 PP 不具备选择性，所以是非靶向筛选的首选方法。然而这种非选择性可能导致样品成分（如磷脂、残余蛋白质和糖共洗脱物）清除不足从而干扰目标分析物，因而需要额外的清除步骤，于是开发了 HybridSPE-PP 技术。生物样品首先在 96 孔板中加入酸化的乙腈进行 PP 处理，进行简单的混合后将样品吸入过滤柱去除磷脂和沉淀蛋白质，得到的洗脱液可直接进行 HILIC-MS 分析，不过此技术耗时相对较长[4]。

（二）液液萃取（LLE）

LLE 基于分析组分在水相和有机相之间溶解度不同进行提取。尽管在高通量自动化提取领域直接使用 LLE 方法比较困难，但已有许多研究提出通过不同的方法来解决自动 96 孔板中可能出现的混合和相分离问题。

有研究使用带多个枪头的自动化处理器，精确转移人血浆样本，再使用自动加样器快速添加提取剂，以此避免溶剂挥发导致提取不一致的问题。为防止用于样品转移的针头堵塞，需在样品转移前进行样品离心，之后采用 MTBE 作为萃取溶剂，收集提取液，转移到新的 96 孔板上，在温和的氮气流下蒸发至干燥，使用乙腈重新溶解，然后加样到 HILIC 色谱柱进行分析。

为了避免冗长和烦琐的蒸发和重构步骤，也有研究提出在 96 孔板使用乙腈稀释从人血浆中获得的乙酸乙酯提取物，以获得可在 HILIC 色谱柱上直接进样的样品。

莫格他唑是一种相对疏水的化合物。有研究将血浆样本溶于 96 孔板中的莫格他唑，再使用甲苯提取。先加入小体积的乙腈（0.05 mL）避免形成不规则的乳悬液，再将 MTBE 添加到萃取液中，此方法构建的萃取液可直接进样 HILIC 色谱柱，并将莫格他唑保留在 96 孔板中。

支撑液体萃取（SLE）是一种新的样品制备技术，特别适合在 96 孔板中操作。此技术使用一种改良的硅藻土作为支撑载体，此硅藻土用亲水缓冲剂处理形成一层薄的亲水层。将生物样品加入 SLE 柱后洗脱，会在亲水层和有机溶剂之间发生有效的液液萃取。已有研究将自动 SLE 技术与 HILIC-MS/MS 结合用于分析血浆样品中的药物。结果表明与 PP 和经典 LLE 相比，SLE 的提取效率更高。

盐析液-液萃取（SALLE）是通过添加适当的盐，在水溶液和亲水有机溶剂（如甲腈、异丙醇、甲醇、乙醇、丙酮、二甲基亚砜）之间进行盐诱导相分离的方法。有机溶剂与水相可完全混溶，因此 SALLE 有很快的萃取速度，萃取后可通过离心增强两相分离。SALLE 适用于广泛的药物分析（包括弱亲脂性药物），分析物富集效率高，生物样品杂质也易于清除。然而此方法使用的无机盐可能影响后续的 LC-MS 分析。Røen 等人采用 SALLE 和在线 SPE 相结合的方法，提取人血清和尿液中的神经毒剂生物标志物，SALLE 以四氢呋喃为萃取溶剂，加入 Na_2SO_4 进行分离，随后在 ZIC-HILIC 色谱柱结合 ESI-MS 进行分析物分离[5]。

（三）固相萃取（SPE）

SPE 基于化合物在液相和固相之间分配系数不同进行分离，分配系数可以由分子极性或离子相互作用决定。为确保有效的萃取，分析物对固相的亲和力必须高于对样品基质的亲和力。由于吸附剂的类型决定萃取的选择性、容量和亲和力，因此吸附剂的选择应基于分析物和样品基质的理化性质。SPE 的主要优点是可以同时去除磷脂和蛋白质，通常比 PP 效果更好，缺点是成本更高。

SPE 固相可在 96 孔板中预装填，固相吸附剂可以是硅基或各种高分子聚合物基。高分子聚合物基吸附剂的优点是可在更宽的 pH 值范围使用。值得注意的是，硅烷醇会与蛋白质产生不可逆结合，所以吸附剂不能含硅烷醇。混合基团的高分子聚合物基吸附剂可用于从液体生物样本中分离具有离子化官能团的化合物，而用高百分比的有机溶剂洗脱可直接将其洗脱液加样到 HILIC 色谱柱。

通过在线 SPE，生物样品可直接加样到高效液相色谱系统。由于在线 SPE 无需进行样品准备，分析效率显著提高。此技术也允许在毛细柱和纳米 LC 柱上进行微升级别的加样，从而显著提高检测灵敏度。不过与离线 SPE 相比，在线 SPE 不能对大量样品进行同时提取。

反相（RP）SPE、HILIC SPE 和混合相 SPE 萃取柱都可以与在线 SPE 结合，用于生物样品的 HILIC 分析。使用 RP SPE 萃取柱与 HILIC 分析柱相结合，可以将分析物加载到水基中的 RP SPE 萃取柱，用高百分比的有机溶剂从 RP SPE 柱中洗脱分析物后，其会被充分捕获并重新浓缩加样到 HILIC 色谱柱。这种方法的缺点是极性分析物可能无法被 RP SPE 色谱柱充分保留，针对此情况可以使用多孔石墨碳（PGC）吸附剂。PGC 吸附剂由大型石墨片通过弱范德华力结合在一起，具有高度均匀的结构。其选择性和保留机制不同于传统的 RP 吸附剂，主要基于疏水作用和离子交换型相互作用，该吸附剂在所有 pH 值范围内均稳定并且与水溶液相容。从 PGC-SPE 柱中洗脱极性分析物可以使用高百分比的乙腈，而乙腈可直接加样到 HILIC 色谱柱。PGC 吸附剂可用于在线和离线分析，最近也开发出了微萃取吸附剂（MEPS）。在 MEPS 中，固体萃取材料作为塞子装填在筒内，位于柱筒与针头之间。样品可由 MEPS 注射器直接抽取，并在流经 MEPS 吸附剂时与吸附剂结合。MEPS 和 SPE 的吸附剂和洗涤/萃取原理是相同的，因此任何现有的 SPE 都可以通过缩放试剂和样品体积应用于 MEPS。由于分析物常需要有机溶剂洗脱，因此 MEPS 可以方便地与 HILIC 分析相结合。

　　其他报道的与 HILIC 分析相结合的新兴 SPE 有：用于人血浆中非靶向代谢组学分析的固相微萃取，固相微萃取测定大鼠体内非诺特罗和甲氧基非诺特罗的药代动力学相关研究，分析尿液样本的聚合物整体微萃取，分子印迹聚合物 SPE 用于选择性提取大鼠血清和尿液中的西格列汀等[6]。

第二节　生物分子的检测

一、碳水化合物

（一）单糖和双糖

　　1976 年，Rabel F 使用极性氨基氰基修饰的微粒硅胶色谱柱对糖进行分析[5]，流动相使用乙腈∶水（80∶20），与反向色谱不同的是，随着流动相水比例的增加，极性增强，极性的碳水化合物的洗脱量反而减少，成为可追溯的最早涉及 HILIC 的研究。此后，HILIC 在碳水化合物分离方面越来越受到关注[8]。

　　HILIC 已被用于分离糖蛋白中的 N 连接寡糖和其他化合物中的单糖[9]。例如采用 TSKgel Amide-80 色谱柱并用 82% 乙腈和 18% 5 mmol/L 甲酸铵（pH 值为 5.5）流动相洗脱，使用蒸发光散射（ELSD）检测器检测。由于与色谱出峰时间相比，还原糖的 α 和 β 异头体相互转换较慢，可能导致色谱图中出现分裂峰。研究中使用升高柱温（60℃）来提高异头体相互转换的速率，以防止由变旋现象（异头体相互转换）导致的峰分裂，成功分离了 l-海藻糖、d-半乳糖、d-甘露糖、N-乙酰-d-氨基葡萄糖、N-乙酰神经氨酸和 d-葡糖醛酸。

　　Ikegami 等描述了用聚丙烯酰胺修饰的硅胶整体毛细管柱联用质谱分离检测单糖、双糖和三糖的方法[10]。由于席夫碱的形成限制了分离和灵敏度，Ricochon 等发现 ZIC-HILIC 两性离子相并不能分离单糖，选择了聚胺 Ⅱ 柱（带含有仲胺和叔胺基团的聚合物层的二氧化硅）以防止席夫碱的形成，使用少量氯仿加入流动相的乙腈（70%），并用负离子大气压化学电离模式（APCI）检测糖的氯加合物，具有良好选择性[11]。

（二）寡糖、多糖

　　HILIC 也可用于寡糖（3~10 单糖）和聚糖（＞10 单糖）的分离。Brokl 等[12]研究了分析中性寡糖混合物的系列 HPLC 方法，分析了包括各种四糖和五糖以及麦芽四糖至麦芽六糖的多种寡糖。研究使用了带脉冲安培检测器（PAD）的阴离子交换柱、石墨化碳和 HILIC［Xbridge BEH（桥接乙基二氧化硅杂化）酰胺柱］，联用电喷雾电离质谱（ESI－MS）检测，发现 HILIC 和碳柱对这些混合物的整体分离效果最好，HILIC 在聚合度分离方面优于石墨化碳柱，而石墨化碳柱可以更好地分离寡糖的同分异构体（图 6-2）。Leijdekkers 等还描述了 HILIC 与其他技术（如反相色谱、石墨化碳色谱和毛细管电泳）相比的优势。使用 1.7 μm 粒径的 BEH 酰胺柱可分离具有不同聚合程度但电荷相同的酸性寡糖，与质谱联用能实现结构分析。

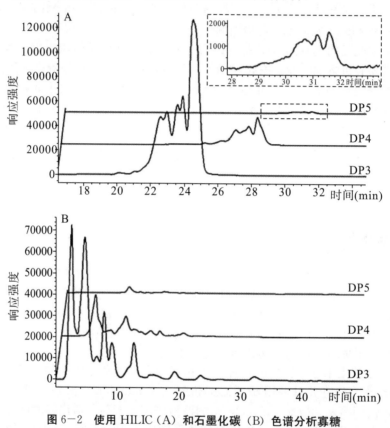

图 6-2 使用 HILIC（A）和石墨化碳（B）色谱分析寡糖
（样品来自淀粉的葡萄糖聚合物）[12]

注：质谱分析选择三糖、四糖、五糖的特征 m/z。聚合度：Degree of Polymerization，DP。

此外，有研究者比较了两性离子、聚羟乙基天冬酰胺和 BEH 酰胺固定相检测分离低聚半乳糖的情况。以乙腈－水－0.1％氢氧化铵作为流动相的酰胺柱分离效果最好[14]。各种寡糖分离的实例如图 6-3 所示。

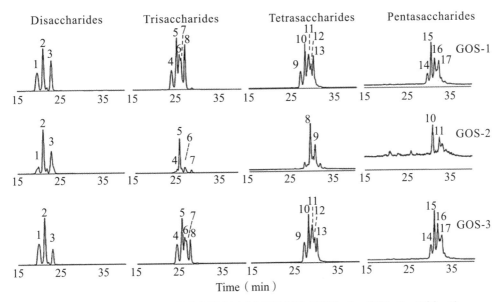

图 6-3　三种市售益生元补充剂样品中低聚半乳糖（GOS-1、GOS-2、GOS-3）在 BEH 酰胺柱上分离的 HILIC 图谱[14]

（三）聚糖和糖肽

糖基化是蛋白质常见的翻译后修饰，糖基化的变化可对生物活性产生显著影响。N-糖基化是聚糖（寡糖或多糖）通过天冬酰胺的酰胺氮连接，而 O-糖基化是通过天冬酰胺的酰胺氮连接丝氨酸或苏氨酸的羟基。研究生物系统中蛋白质糖基化的特征对于理解蛋白质在各种疾病状态中的功能至关重要。糖链的组成、长度和分支以及糖基化位点会影响蛋白质的整体结构和功能。在作为药用成分的蛋白质中，了解这些糖基化参数也很重要。当前，利用各种分离技术对糖蛋白、蛋白多糖和糖脂缀合物中的聚糖进行分析和表征已被广泛关注[13-15]。Mariño 等[16]对蛋白质糖基化分析进行了概述，Zuner[17]对结构糖组学的 HILIC 研究进展进行了综述。寡糖和糖肽的极性性质可与极性固定相产生选择性相互作用，为 HILIC 在样品富集/纯化和分析中提供应用场景。

糖蛋白释放的聚糖或糖肽可作为研究标靶，聚糖和糖肽的完整分离具有重要意义。聚糖和糖肽的检测方法以荧光标记检测和 HILIC-MS 为主。Melmer 等[18]认为 HILIC 具有很强的分离能力且易于开发，是鉴定糖蛋白质聚糖的首选方法，通常采用酰胺固定相，浓度梯度递增的甲酸铵水溶液/乙腈作为流动相，之后与 2-氨基苯甲酰胺衍生以进行荧光检测，寡糖按糖链大小顺序洗脱。同时建立 2-18 葡萄糖单位线性链的葡聚糖标准品作为参照物的 HILIC 聚糖谱数据库辅助结果判读[19-20]。Melmer 等使用 TSKgel Amide-80 色谱柱，甲酸铵/乙腈作为流动相，实现了单克隆中分离检测 2-氨基苯甲酰胺衍生的聚糖，这种方法可用以区分药理学相关的聚糖变异。

BEH Glycan 柱（酰胺官能团）常用于聚糖分析[23-24]。Ahn 等[22]使用 1.7 μm BEH Glycan 柱分析 2-氨基苯甲酰胺标记的聚糖并使用荧光检测，比较了 BEH 柱与 3.0 μm 颗粒 TSKgel Amide-80 柱的性能（图 6-4）。结果显示，较小的 1.7 μm 粒子柱具有更高的效率和更大的峰容量。研究者还指出糖的分离选择性随流动相初始浓度条件和浓度梯度斜率的变化而变化。Gilar 等[25]也使用 1.7 μm BEH Glycan 柱联用质谱分离分析糖肽类的糖链异质体。Bones 等[26]进一步使用 BEH Glycan sub-2μm 柱分析血清的 N-聚糖，发现与以前的方法相比，该方法的分析时间更短、选择性更高。Bones 等[27]研究发现与毛细管电泳相比，HILIC 的正交选择性更有利于分析来自重组 β-葡萄糖醛酸酶的复杂寡糖谱的组分。

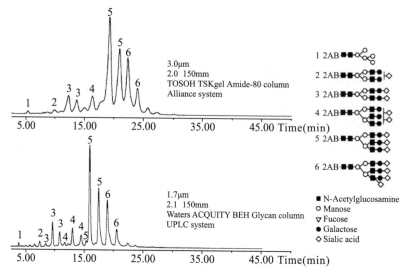

图 6-4　使用 3.0 μm TSKgel Amide-80 柱和 1.7 μm BEH Glycan 柱从胎球蛋白中分离 2-氨基苯甲酰胺（2-AB）标记的聚糖[22]

注：同分异构体用相同数字标记。

Takegawa 等[28]讨论了磺基三甲铵乙内酯 ZIC-HILIC 色谱柱分离含唾液酸的 N-聚糖 2-氨基吡啶衍生物的静电和亲水保留性，证实唾液酸 N-聚糖的保留可以通过改变电解质浓度来调节。随着电解质浓度的增加，带负电荷的唾液酸基团的 N-聚糖的保留增加，这是因为固定相上带负电荷的磺酸基的静电排斥力降低（图 6-5）。随着电解质浓度的增加，中性 N-聚糖的保留略有增加，这可能是固定相上水层的增加导致更多的分配。Amide-80z 柱分离 N-糖肽和 O-糖肽如图 6-6 所示。

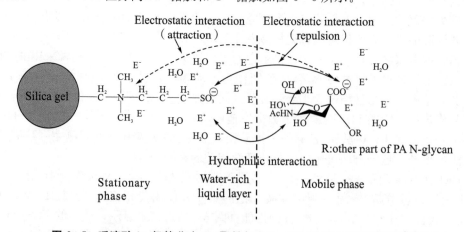

图 6-5　唾液酸 2-氨基吡啶 N-聚糖与 ZIC-HILIC 相互作用示意图[28]

注：图中只显示了唾液酸基团。在 ZIC 柱表面上，唾液酸和磺基三甲铵乙内酯之间的静电（吸引

和排斥)和亲水性相互作用力如图所示。E⁺和E⁻在洗脱液中分别代表正离子和负离子(即铵离子和乙酸盐离子)。

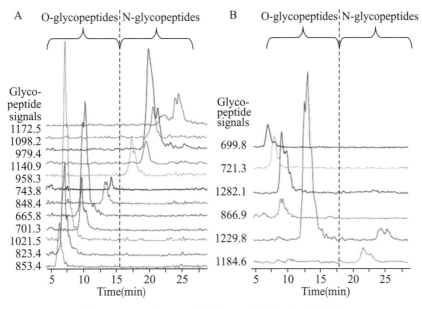

图6-6 Amide-80z柱分离N-糖肽和O-糖肽[31]

注:(A),来自去唾液酸胎球蛋白蛋白酶K降解的7个O-糖基肽和5个N-糖基肽HILIC色谱图。(B),来自胎球蛋白蛋白酶K降解的5个O-糖肽和2个N-糖肽HILIC色谱图。

HILIC联用电喷雾电离质谱(ESI)或基质辅助激光解吸电离飞行时间质谱(MALDI-TOF-MS)也是表征糖肽和糖蛋白释放的聚糖的方法之一。Wuhrer等[29]列出了用于MS分析的多种HILIC固定相,包括硅基离子交换相、两性离子相和非离子相。硅和氨基柱对聚糖具有不可逆的吸附并可能与之发生反应,酰胺柱则在非离子相中使用最频繁。大多数案例使用甲酸铵或乙酸铵缓冲液和乙腈作为流动相进行质谱联用检测。MALDI-TOF-MS方法通常对收集的分离碎片进行分析,而ESI-MS则在在线模式下进行,对来自糖蛋白降解的糖肽进行分析可获得糖基化位点的信息。Mauko等[30]使用ZIC-HILIC色谱柱联用ESI-MS检测分析单克隆抗体的聚糖,与标准的酰胺柱分离荧光检测相比,该方法更快速简单。Zuner等[31]使用纳米级Amide-80柱分离N-糖肽和O-糖肽。其保留性主要由糖肽的聚糖部分控制,可用于区分糖链大小以及其N端或O端。保留时间信息可用于简化ESI-MS数据中的糖肽结构分析。

(四)HILIC用于多糖样品富集

生物样品通常非常复杂,直接分析时基质效应较大。HILIC有助于样品预处理以及富集所需的糖肽。An和Cipollo[33]将HILIC推荐为糖肽富集的首选方法,优于酰肼捕获、尺寸排阻色谱或凝集素亲和色谱等方法。他们在研究中使用TSKgel Amide-80固定相进行富集,与未富集的样品相比,信号增加了40倍。Hägglund等[34]使用尖端填充ZIC-HILIC颗粒移液管保留亲水糖肽,而允许疏水糖肽通过,用0.5%甲酸水溶液将保留的物质洗脱,用于进一步分析。Nettleship等[35]使用了类似的方法来富集糖肽以研究糖蛋白的N-糖基化位点占用情况。Yu等[36]在使用MALDI-MS分析之前,使用氨基丙基二氧化硅 96 孔微洗脱板纯化糖蛋白释放的聚糖。Kondo 等[37—39] 使用 RP 微柱去除其他成分后，采用 ZIC—HILIC 固定相捕获糖肽或蛋白，同时富集糖基化磷脂酰肌醇锚定肽，并进一步用 MALDI—TOF—MS 糖肽进行表征。

二、碱基、核苷和寡核苷酸

HILIC 在嘧啶和嘌呤核酸碱基及其核苷研究中已被广泛使用。一些研究者已经使用核碱基和（或）核苷酸来研究在 HILIC 色谱柱上的保留行为和机制。Chen 等[40] 研究了 14 种核苷和核酸碱基在反相色谱（C18）和 HILIC（TSKgel Amide—80）中不同的保留性。虽然操作时间相当长（110 分钟），但 HILIC 分离出了反相色谱无法分离的鸟嘌呤和次黄嘌呤，该方法可应用于两种中药提取物的测定。Rodríguez—Gonzalo 等[41] 比较了五氟苯基丙基（反相色谱）、交联二醇（HILIC）和两性离子（HILIC）相上几种甲基化和羟化核酸碱基及核苷的分离。结果表明，使用 80% 乙腈：20% 甲酸（2.6 mmol/L）的 ZIC—HILIC 两性离子相提供了最好的结果，亲水性分配和弱静电相互作用都有助于更好的保留性和选择性。此外，HILIC 也提供了比反相色谱更好的质谱检测灵敏度。研究将与文献[41]中类似的 HILIC 条件与限进介质材料（RAM）耦合，用于分析从尿液中提取的核苷和核酸碱基，用于构建区分癌症患者和健康者之间的分析图谱[42]。

Johnsen 等[43] 发现，聚合两性离子相（ZIC—pHILIC）对三磷酸核苷的分离效果优于硅基相，且降低柱温会导致核苷酸保留时间减少（图 6—7）。这种保留现象主要是由于随着温度的降低，水分子和缓冲离子在极性三磷酸官能团周围聚集增多，从而导致亲水性分配减少。

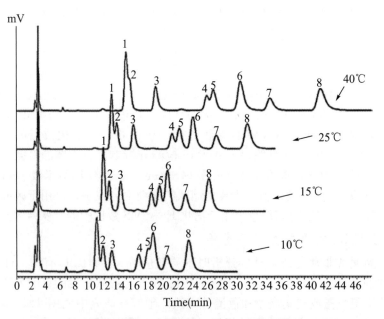

图 6—7　大肠埃希菌（大肠杆菌）样本（野生型菌株 SMG3）
用 ZIC—pHILIC 色谱柱分离 8 个核苷酸[43]

注：采用 70/30 (V/V) ACN/ (NH$_4$) CO$_3$（pH 值为 8.9，100 mmol/L）等度洗脱，流速 200 µL/min。进样量为 5 µL，紫外吸收波长为 254 nm。

在开发测定肝提取物中单核苷酸的方法时，Pucci 等[44]研究了离子对色谱、反相色谱和 HILIC（二氧化硅相、两性离子相和氨基丙基相）的分离情况。氨基丙基色谱柱将 2′-C-甲基胞苷-三磷酸分析物与内源性干扰物分离，乙腈/乙酸铵水溶液流动相有助于提高 ESI-MS-MS 检测的灵敏度。Zhou 和 Lucy[45]发现，含磷酸盐的流动相和高浓度的乙腈减少了配体交换的相互作用，并促进了核苷酸在裸二氧化钛（TiO₂）HILIC 色谱柱上的保留。随着水含量、磷酸盐浓度和 pH 值的增加，可以在 26 分钟内分离出 15 个核苷酸和中间体。使用酰胺柱分离核酸碱基和核苷酸时，可通过添加适量二氧化碳提高流动相的流动性，且用甲醇代替乙腈并添加氯化钠可以提高保留性和选择性[46-47]。

寡核苷酸也可使用 HILIC 分离。Gong 和 McCullagh[48]使用 ZIC-HILIC 色谱柱分离出核苷酸溶液中的 20-mer 寡核苷酸，可以将不同长度的核苷酸成功分离，如图 6-8 所示。醋酸铵水溶液/乙腈流动相有利于负离子 ESI-MS 检测。进样约 200 次后，柱性能下降，再使用水加缓冲液洗涤的柱再生程序，可去除柱中高保留性的物质，恢复柱性能。电感耦合等离子质谱检测[49]与 HILIC 联用可提高核苷酸的分析性能。由于 Luna 交联二醇固定相的平衡时间过长，因此研究者选择了 TSKgel 酰胺-80，流动相采用乙酸铵缓冲液。此外，其他 HILIC 方法如甲基丙烯酸羟甲基酯聚合整体毛细管柱也有报道[50]。

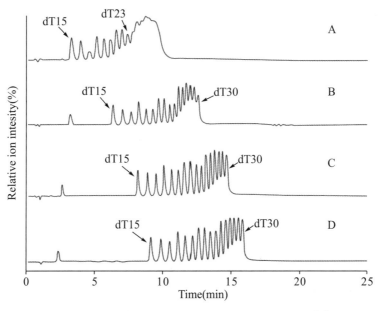

图 6-8　分离不同长度（dT15-dT30）的寡核苷酸[48]

注：色谱柱为 PEEK ZIC©-HILIC，100 mm×2.1 mm，3.5 μm。流动相条件：A，超纯水；B，乙腈；C，100 mmol/L 乙酸铵，pH 值为 5.8。梯度洗脱 B 从 70%到 60%（15 分钟），图中 A、B、C、D 四条色谱流出曲线代表 C 浓度为 5%（A）、10%（B）、15%（C）和 20%（D），流速 0.6 mL/min。

三、氨基酸、多肽和蛋白质

长期以来，氨基酸的分析一直是生物化学、食品和药物研究的热点。生物领域研究的大多数氨基酸的分离通常是在多肽和蛋白质的水解产物上进行的。这也是 HILIC 最早的应用之一。

Langrock 等[51]使用 TSKgel Amide—80 色谱柱联用 ESI—MS 分离检测氨基酸。流动相为乙腈和乙酸铵水溶液，以梯度洗脱方式调整浓度。氨基酸的保留时间见表6—1。在共流出或未完全分离的情况下，通过 m/z 比值区分氨基酸。该研究的 HILIC 模式确定区分这些蛋白质中的羟脯氨酸异构体、异亮氨酸和亮氨酸，实现对水解胶原蛋白的分类。

表 6—1　使用 TSKgel Amide—80 柱（150 mm×2 mm，5 μm）测试氨基酸混合物[51]

氨基酸	保留时间（min）
Trp	10.9
Phe	11.5
Leu	12.4
Ile	13.6
Met	14.4
Tyr	15.4
Val	16.4
Pro	18.7
Ala	21.1
Thr	22.1
Gly	22.9
Glu	23.3
Asp	23.9
Ser	24.4
Gln	24.5
Asn	25.0

两性离子柱 ZIC－HILIC 是氨基酸分离的常用选择。Dell'mour 等[52]使用 ZIC－HILIC 色谱柱与乙腈－甲酸水溶液梯度洗脱（10%～90%比例的水溶液），用 MS－MS 可以在多反应监测模式下对 16 种衍生处理的氨基酸进行检测。其梯度洗脱范围较大，在开始时涉及 HILIC 机制，但在高水含量时过渡到其他机制。除酪氨酸外，氨基酸的一般洗脱顺序为按非极性侧链、极性侧链和碱性氨基酸（组氨酸、赖氨酸、精氨酸）。酪氨酸有一个极性侧链，比极性较低的脯氨酸和丙氨酸洗脱得更早。Kato 等[53]提出一种 19 分钟的分析方法用于研究植物的根际样本。该方法使用同位素稀释质谱法联用 ZIC－HILIC 测定蛋白质水解产物中未衍生的氨基酸。他们也使用了 25%～90% 的乙酸水溶液的宽范围梯度洗脱，用蛋白质标准品作为样品获得了良好的定量结果，与基于衍生化的方法（氨基喹啉羟基琥珀酰亚胺甲酸酯）相比，具有更好的回收率和精密度。此外，也有 ZIC－HILIC 色谱柱用于氨基酸的其他研究的相关报道[54-56]。

在多肽分析上，HILIC 也被多次报道。Yoshida[57]综述了 HILIC 用于多肽分离的情况。聚（2-羟乙基天冬酰胺）-二氧化硅柱（商品名为 PolyHydroxyethyl a）作为固定相，盐溶液（如磷酸三乙胺或高氯酸钠）作为流动相。此方法混合了 HILIC 机制和弱离子交换相互作用机制，采用梯度洗脱以获得更好的峰形与保留时间，通过控制流动相中的盐浓度来影响离子交换对保留值的作用。由于多肽由氨基酸组成，氨基酸的亲水性保留系数可预测多肽在 TSKgel Amide-80 色谱柱上的保留时间。Gilar 和 Jaworski[58] 研究了多肽在裸二氧化硅、桥乙杂化（BEH）二氧化硅和 BEH 酰胺相上的保留性。他们开发了基于氨基酸的保留值预测模型，并合理解释了 pH 值对其的显著影响。在 Atlantis 硅胶柱上，不同等电点（pI<5，5<pI<9，pI>9）的多肽在流动相 pH 值从 3.5 到 10 的范围内表现出不同的选择性。选择性变化最大的是含有酸性（天冬氨酸、谷氨酸）和碱性（组氨酸、赖氨酸、精氨酸）残基的肽。氨基酸和二氧化硅的电荷都可被用来解释保留行为。酸性残基在高 pH 值下带电且更亲水，会有更大的保留系数，二氧化硅也在高 pH 值下带电，产生静电排斥力导致保留系数降低。碱性残基赖氨酸和精氨酸在 pH 值 10 时质子化，并且与去质子化二氧化硅的相互作用更强，这可能是产生与 pH 值 3.0 或 4.5 相比更高的保留系数的原因。因为组氨酸在 pH 值 10 时不带电，未观察到组氨酸保留系数增加。Mant 课题组[59-62] 已经聚焦 HILIC 分离多肽进行了系列研究。他们[62] 利用聚（2-磺基天冬酰胺）-二氧化硅强阳离子交换（CEX）柱，在流动相中加入浓度梯度高氯酸钠，以此实现相同组分但不同序列顺序的多肽分离。图 6-9 显示了当使用较高浓度的乙腈时多肽的保留时间和分离度的变化。

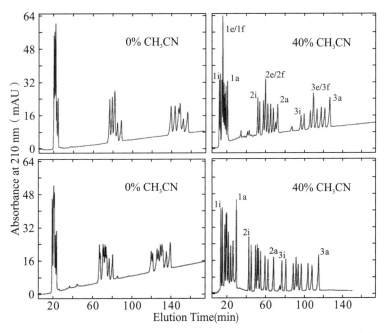

图 6-9　不同的乙腈（ACN）浓度对含 27 种多肽标准品分离的影响[62]

注：分析温度 25℃。

Yang 等[63] 使用酰胺或氨基修饰硅基相的毛细管柱研究了蛋白质消化物的分离。TSKgel Amide-80 色谱柱在低到中性 pH 值范围内对多肽可实现较好分离，而使用氨基相分离情况不佳。Singer 等[64]利用氨基相结合的盐溶液梯度洗脱实现了单和双磷酸化肽异构体的分离。Di Palma 等[65]研究了两种类型的 ZIC－HILIC 两性离子柱上多肽混合物的分离，在键合相链上，不同的正电荷和负电荷基团位于相反的位置。这两种柱上的 HILIC 分离是相似的，显示出二维色谱中 HILIC 与反相色谱联用于蛋白质组分析的前景。Boersema 等[66]的研究也证实，与反相色谱相比，HILIC 保留值的正交性使其在二维色谱中与强阳离子交换色谱联用在蛋白质组学研究中具有巨大潜力。Mihailova 等[67]表明，在二维色谱中，与作为第一维度的强阳离子交换色谱相比，使用 ZIC－HILIC 相的第二维 HILIC 使大鼠脑神经肽更好分离。在蛋白质组学分析的多维方法中，在尺寸排阻分离和 RP－nanoLC－MS－MS 之间使用了 ZIC－HILIC 分离[68]，该方法用于鉴定 1955 个血清蛋白和 375 个磷蛋白。Loftheim 等[69]也使用 ZIC－HILIC 色谱柱耦合 RP－LC－MS－MS 进行尿液蛋白质组学研究。

此外，静电排斥－亲水性相互作用色谱（ERLIC）也被应用于肽分离[70]。在另一个用于蛋白质组研究的二维色谱中，Hao 等[71]将 ERLIC 与 RP 模式联用，随着 pH 值降低，流动相浓度梯度改变，利用 HILIC 中离子和亲水性混合模式的相互作用进行分离。多肽混合物通过 HILIC 进行分离，并用于进一步的 RP－LC－MS－MS 分析。与强阳离子交换－RP 色谱相比，ERLIC－RP 可鉴定更多的蛋白质和多肽，特别是碱性和疏水性肽。其他使用 ERLIC 分离多肽的方法也陆续被报道[72-74]。

HILIC 也可用于完整蛋白质的分析。Tetaz 等[75]使用不同的 HILIC 相（PolyHydroxyethyl A. ZIC－HILIC，silica，TSKgel Amide－80）分析了亲脂蛋白和膜相关蛋白。所有色谱柱均可分离多种载脂蛋白（apoM）亚型。当 HILIC 用于蛋白质分离/纯化时，蛋白活性保持的问题并没有得到很好的解决，同时水溶性蛋白在高浓度乙腈的流动相中的溶解度低，限制了 HILIC 在蛋白质分离中的广泛应用。

四、磷脂

在经典方法中，先使用正相色谱与磷脂结合，再用反相色谱进行洗脱分离，而上述过程中的缓冲液和溶剂增加了质谱分析的难度。传统意义上，脂类的强疏水性使其不适于 HILIC 分离。然而，磷脂的极性末端基团使其与极性固定相相互作用成为可能。Schwalbe－Herman 等[76]提出了基于 HILIC 的磷脂分离方法。他们首先从血液中提取脂类，然后在氨基丙基固相萃取柱上使用不同的洗脱溶剂组合对脂类进行逐级分离，磷脂质的部分用甲醇洗脱后收集。对于磷脂质分离，色谱柱为 HILIC 硅胶柱，流动相为乙腈：甲醇：10 mmol/L 乙酸铵（55：35：10），流速为 0.6 mL/min，采用 ESI－MS 检测。对于标品混合物和血浆样本，5 类磷脂及其部分亚类均被分离，如图 6－10 所示。

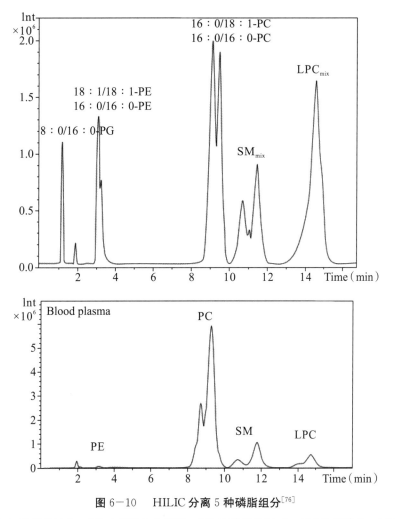

图 6-10　HILIC 分离 5 种磷脂组分[76]

注：PG 为 磷脂酰甘油，PE 为磷脂酰乙醇胺，PC 为磷脂酰胆碱，SM 为鞘磷脂，LPC 为溶血磷脂酰胆碱。流动相为乙腈：甲醇：10 mmol/L 乙酸铵（55：35：10）。采用电喷雾质谱（ESI-MS）在正离子模式下进行检测。上图为磷脂标准混合物样本，下图为血浆样本。

　　Donato 等[77]使用具有核壳类二氧化硅填料的 HILIC，采用 ELSD 或质谱检测牛奶中的磷脂。利用 Ascentis Express 色谱柱（150 mm×2.1 mm，2.7 μm）分离牛奶样品的磷脂，采用乙腈：水作为流动相梯度洗脱（0~33%水比例）。核壳类色谱具有更小的柱直径，允许使用小的样本量，与完全多孔的颗粒填料相比，核壳类色谱还可以更快达到平衡，获得更高的效率和更快的分离。Lisa 等[78]结合 HILIC 和反相色谱的多维色谱法分析脂质，联用 MS 进行检测。HILIC 以硅胶柱为固定相，乙腈：5 mmol/L 乙酸铵为流动相梯度洗脱，采用 ESI-MS 进行检测。同时，根据脂质极性，使用两种反相色谱方法进行分离。HILIC 能根据极性和静电相互作用将脂质分为不同的类别，反相色谱方法中脂质的保留由其酰基链长度和双键数量控制。HILIC 和反相色谱结合的多维色谱法在分离复杂的脂质混合物方面性能良好。

参考文献

[1] Ruta J，Rudaz S，McCalley DV，et al. Systematic investigation of the effect of sample diluent on eak shape in hydrophilic interaction liquid chromatography [J]. Journal of Chromatography A，2010，1217 (52).

[2] Rabel F，Caputo A，Butts E. Separation of carbohydrates on a new polar bonded phase material [J]. Journal of Chromatography，1976，126 (11).

[3] Alpert A. Hydrophilic—interaction chromatography for the separation of peptides，nucleic acids and other polar compounds [J]. Journal of Chromatography，1990，499 (1).

[4] Falta T，Koellensperger G，Standler A，et al. Quantification of cisplatin，carboplatin and oxaliplatin in spiked human plasma samples by ICP—SFMS and hydrophilic interaction liquid chromatography (HILIC) combined with ICP—MS detection [J]. Journal of Analytical Atomic Spectrometry，2009，24 (10).

[5] Roen BT，Sellevag SR，Lundanes E. Quantification of nerve agent biomarkers in human serum and urine [J]. Analytical Chemistry，2014，86 (23).

[6] Song Q，Junga H，Tang Y，et al. Automated 96—well solid phase extraction and hydrophilic interaction liquid chromatography—tandem mass spectrometric method for the analysis of cetirizine (ZYRTEC) in human plasma—with emphasis on method ruggedness [J]. The Journal of Chromatography B，2005，814 (1).

[7] Liu Z，Xu M，Zhang W，et al. Recent development in hydrophilic interaction liquid chromatography stationary materials for glycopeptide analysis [J]. Analytical Methods，2022，14 (44).

[8] Jandera P. Stationary and mobile phases in hydrophilic interaction chromatography：a review [J]. Analytica Chimica Acta，2011，692 (1).

[9] Xu RN，Fan L，Rieser MJ，et al. Recent advances in high—throughput quantitative bioanalysis by LC—MS/MS [J]. Journal of Pharmaceutical and Biomedical Analysis，2007，44 (2).

[10] Marrubini G，Appelblad P，Maietta M，et al. Hydrophilic interaction chromatography in food matrices analysis：an updated review [J]. Food Chemistry，2018，257 (8).

[11] Ikegami T，Horie K，Saad N，et al. Highly efficient analysis of underivatized carbohydrates using monolithic—silica—based capillary hydrophilic interaction (HILIC) HPLC [J]. Analytical and Bioanalytical Chemistry，2008，391 (7).

[12] Ricochon G，Paris C，Girardin M，et al. Highly sensitive，quick and simple quantification method for mono and disaccharides in aqueous media using liquid chromatography—atmospheric pressure chemical ionization—mass spectrometry (LC—APCI—MS) [J]. Journal of Chromatography B，2011，879 (19).

[13] Yamada K，Kakehi K. Recent advances in the analysis of carbohydrates for

biomedical use [J]. Journal of Pharmaceutical and Biomedical Analysis, 2011, 55 (4).

[14] Nettleship JN. Hydrophilic interaction liquid chromatography in the characterization of glycoproteins [M] //Wang PG, He W. Hydrophilic Interaction Liquid Chromatography (HILIC) and Advanced Applications [M]. Boca Raton, FL: CRC Press, 2011.

[15] Thaysen-Anderson M, Engholm-Keller K, Roepstorff P. Analysis of protein glycosylation and phosphorylation using HILIC-MS [M] //Wang PG, He W. Hydrophilic Interaction Liquid Chromatography (HILIC) and Advanced Applications. Boca Raton, FL: CRC Press, 2011.

[16] Mariño K, Bones J, Kattla JJ, et al. A systematic approach to protein glycosylation analysis: a path through the maze [J]. Nature Chemical Biology, 2010 (6).

[17] Zauner G, Deelder AM, Wuhrer M. Recent advances in hydrophilic interaction liquid chromatography (HILIC) for structural glycomics [J]. Electrophoresis, 2011, 32 (24).

[18] Melmer M, Stangler T, Schiefermeier M, et al. HILIC analysis of fluorescence-labeled N-glycans from recombinant biopharmaceuticals [J]. Analytical and Bioanalytical Chemistry, 2010, 398 (2).

[19] Campbell MP, Royle L, Radcliffe CM, et al. Base and autoGU: Tools for HPLC-based glycan analysis [J]. Bioinformatics, 2008, 24 (9).

[20] National Institute for Bioprocessing Research and Training [EB/OL]. http://glycobase. nibrt. ie/glycobase/show_nibrt. action.

[21] Melmer M, Stangler T, Premstaller A, et al. Comparison of hydrophilic interaction, reversed-phase and porous graphitic carbon chromatography for glycan analysis [J]. Journal of Chromatography A, 2011, 1218 (1).

[22] Ahn J, Bones J, Yua YQ, et al. Separation of 2-aminobenzamide labeled glycans using hydrophilic interaction chromatography columns packed with 1.7 μm sorbent [J]. Journal of Chromatography B, 2010, 878 (3-4).

[23] Waters. Acquity UPLC BEH glyan columns, care and use manual [EB/OL]. http://www. waters. com/webassets/cms/support/docs/720003042en.

[24] Waters. Glycan separation technology [EB/OL]. http://www. waters. com/webassets/cms/library/docs/720002981en. pdf.

[25] Gilar M, Yu Y-Q, Ahn J, et al. Characterization of glycoprotein digests with hydrophilic interaction chromatography and mass spectrometry [J]. Analytical Biochemistry, 2011, 417 (1).

[26] Bones J, Mittermayr S, O'Donoghue N, et al. Ultra performance liquid chromatographic profiling of serum N-glycans for fast and efficient identification of cancer associated alterations in glycosylation [J]. Analytical Chemistry, 2010,

82 (24).

[27] Bones J, Mittermayr S, McLoughlin N, et al. Identification of N-glycans displaying mannose-6-phosphate and their site of attachment on therapeutic enzymes for lysosomal storage disorder treatment [J]. Analytical Chemistry, 2011, 83 (13).

[28] Takegawa Y, Deguchi K, Ito H, et al. Simple separation of isomeric sialylated N-glycopeptides by a zwitterionic type of hydrophilic interaction chromatography [J]. Journal of Separation Science, 2006, 29 (16).

[29] Wuhrer M, de Boer AR, Deelder AM, et al. Structural glycomics using hydrophilic interaction chromatography (HILIC) with mass spectrometry [J]. Mass Spectrometry Reviews, 2009, 28 (2).

[30] Mauko L, Nordborg A, Hutchinson JP, et al. Glycan profiling of monoclonal antibodies using zwitterionic - type hydrophilic interaction chromatography coupled with electrospray ionization mass spectrometry detection [J]. Analytical Biochemistry, 2011, 408 (2).

[31] Zauner G, Koeleman CAM, Deelder AM, et al. Protein glycosylation analysis by HILIC-LCMS of proteinase K-generated N-and O-glycopeptides [J]. Journal of Separation Science, 2010, 33 (6-7).

[32] Calvano DC. Hydrophilic interaction chromatography-based enrichment protocol coupled to mass spectrometry for glycoproteome analysis [M] //Wang PG, He W. Hydrophilic Interaction Liquid Chromatography (HILIC) and Advanced Applications. Boca Raton, FL: CRC Press, 2011.

[33] An Y, Cipollo JF. An unbiased approach for analysis of protein glycosylation and application to influenza vaccine hemagglutinin [J]. Analytical Biochemistry, 2011, 415 (1).

[34] Hägglund P, Bunkenborg J, Elortza F, et al. A new strategy for identification of N-glycosylated proteins and unambiguous assignment of their glycosylation sites using HILIC enrichment and partial deglycosylation [J]. Journal of Proteome Research, 2004, 3 (3).

[35] Nettleship JE, Aplin R, Aricescu AR, et al. Analysis of variable N-glycosylation site occupancy in glycoproteins by liquid chromatography electrospray ionization mass spectrometry [J]. Analytical Biochemistry, 2007, 361 (1).

[36] Yu YQ, Gilar M, Kaska J, et al. A rapid sample preparation method for mass spectrometric characterization of N-linked glycans [J]. Rapid Communications in Mass Spectrometry, 2005, 19 (16).

[37] Kondo A, Thaysen-Andersen M, Hjernø K, et al. Characterization of sialylated and fucosylated glycopeptides of β2-glycoprotein I by a combination of HILIC LC

and MALDI MS/MS [J]. Journal of Separation Science, 2010, 33 (6-7).

[38] Omaetxebarria MJ, Hägglund P, Elortza F, et al. Isolation and characterization of glycosylphosphatidylinositol-anchored peptides by hydrophilic interaction chromatography and MALDI tandem mass spectrometry [J]. Analytical Chemistry, 2006, 78 (10).

[39] Calvano CD, Zambonin CG, Jensen ON. Assessment of lectin and HILIC based enrichment protocols for characterization of serum glycoproteins by mass spectrometry [J]. Journal of Proteomics, 2008, 71 (3).

[40] Chen P, Li W, Wang Y, et al. Identification and quantification of nucleosides and nucleobases in Geosaurus and Leech by hydrophilic-interaction chromatography [J]. Talanta, 2011, 85 (3).

[41] Rodríguez-Gonzalo E, García-Gómez D, Carabias-Martínez R. Study of retention behaviour and mass spectrometry compatibility in zwitterionic hydrophilic interaction chromatography for the separation of modified nucleosides and nucleobases [J]. Journal of Chromatography A, 2011, 1218 (26).

[42] Rodríguez-Gonzalo E, García-Gómez D, Carabias-Martínez R. Development and validation of a hydrophilic interaction chromatography-tandem mass spectrometry method with on-line polar extraction for the analysis of urinary nucleosides. Potential application in clinical diagnosis [J]. Journal of Chromatography A, 2011, 1218 (26).

[43] Johnsen E, Wilson SR, Odsbu I, et al. Hydrophilic interaction chromatography of nucleoside triphosphates with temperature as a separation parameter [J]. Journal of Chromatography A, 2011, 1218 (35).

[44] Pucci V, Giuliano C, Zhang R, et al. HILIC LC-MS for the determination of 29-C-methylcytidine-triphosphate in rat live [J]. Journal of Separation Science, 2009, 32 (9).

[45] Zhou T, Lucy CA. Hydrophilic interaction chromatography of nucleotides and their pathway intermediates on titania [J]. Journal of Chromatography A, 2008, 1187 (1-2).

[46] Treadway JW, Philibert GS, Olesik SV. Enhanced fluidity liquid chromatography for hydrophilic interaction separation of nucleosides [J]. Journal of Chromatography A, 2011, 1218 (35).

[47] Philibert GS, Olesik SV. Characterization of enhanced-fluidity liquid hydrophilic interaction chromatography for the separation of nucleosides and nucleotides [J]. Journal of Chromatography A, 2011, 1218 (45).

[48] Gong L, McCullagh JSO. Analysis of oligonucleotides by hydrophilic interaction liquid chromatography coupled to negative ion electrospray ionization mass spectrometry [J]. Journal of Chromatography A, 2011, 1218 (32).

［49］Easter RN，Kröning KK，Caruso JA，et al. Separation and identification of oligonucleotides by hydrophilic interaction liquid chromatography（HILIC）—inductively coupled plasma mass spectrometry（ICPMS）［J］. Analyst，2010，135（10）.

［50］Holdšvendová P，Suchánková J，Buněk M，et al. Hydroxymethyl methacrylate—based monolithic columns designed for separation of oligonucleotides in hydrophilic—interaction capillary liquid chromatography［J］. Journal of Biochemical and Biophysical Methods，2007，70（1）.

［51］Langrock T，Czihal P，Hoffmann R. Amino acid analysis by hydrophilic interaction chromatography coupled on－line to electrospray ionization mass spectrometry［J］. Amino Acids，2006，30（3）.

［52］Dell'mour M，Jaitz L，Oburger E，et al. Hydrophilic interaction LC combined with electrospray MS for highly sensitive analysis of underivatized amino acids in rhizosphere research［J］. Journal of Separation Science，2010，33（6－7）.

［53］Kato M，Kato H. Application of amino acid analysis using hydrophilic interaction liquid chromatography coupled with isotope dilution mass spectrometry for peptide and protein quantification［J］. Journal of Chromatography B，2009，877（27）.

［54］Schettgen T，Tings A，Oburger E，et al. Simultaneous determination of the advanced glycation end product Nε—carboxymethyllysine and its precursor，lysine，in exhaled breath condensate using isotope—dilutionhydrophilic—interaction liquid chromatography coupled to tandem mass spectrometry［J］. Analytical and Bioanalytical Chemistry，2007，387（8）.

［55］Conventz A，Musiol A，Brodowsky C，et al. Simultaneous determination of 3－nitrotyrosine，tyrosine，hydroxyproline and proline in exhaled breath condensate by hydrophilic interaction liquid chromatography/ electrospray ionization tandem mass spectrometry［J］. Journal of Chromatography B，2007，860（1）.

［56］Preinerstorfer B，Schiesel S，Lämmerhofer M，et al. Metabolic profiling of intracellular metabolites in fermentation broths from β—lactam antibiotics production by liquid chromatography—tandem mass spectrometry methods［J］. Journal of Chromatography A，2010，1217（3）.

［57］Yoshida T. Peptide separation by hydrophilic－interaction chromatography：a review［J］. Journal of Biochemical and Biophysical Methods，2004，60（3）.

［58］Gilar M，Jaworski A. Retention behavior of peptides in hydrophilic－interaction chromatography［J］. Journal of Chromatography A，2011，1218（49）.

［59］Mant CT，Litowski JR，Hodges RS. Hydrophilic interaction/cation－exchange chromatography for separation of amphipathic α—helical peptides［J］. Journal of Chromatography A，1998，816（1）.

［60］Mant CT，Kondejewski L，Hodges RS. Hydrophilic interaction/cation—exchange chromatography for separation of cyclic peptides［J］. Journal of Chromatography

A，1998，816（1）.

［61］ Hartmann E，Chen Y，Mant CT，et al. Comparison of reversedphase liquid chromatography and hydrophilic interaction/cation−exchange chromatography for the separation of amphipathic α−helical peptides with l−and d−amino acid substitutions in the hydrophilic face［J］. Journal of Chromatography A，2003，1009（1−2）.

［62］ Mant CT，Hodges RS. Mixed−mode hydrophilic interaction/cationexchange chromatography：Separation of complex mixtures of peptides of varying charge and hydrophobicity［J］. Journal of Separation Science，2008，31（9）.

［63］ Yang Y，Boysen RI，Hearn MTW. Hydrophilic interaction chromatography coupled to electrospray mass spectrometry for the separation of peptides and protein digests［J］. Journal of Chromatography A，2009，1216（29）.

［64］ Singer D，Kuhlmann J，Muschket M，et al. Separation of multiphosphorylated peptide isomers by hydrophilic interaction chromatography on an aminopropyl phase［J］. Analytical Chemistry，2010，82（13）.

［65］ Di Palma S，Boersema PJ，Heck AJR，et al. Zwitterionic hydrophilic interaction liquid chromatography（ZIC−HILIC and ZIC−cHILIC）provide high resolution separation and increase sensitivity in proteome analysis［J］. Analytical Chemistry，2011，83（9）.

［66］ Boersema PJ，Mohammed S，Heck AJR. Hydrophilic interaction liquid chromatography（HILIC）in proteomics［J］. Analytical and Bioanalytical Chemistry，2008，391（1）.

［67］ Mihailova A，Malerød H，Wilson SR，et al. Improving the resolution of neuropeptides in rat brain with on−line HILIC−RP compared to on−line SCX−RP［J］. Journal of Separation Science，2008，31（3）.

［68］ Garbis SD，Roumeliotis TI，Tyritzis SI，et al. A novel multidimensional protein identification technology approach combining protein size exclusion prefractionation，peptide zwitterion−ion hydrophilic interaction chromatography，and nano−ultraperformance RP chromatography/NESI−MS2 for the in−depth analysis of the serum proteome and phosphoproteome：application to clinical sera derived from humans with benign prostate hyperplasia［J］. Analytical Chemistry，2011，83（3）.

［69］ Loftheim H，Nguyen TD，Malerød H，et al. 2−D hydrophilic interaction liquid chromatography−RP separation in urinary proteomics—Minimizing variability through improved downstream workflow compatibility［J］. Journal of Separation Science，2010，33（6−7）.

［70］ Alpert AJ. Electrostatic repulsion hydrophilic interaction chromatography for isocratic separation of charged solutes and selective isolation of phosphopeptides［J］.

Analytical Chemistry，2008，80（1）.

[71] Hao P，Guo T，Li X，et al. Novel application of electrostatic repulsion — hydrophilic interaction chromatography（ERLIC）in shotgun proteomics: Comprehensive profiling of rat kidney proteome［J］. Journal of Proteome Research，2010，9（7）.

[72] Gan CS，Guo T，Zhang H，et al. A comparative study of electrostatic repulsion—hydrophilic interaction chromatography（ERLIC）versus SCX — IMAC based methods for phosphopeptide isolation/enrichment［J］. Journal of Proteome Research，2008，7（11）.

[73] Lewandrowski U，Lohrig K，Zahedi RP，et al. Glycosylation site analysis of human platelets by electrostatic repulsion hydrophilic interaction chromatography［J］. Clinical Proteomics，2008，4（1）.

[74] Zhang H，Guo T，Li X，et al. Simultaneous characterization of glyco — and phosphoproteomes of mouse brain membrane proteome with electrostatic repulsion hydrophilic interaction chromatography［J］. Molecular & Cellular Proteomics，2010，9（4）.

[75] Tetaz T，Detzner S，Friedlein A，et al. Molitor B Mary J—L. Hydrophilic interaction chromatography of intact，soluble proteins［J］. Journal of Chromatography A，2011，1218（35）.

[76] Schwalbe — Hermann M，Willmann J，Leibritz D. Separation of phospholipid classes by hydrophilic interaction chromatography detected by electrospray ionization mass spectrometry［J］. Journal of Chromatography A，2010，1217（32）.

[77] Donato P，Cacciola F，Cichello F，et al. Determination of phospholipids in milk sample by means of hydrophilic interaction liquid chromatography coupled to evaporative light scattering and mass spectrometry detection［J］. Journal of Chromatography A，2011，1218（37）.

[78] Lísa M，Cífková E，Holčapek M，et al. Lipidomic profiling of biological tissues using off—line two—dimensional high—performance liquid chromatography—mass spectrometry［J］. Journal of Chromatography A，2011，1218（31）.

（苏会岚　张　弛）

第七章　亲水作用色谱在组学中的应用

第一节　亲水作用色谱在代谢组学中的应用

代谢组学（Metabolomics）是随系统生物学发展而驱动的新兴组学技术之一，重点研究生物体被扰动后（如基因的改变或环境变化后）代谢产物种类、数量及其变化规律，以获得代谢整体的变化轨迹，从而反映某种病理生理过程中所发生的生物事件。代谢组学的研究需要先给研究对象引入一定的外源性刺激，再采集相关生物样本如血液、尿液、细胞、组织、培养液等，以反映代谢相关的时空信息。由于代谢物种类繁多，对所有代谢物的含量及变化进行全谱测定并不现实。且研究发现，相同或相近种类的代谢物往往具有相似的生物学活性与意义。与其追求大而全的全谱鉴定技术，发展某些特定特色和目的性的代谢组学方法在生命科学研究中具有更重要的意义。靶向代谢组学（Targeted Metabolomics）对数十至数百种已知化合物[1]中的选定代谢物进行定量分析。对这些化合物及其母体化合物进行生物监测是理解代谢途径的科学基础，可用以预测疾病的发病率或后果[2-3]，以及阐释药物所引起的有益或有害效应[4]的分子机制。由于代谢组学分析的对象数量、大小、官能团、带电性、官能团、挥发性、电迁移率、极性等物理化学参数差异很大，要实现高灵敏、高通量和无偏向性分析，对分析检测技术平台提出了较高要求。

一、代谢组学研究中的 HILIC

（一）极性/亲水性代谢物的分析

目前，代谢组学常用的分析技术主要有 GC−MS、LC−MS、NMR 及各类联用分析技术等[5-10]。不同分离方法与质谱检测联用是代谢组学研究方法发展的趋势之一。目前，质谱代谢组学中最常用的色谱方法依赖反相色谱分离，该方法已经覆盖广大范围的各种代谢物[11,12]。毛细管电泳与质谱技术联用（CE−MS）可以分析生物样品中的带电荷物质，具有分析时间短、灵敏度高、效率高等优点[8,12-17]。该方法要求分析物必须在液相中带电，且迁移时间的可重复性低，限制了在常规分析中的应用。弱极性和中等极性/亲水性化合物可以通过反相色谱直接分离[1,18]，且避免了 GC−MS 中繁杂的样品前处理过程。代谢物中的强极性或高度亲水性化合物在反相色谱柱上的保留较差，部分亲水化合物（如有机酸）可以用 RP−MS 测定，但通常只能一次准确定量一至两种待测组分[19-20]。要更好地实现对该类物质的多组分分析，可以通过对分析物进行衍生[21-22]或在流动相中添加离子对（IP）试剂[23-27]等方式进行优化。

衍生化通过化学反应将样品中难以分析检测的目标化合物定量转化为另一种易于分析检测的化合物，通过后者的分析检测可以对目标化合物进行定性和定量分析，在色谱分析中广泛应用。通过衍生化，可以提高反相色谱分离效率和检测灵敏度。研究显示，联用负电喷雾电离（ESI-MS）检测时，如硫醇或酚类等在 ESI-MS 中表现出低电离效率的官能团，可以通过衍生化来显著提高信号响应[1,21,28-33]，而与多反应监测（MRM）联用时引起的分析物特异性片段中性丢失会导致方法特异性降低。例如，丹酰氯（Dansyl Chloride）是一种常见的衍生化实际，用它对酚类雌激素化合物进行衍生化可以将灵敏度提高几个量级，但 MRM 观察到的主要片段是 m/z 171，对应的是试剂中额外加入的氨基萘磺酸，可能导致分析物特异性的结构信息缺失[34-40]。在代谢组学中，常使用稳定的同位素标记代谢物并富集这些同位素，常用于代谢通路研究或代谢流分析[41-43]，因此同位素标记的分析物的中性丢失也可能存在上述问题[44]。除衍生化外，还可以通过在流动相中添加离子对（IP）试剂分析高极性/亲水化合物。这种方法不需要在样品制备过程中增加额外的操作步骤，然而选择合适的 IP 试剂和方法建立存在一定挑战。首先，为了与 MS 兼容，IP 试剂必须具有挥发性，否则会污染质谱仪的入口。其次，试剂需要是两亲性的，以保证可以同时与分析物和固定相相互作用[45]。同时由于形成双电荷层需要，固定相平衡时间会延长，且对流动相 pH 值和离子强度等条件的变化非常敏感。最后，IP 试剂的两亲性使其容易被 ESI-MS 检测到，对离子抑制或加合物形成产生的影响不容忽视。

近年来，HILIC 在靶向代谢组学中的应用显著增加[49]。和反向色谱相比，HILIC 对于大多数极性代谢物具有更好的分离效果和分析灵敏度。研究表明，HILIC 流动相与质谱联用的电离效率更高[46-47]。有研究选择雌激素葡萄糖醛酸为模式化合物，比较了 HILIC-MS 和 RP-MS 分析雌激素葡萄糖醛酸的灵敏度。由于雌激素葡萄糖醛酸可以在两种分离方法下保留，结果显示 HILIC-MS 的灵敏度比 RP-MS 至少高一个数量级（图 7-1）[48]。若不使用衍生化，IP-RP-MS 无法在 ppm 的水平上检测到柠檬酸和草乙酸等化合物，而使用 HILIC-MS 能较容易直接检测到，但若使用衍生化，IP-RP-MS 检测限可以提高到 ppb 的水平[23,50]。因此，虽然 HILIC-MS 在检测范围和灵敏度方面对分析亲水性代谢物具有明显优势，但它可能并不一定在所有代谢组学研究中都适用。如 Yoshida 等[51]构建的反向色谱分析平台，在五氟苯基丙基键合硅胶柱上分析了 137 种不同的代谢物，仍然能够分离出包括氨基酸、胺、有机酸、核苷和核苷酸在内的不同基团的代谢物，且部分代谢物（约 20%）也可以在 nmol/L 浓度范围内被检测到。因此，HILIC 与反向色谱在代谢组学研究中均具有重要地位，二者在一定程度上可以相互补充。

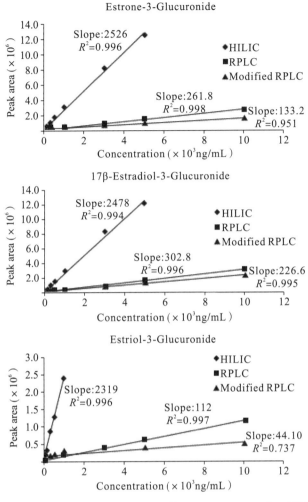

图 7-1　基于 HILIC（Tosoh Amide-80 柱，100 mm×2 mm）、反相色谱 RP

（Varian Pursuit C18，100 mm×2 mm）和改良反相色谱（包埋极性基团，Varian Polaris

Amide-C18 色谱柱，100 mm×2 mm）分离

注：流动相，加入 5 mmol/L 乙酸铵的乙腈/水[48]。

（二）固定相

HILIC 固定相可以有效分离不同的亲水性代谢物，包括有机酸、氨基酸、核苷/核苷酸、碳水化合物、维生素/药物及其前体和衍生物等[13,52-64]。由于代谢物组分性质的差异，可以选择不同的 HILIC 固定相进行分析。比如，胺类化合物能在氰基色谱柱和酸性流动相上有较好的分离[54]；而酰胺固定相可以分离更广泛的代谢物，是最常用的固定相之一[1,52-56]；基于二氧化硅氢化物的固定相不仅能够分离许多亲水性代谢物，还具有保留值重现性高和平衡时间快的优势[55]。

不同代谢物与固定相结合的官能团不同，导致代谢物（如氨基酸、碳水化合物、有机酸等）在其 HILIC 色谱柱上的保留行为不同，如带负电荷的固定相（二氧化硅）、带正电荷的固定相（氨基）同时具有两种电荷（两性离子）的固定相、不带电荷的固定相

[通常是提供氢键受体（氰基）或同时具有受体和供体基团的基团（酰胺）]上的保留行为各不相同。在反相色谱中，主要的保留机制是疏水作用。而在 HILIC 中，经常是几种作用同时存在，包括氢键、静电作用、偶极作用、亲水性和疏水性分配等作用。其中，氢键最为常见[49,65-66]。选择固定相时应考虑流动相对代谢物的亲水性、电荷和电离性互补。对于可电离的化合物，可通过改变 pH 值来控制电离，以最大限度地减少分析物的各官能团间的相互作用。

胺类化合物如氨基酸类、核苷/核苷酸类和氧化还原载体含有碱性氮原子，可以成为氢键受体或供体。因此，它们可以很好地在各种 HILIC 固定相上分离，如中性（氰基、酰胺）、负电荷（二氧化硅、二醇）和正电荷（氨基）固定相[1,52-56,67-69]。分析物和固定相之间的相互作用主要由氢键相互作用力产生，而吸附水层的亲水性分配以及静电相互作用也有助于保留。通常氰基固定相由于缺乏氢键供体位点在 HILIC 分析中保留较弱而受到限制，然而在酸性流动相中，氰基固定相可以为许多胺类物质提供出色的分离[54]。在酸性流动相中质子的帮助下，氢键被认为是最主要的相互作用力，其他相互作用力极小，在此条件下可消除拖尾并得到良好的峰形。其余固定相的胺类代谢物分析应在弱碱性的流动相进行。胺类的 pH 值大于 pK_a 时电离受到抑制，因此与带电固定相的静电相互作用被弱化[68]，保留仍是通过氢键相互作用力[47]。当使用带负电荷（二氧化硅）固定相或非氢键供体（氰基）固定相[54]时，带负电荷的代谢物，如磷酸化硫酸化合物或有机酸将无法检测或出峰峰形较差。这主要是由于排斥力的相互作用或缺乏氢键。这些代谢物可以在其他中性（酰胺、二醇）、带正电荷（氨基）或两性离子固定相上保留和分离。与碱性化合物和二氧化硅固定相之间的相互作用类似，酸性化合物（如有机酸[47]或葡萄糖醛酸酯[66]）与氨基固定相表现出高亲和力。为减弱相互作用力可使用弱碱性的流动相来获得更好的分离[54]。混合物样品的待分离代谢物种类越多样，就越难选择合适的固定相。在这种情况下，中性或两性离子固定相往往更受青睐，因为它们可以作为氢键的受体和供体或者可改变负电荷和正电荷。在靶向代谢组学中，最常用的中性固定相是酰胺和二醇色谱柱。在这些色谱柱上可以分离出不同类型的代谢物，包括有机酸、碳水化合物和胺类化合物，如氨基酸和核苷/核苷酸类[52-56]。

此外，由于静电作用力通常需要较高离子强度的流动相，会导致质谱检测器中引入过多的盐，且过强的静电作用力可能导致峰展宽、不对称的峰形和分离时间的延长[69-72]，故静电作用力的保留作用较少作为主要保留机制。

（三）流动相

HILIC 流动相通常含水量较高，可以让分析物在反相色谱中充分保留。酸性或碱性流动相通常对可电离基团的代谢物分离效果较好。采用弱碱/酸性或中性流动相时会出现分裂峰[54,66]，但由于二氧化硅固定相需要温和的 pH 值环境，弱碱/酸性或中性流动相仍然具有一定优势。

由于代谢物种类多，对流动相的 pH 值和离子强度的精准控制存在较大挑战。尤其对于具有多个 pK_a 的代谢物（如氨基酸或多功能酸类）而言，流动相 pH 值在峰形和分离选择性上都起着关键作用。研究表明，在流动相中添加缓冲盐会在一定程度上促进分析物和固定相之间的相互作用，但为了减少 MS 检测过程中的信号抑制，并提供足够的离子强度，需要对缓冲盐浓度进行严格优化[66]。

二、样品基质效应

由于生物样本（如血液、尿液）中大量代谢酶和蛋白质存在，体系更加复杂和不稳定。通常将样本中除外分析物的组分称为基质，将样本基质对分析过程产生的干扰称为基质效应。复杂生物样本中的基质效应更为明显，影响 HILIC－MS 测定的精密度和准确度。生物样品的特性不同，基质效应对 HILIC－MS 的影响不同。为了减少 HILIC－MS 分析中复杂生物样品的基质效应，在样品制备过程中可以使用各种预处理手段，如 SPE、液液萃取（LLE）、有机溶剂稀释等前处理方法[73-79]。

有研究显示，RPLC－MS 分析血浆时磷脂的基质效应影响较大[80-81]，而利用 HILIC－MS 分析时磷脂的影响较小[82-83]。HILIC 固定相不同，磷脂的保留行为存在较大差异。由于磷脂极性端与固定相之间的亲水性相互作用，它们可以保留在二氧化硅和二醇固定相上，但在氨基和氰基键合的固定相上保留较弱，导致之后洗脱代谢产物的基质效应降低。由于尿液中含有大量的代谢废物、生物盐和极性有机化合物，这些亲水性干扰物可以很好地保留并与分析物共洗脱，影响分析物的信号响应并使色谱柱过载，导致基质效应在 HILIC－MS 尿液分析中基质效应更大。有研究利用固相萃取（SPE）处理样本后，探究雌激素葡萄糖醛酸代谢产物对尿液样品检测灵敏度的影响（图 7－2）。

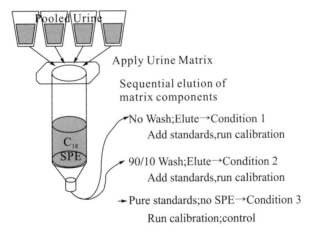

图 7－2　不同 SPE 前处理样本对基质效应影响的实验设计示意图[84]

注：检测对象为尿液中的雌激素代谢物。将尿液用 C18 SPE 柱萃取，以 75：25 乙腈/甲醇洗脱（条件 1），或在初始洗涤后用 90：10 水/乙腈洗脱（条件 2）。上述提取物在收集后加标并与纯标准品（条件 3）比较，评估 LC－MS 的响应。

通过比较不同实验设计下的校准曲线斜率以评估基质效应，发现尿液样本中保留亲水性干扰物质会影响 ESI－MS 检测。同时，还使用两种 HILIC 色谱柱（酰胺和二醇固定相）分析雌激素葡萄糖醛酸，结果显示，在酰胺键合柱上存在离子抑制，而在二醇键合柱上则出现离子增强（图 7－3），其线性范围也不一致，可能是由于待分离组分在不同固定相上的保留值不同，共流出的干扰物也不同，引起基质效应的差异[84]。此外，

HILIC 方法制备样品时用反相固相萃取（RP－SPE）进行前处理能使分析物从高丙烯腈（CAN）含量的固相萃取柱中洗脱后立即注入 HILIC 色谱柱分离，简化了前处理步骤[46,85]。Song[85] 的研究表明，甲基叔丁基醚（MTBE）、乙酸乙酯和二乙醚可以直接注入硅基 HILIC 色谱柱，在降低基质效应的同时不会改变峰形。除了 SPE、液液萃取（LLE）、有机溶剂稀释等前处理方法能在一定程度上降低基质效应[86－90]，同位素稀释技术的发展为解决 LC－ESI－MS 中的基质效应问题提供了非常好的途径。同位素稀释技术是将目标分析物的稳定同位素作为内标（IS）加入，可以补偿仪器响应的变化，因方法简单、可靠而被广泛应用[91－92]。Heijnen 的团队[93] 开发了一种方法，利用 U－13C 标记提取物进行质量同位素比值分析（MIRACLE），从而对细胞提取物的目标代谢物进行定量分析。该方法在细胞培养期间提供 C－13 碳源，之后与未标记的样本共同提取细胞。与常规分析方法相比，该方法具有更高的精密度。但该方法只测定了未标记和标记代谢物之间的比率，无法获得样品中的绝对代谢物浓度，该团队[94] 也在研究中采用将标记的细胞提取物作为内标对方法进行改进。

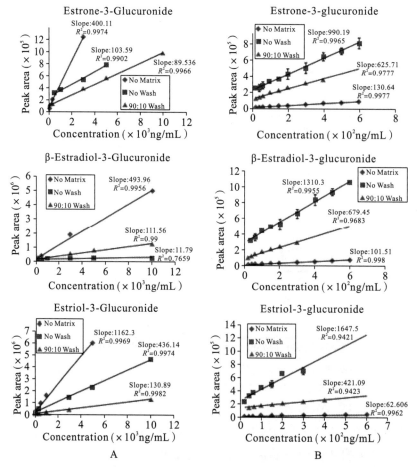

图 7－3　经不同前处理（图 7－2）的样本使用酰胺（Tosoh amide－80，100 mm×2 mm）（A）和二醇（Phenomenex Luna HILIC，100 mm×2 mm）（B）固定相联用 LC－MS 分析雌激素代谢物的基质效应差异[84]

三、HILIC 用于代谢组学的研究

（一）HILIC 用于尿液中代谢组学的研究

代谢组学研究的样本包括生物液体和生物组织。由于尿液收集简单，包含大量代谢信息且易于长期监测，是代谢组学研究常用的标本[95]。Masher 等[96]对尿液样品的代谢组学研究发现，尿液储藏时间、储藏温度等均会影响代谢组学的研究结果。King 等[97]研究了 HILIC-MS 对尿液中极性代谢物的定性定量分析，开发了一种快速的非靶向HILIC-MS/MS 分析方法，用于尿液中小极性分子的分析。研究通过 Waters BEH 酰胺柱与四极杆飞行时间质谱（Q-TOF）结合，搭载离子迁移谱仪，实现了快速（仅3.3 分钟）分离，具有速度优势。该方法相比传统分析方法减少了样品和溶剂的消耗，且统计分析结果显示，使用 HILIC-MS/MS 的特征碎片可增加到 6711 个（HILIC-MS 为 3007 个），为尿液中高通量内源代谢物分析提供平台。另外，Nelis 等[98]开发了一种 HILIC-MS/MS 方法，用于分离和定量人类尿液样品中组胺及其主要代谢物，利用 BEH-HILIC 色谱柱获得了最佳的分离效果（图 7-4）。为了提高 HILIC-MS 重现性，有研究提出一种计算 HILIC 中保留指数（HILIC RI）的方法来校准 HILIC RT。研究选择碳链长度为 C2 至 C22 的 2-二甲基氨基乙胺（DMED）标记的脂肪酸标准品的混合物作为校准品，建立 HILIC RT-碳数之间的线性校准方程以计算 HILIC-RI。结果显示，基于回归方程计算的 HILIC RI 可以有效地校准大鼠尿液、血清和粪便中 28 种 DMED 标记的羧基标准品和 DMED 标记羧基代谢物在 HI 上的保留时间偏移[99]。

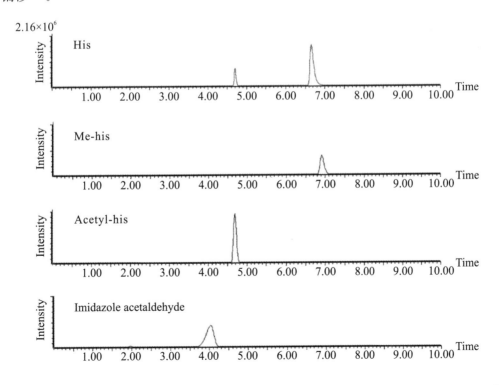

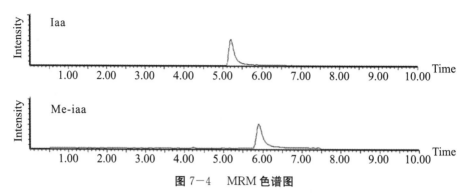

图 7-4　MRM 色谱图

注：7.8 ng/mL（His）、3.9 ng/mL（Me-his）、0.5 ng/mL（Acetyl-his）和 3.9 ng/mL（咪唑-乙醛）、1.0 ng/mL（iaa）、0.5 ng/mL（Me-iaa）[98]。

（二）HILIC 用于血液中代谢组学的研究

血液同尿液一样，其包含的代谢物为全身各细胞、组织、器官代谢分泌物。Hosseinkhani 等研究了两种常用 HILIC 色谱柱（BEH 酰胺柱和 ZIC-cHILIC 色谱柱）与 MS 联用分析人血浆样品在代谢组学研究中的应用。研究采用高分辨质谱对 54 个真实标准品和血浆，针对 9 类极性化合物，利用具有不同表型的血浆样本在 3 种 pH 值条件下，从选择性、重复性和基质效应评估了两种 HILIC 色谱柱在非靶向代谢组学中的性能。结果显示，ZIC-cHILIC 色谱柱表现出多个优势，包括对不同类化合物的优越性能、更好的同分异构体分离（图 7-5B）、高重复性（图 7-5F 和图 7-5G）以及高代谢覆盖度（图 7-5H）。但是，氨基酸和胺类的 pH 值在 ZIC-cHILIC 色谱柱中易受氯化钠离子的影响，在应用时需特别注意。[100,49]

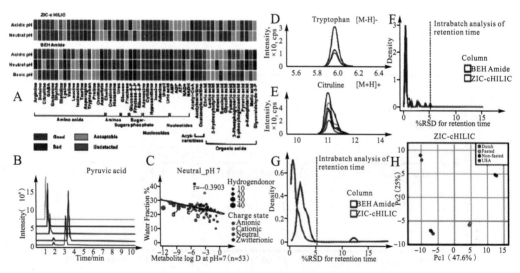

图 7-5　两种 HILIC 色谱柱（BEH 酰胺）和 ZIC-cHILIC 与 MS 联用
分析人血浆样品的代谢组学研究[49]

注：A，不同代谢物在各色谱条件下的性能得分；B，色谱柱选择性和色谱峰性能；C，保留机制；D、E，色氨酸和瓜氨酸色谱图；F、G，峰面积和保留时间的重复性；H，代表性代谢物分析。

　　氨基酸是多肽和蛋白质的组成模块，在许多生物化学过程中发挥重要作用。但由于大多数氨基酸具有较高的极性和低分子量，在 RP−LC 中通常需要进行衍生化以提高分离和（或）检测效率，步骤耗时、烦琐[101]，使其在临床应用中受限。Zhu 等[102]开发了一种快速、高通量、敏感且可靠的定量方法，通过 HILIC 与串联质谱同时对 40 种天然氨基酸及其衍生物进行分析，包括 N−乙酰氨基酸和寡肽。通过优化，Acquity UPLC BEH 酰胺柱的分离和检测性能最佳。Gao 等[103]也采用 Acquity UPLC BEH 酰胺柱实现了大鼠血浆中的 16 种神经递质及其代谢物的同时定量分析，包括兴奋性（L−谷氨酸和 L−天冬氨酸）和抑制性（g−氨基丁酸和 L−甘氨酸）神经递质。

　　有机酸是生物体内许多关键代谢途径的关键组成部分，在三羧酸循环、生物合成、维持体内酸碱平衡、荷电物质运输等生物过程中发挥着关键作用。Reçber 等[104]开发了一种 HILIC−LC−ESI−MS/MS 方法，针对 26 种代谢物质，以 105 名健康志愿者、172 名乳腺癌早期患者和 92 名转移性乳腺癌患者血浆样品为研究对象进行了代谢组学分析，为乳腺癌早期诊断提供依据。所有实验均使用 Merck SeQuant ZIC−HILIC 色谱柱。结果显示，HILIC−LC−ESI−MS/MS 方法的每种代谢物线性相关系数值在 $0.991 \sim 0.999$，检测限和定量限分别在 $5.9 \times 10^{-5} \sim 1.0 \times 10^{-2}$ mg/mL 和 $1.8 \times 10^{-4} \sim 5.3 \times 10^{-2}$ mg/mL。

　　（三）HILIC 用于组织（细胞）中代谢组学的研究

　　组织或细胞中的代谢组学是一种研究生物体组织（细胞）中代谢物的整体组合和变化的科学领域，可提供局部的代谢信息，对部分只影响局部代谢的疾病研究具有重要意义。生物活性脂质是由参与炎症过程的所有细胞分泌的内源性可溶介质，在多个免疫过程中起着关键作用。Southam 等[105]使用 Amide−HILIC−UHPLC−MS（用于极性提取）和 C18−UHPLC−MS（用于非极性提取）评估了 3 种组织基质（羊心脏、肾脏和肝脏）中的代谢物和脂质提取方法。单相极性方法提取的脂质水平较双相极性更高，而这些脂质在 HILIC−UHPLC−MS 期间对其他化合物的检测抑制较小。这项工作表明，HILIC 在极性生物活性脂质分析中起到了至关重要的作用，能呈现更好的选择性。Chapel 等[106]建立了一种在线的 HILIC×RPLC 系统用于复杂的胰酶消化物样本。结果显示，在相同的分析时间下，该系统的峰容量比 RPLC×RPLC 系统的峰容量高 50%。Klavins 等[107]建立了一种基于 HILIC 和 RPLC 技术的平行分析方法，对来源于中央碳代谢的 30 种主要细胞间的代谢物（氨基酸、有机酸和核苷酸等）进行正交分离和定量，与 HILIC MS/MS 和 RPLC MS/MS 的比较表明，平行 LC 柱方法呈现出更优异的分析性能。

（苏会岚　张　弛）

第二节　亲水作用色谱在蛋白质组学中的应用

　　在所有组学方法中，蛋白质组学和代谢组学在过去十年中受到越来越多的关注。这两种方法都已十分成熟，已经广泛应用于生物标记物的发现，疾病诊断、分期和预后评价，以及对各种病理生理过程的认知等。在分析方面，反相液相色谱−质谱（RPLC−MS）

因其易用性和重现性好等特点，被认为是蛋白质组学和代谢组学的黄金标准。然而，仅靠 RPLC-MS 还不足以解析蛋白质组的复杂性，其极性代谢物的保留率通常很低。在这种情况下，HILIC 因其正交分离机制而成为一种极具吸引力的补充方法。

蛋白质组学是对蛋白质组（即生物体或生命系统产生或改变的所有蛋白质）的全面分析[108]。与基因组（即生物体的遗传信息）相比，生物体的蛋白质组并非恒定不变，而是随着时间的推移动态变化。因此，蛋白质表达水平的变化、化学修饰（翻译后修饰，PTM）和构象变化经常被作为生理条件变化（如疾病进展）的生物学标志物进行研究。大规模蛋白质组学实验面临的重大挑战包括蛋白质的高度复杂性、蛋白质的化学修饰（翻译后修饰）以及蛋白质的构象变化。蛋白质含量动态范围广[109-110]。在一个复杂的生物体中，存在着数以万计的蛋白质。

最常见的蛋白质鉴定和定量方法是液相色谱-质谱联用技术（LC-MS）。最常见的方法是自下而上的蛋白质组学，即通过特定酶水解产生的肽来鉴定蛋白质。其他方法包括使用水解频率较低的氨基酸或特征亚基序列的酶。其结果是在所谓的中间向下或中间向上蛋白质组学中分析较大的肽或亚基。其次就是直接分析完整的蛋白质，此种方法被称为自上而下的蛋白质组学。

蛋白质组学的研究方法主要包括质子核磁共振波谱、毛细管电泳（CE）法、气相色谱（GC）法以及 LC-MS 等[111]。其中，使用大气压电喷雾电离（ESI）的 LC-MS 是最常用的技术。与其他技术相比，LC-MS 具有更宽的动态范围和更高的灵敏度。蛋白质组学 LC-MS 数据采集模式，通常具有通量高、分辨率高和选择性强等特点，以满足大量复杂样品的分析需求[112]。

RPLC-MS 是蛋白质组学分析最为常见的方法。但 RPLC 无法很好地保留各种高极性和可电离组分[113]，蛋白质属于极性物质，通常在水中具有良好的溶解性，其极性和物理化学性质由其氨基酸组成（如类型、长度、顺序等）、翻译后修饰和蛋白质的空间结构决定，并且蛋白质组学分析的样品复杂性高、动态范围广，当需要进行深入分析时，通常会考虑在 RPLC-MS 之前进行额外的液相色谱预分离，以富集特定种群或将样品组分分成不同的子样本，从而降低样品蛋白质组的复杂性。HILIC 是 RPLC-MS 的一种重要替代和补充分离技术，可以作为在线和离线 2D-LC 分离的正交机制，有助于解决上述一些问题。

一、蛋白质组学分析中 HILIC 的技术特征

蛋白质的极性和化学物理性质由其氨基酸组成、PTM 以及空间结构等决定。但在色谱分离时，流动相中使用了高比例的有机溶剂，蛋白质通常是在变性条件下进行分析的，因此氨基酸组成和 PTM 的存在对蛋白质或肽的保留非常重要。特别是最常见的翻译后修饰（如乙酰化、糖基化、磷酸化、脱氨基和甲基化），会改变蛋白质的局部和整体电荷以及极性。在蛋白质组学中，蛋白质通常在肽水平上（即自下而上的蛋白质组学）、亚基/大肽水平上（即中间向上或中间向下方法）或作为完整蛋白质（即自上而下的蛋白质组学）进行分析。HILIC 已被用于所有这些方法中，并证明了其替代选择性。

（一）蛋白质组学中的 HILIC 固定相

HILIC 所用固定相的化学性质对于样品中蛋白质或肽与固定相之间相互作用的类型和强度非常重要[113]。目前大多使用具有化学修饰极性表面的硅胶颗粒（中性或带电相）。用于蛋白质组学分析的中性固定相大多使用基于二元醇或酰胺的化学合成剂。这些固定相的离子交换作用弱，主要根据极性来分离化合物，可用于蛋白质组学分析复杂的肽混合物（如细胞裂解物消化液）、完整蛋白质以及糖肽的富集。使用带电固定相时，静电吸引力和排斥力决定带电分析物的保留强弱。弱阴离子交换剂（WAX）和强阴离子交换剂（SAX）已被用于静电排斥相互作用色谱法（ERLIC）[114]，以分离或富集磷酸肽、脱酰胺肽和糖肽等。

（二）蛋白质组学中的 HILIC 流动相

在蛋白质组学中，为确保肽、蛋白质亚基和完整蛋白质的完全溶解，通常使用含 2%～50% 水（V/V）的溶剂进样，而在 RPLC-MS 中，水的比例通常在 2%～5%。在 HILIC 色谱柱中直接注入高比例的水相会导致峰值失真。这种影响在大体积进样（即超过色谱柱体积的 10%）时更为突出。Kozlik 等[115]描述了进样溶剂成分对使用低流量 HILIC-MS 分析血卟啉糖肽的影响，在 75 μm×150 mm 色谱柱上，进样 500 nL 含 60% 乙腈（V/V）溶剂的样品，会导致糖肽峰分叉。用 80% 乙腈（V/V）溶液进样可以避免这种分叉现象。这种富含乙腈的溶剂可能适用于（糖）肽，但对于水生肽来说往往不可行。事实上，溶剂中乙腈含量过高可能会导致蛋白质变性和预沉淀，尤其是在长时间保存样品的情况下（如 1～2 天）。因此，含有完整蛋白质的样品通常溶解在含水量 80～90% 的溶剂（V/V）中。Gargano 等在使用酰胺 HILIC 色谱柱分析几种参考蛋白质，使用 90% 的水作为进样溶剂时，会有一部分蛋白质洗脱不出来，这表明存在色谱柱过载。分析物过载可通过注入小体积样品（即低于色谱柱体积的 1%）来避免。避免注入大量强洗脱溶剂的另一种方法是使用预柱从高水性样品中捕获蛋白质。在这种方法中，首先使用阀切换装置，使用 RPLC 流动相（如 5% ACN 和 0.1% TFA）将蛋白质浓缩在小的疏水性（如 C4）捕集柱上。随后捕集柱与分析柱进行在线切换，使用大分子有机 HILIC 流动相对蛋白质进行解吸。这样，被分析蛋白质就可以溶解在高比例的水中。用弱 HILIC 溶剂从 RPLC 捕集柱解吸后，蛋白质在实际分离前集中到 HILIC 色谱柱上[116]。这种方法可以加载大量样品，但实际上注入 HILIC 色谱柱的样品量却极少。由于这种方法可显著预浓缩样品并减少样品的上样量，因此非常适用于毛细管 HILIC-MS 装置分析低浓度糖蛋白。

（三）蛋白质组学中的 HILIC 流动相添加剂

使用 HILIC 和 ERLIC-MS 分析肽时，流动相通常含有挥发性盐或挥发性酸性添加剂。在大多数情况下，pH 值都保持在较低水平（pH 值≤4），使用酸性修饰剂（如甲酸或乙酸），或者酸盐结合使用。缓冲液的 pH 值可影响固定相的电荷并改变肽的电荷状态。特别是低 pH 值会降低羧酸的电离，有利于碱性肽的电离，从而有利于肽的保留，这对于调节离子交换相互作用和肽的电喷雾电离非常重要。在 HILIC 和 ERLIC 分析或用于富集糖肽和完整糖蛋白的亚基时，通常会使用含有负电荷离子配对剂（如三氟乙酸）的流动相。在分析糖蛋白和多肽时，反式脂肪酸离子可以屏蔽蛋白质带正电荷位点，确保了分离时具有足够的选择性。

肽的分子量较高（通常在 3~9 kDa），对其进行分析需要使用与 MS 兼容的流动相条件（如醋酸/甲酸或缓冲液、醋酸铵/甲酸铵），这通常会导致峰展宽，这可能与固定相的二次相互作用有关。因此，与 RPLC－MS 相比，HILIC 分离复杂样品的峰容量往往较低。此外，由于乙腈含量高[117]，预期的峰强度低于小分子，特别是多电荷物质的峰强度。Simion 等[118]观察到肽在有机溶剂中的电荷状态发生了变化，RPLC 中的双电荷或三电荷肽转变为 HILIC－MS 中的单电荷物种，而在蛋白质组学实验中，单电荷离子通常被排除在外，以减少杂质或其他小分子在蛋白质组学实验中的碎裂。

（四）蛋白质组学中的 HILIC 分离模式

当在二维液相色谱分离中采用离线或在线耦合液体分离方法时，由于峰容量的增加和不同分离选择性的耦合，在每个时间段内进入质谱仪的样品的复杂性都会降低，增加了可鉴定的肽和蛋白质的数量。要想最大限度地提高分离能力，必须满足两个重要条件：①两种分离模式应针对不同的样品维度（两种选择性机制必须是正交的）[119]；②在第一个维度上分离的峰不应在第二个分离维度之前混合（第一个分离维度上的峰不应在第二个分离维度上混合）[120]。

二维液相色谱分离可以在线或离线实现。这两种方法在分离馏分的取样方式上有所不同。离线方法可以通过 SPE 过程中不同时间或者 UV 提示的目标物出峰时间进行馏分收集。然后，馏分可在不同溶剂之间进行干燥、复溶以及混合，减少溶剂不相容问题[121]。此外，离线状态下，第二维度的分析速度不受限制，是利用两个分离维度的分辨能力并获得高蛋白质组覆盖率的最佳和最简单的方法。

在线二维液相色谱的优势在于：大大缩短了获得高峰容量所需的分析时间，减少了样品损失（如样品瓶吸附），将样品稀释降到最低。在线 2D－LC（LC×LC）可以对样品进行综合分析，对一维进行广泛数据采集，并在单位时间内获得较高的峰容量（每小时的分析峰容量超过 1000 个）。然而，两个色谱过程的耦合限制了在第二维度上可实现的分离效率（二维的运行时间通常低于 1 分钟）。此外，蛋白质组学分析通常在纳流速下进行，以提高 MS 的灵敏度。低流速、切换阀和两台液相色谱装置连接、泵的死体积等因素，决定了只能从一维收集有限数量的馏分（通常低于 10 个），并在二维中进行分析。在将 HILIC 与 RPLC 联用时，由于流动相的洗脱强度相反，在 RPLC 中 ACN 是强洗脱溶剂，而在 HILIC 中是弱洗脱溶剂，因此需要专用的在线耦合溶剂转移和切换方案来解决潜在的问题[122]。

尽管低流量在线 2D－LC 仪器自首次应用于蛋白质组学分析以来取得了长足进步[123]，但其应用大多仅限于学术研究，大多数使用 2D－LC 的蛋白质组学研究都采用离线工作流程。

二、HILIC 用于蛋白质组学研究

（一）基于 HILIC 固相萃取的多种修饰肽富集

糖基化是蛋白质的一种翻译后修饰，即在蛋白质上连接聚糖结构。许多生物功能都

与蛋白质糖基化有关，包括细胞－细胞信号传导、蛋白质稳定性、蛋白质定位和免疫反应等。

　　研究糖蛋白的糖组成和定位最常用的方法是糖肽分析，HILIC 常用于富集分离肽混合物中的糖肽，然后通过 RPLC－MS 分析鉴定糖肽，虽然可以直接分析肽混合物中的糖肽，但由于其丰度和电离效率较低，质谱检测的灵敏度通常会降低[124]。因此需进行预富集。富集方法多种多样，如凝集素亲和层析法、酰肼化学和其他化学方法[125]、硼酸盐亲和层析法和 HILIC/ERLIC[126]。一般来说，使用 HILIC/ERLIC，通过固相萃取进行富集的离线方法已被证明能鉴定出最多的糖肽[127]，而且不会偏向于收集大量不同种类的糖肽，与 MS 的兼容性也很好。不过，与化学方法等相比，这些方法对糖肽特异性较低，也会捕获其他水合肽。由于 HILIC 对糖肽的选择性降低，因此 HILIC 也可以用来富集其他形式的蛋白质翻译后修饰。有报道称 SPE－ERLIC 富集了糖肽和磷酸肽。具体做法是使用 AX 固定相（polyWAX/polySAX）和 ERLIC 流动相（如 pH 值为 2 的 70％ ACN 与 20 mmol/L 甲基膦酸钠）装载样品，先用 HILIC 弱流动相（如 90％ ACN、0.1％TFA）洗脱磷酸肽，再用 HILIC 强流动相（如 20％ ACN、0.1％ TFA）洗脱糖肽。SPE－HILIC/ERLIC 已被用于分析人类血液[128]、癌症组织、猪血浆[129]和小鼠大脑[130]中的糖蛋白。Cui 等[131]的研究表明，ERLIC 材料可用于固相萃取（SPE），以富集糖肽以外的磷酸肽。他们通过比较 10 种不同的洗脱液组成，发现流动相的选择决定了哪一类化合物能被洗脱出来。对于两类肽，低 pH 值洗脱条件下的回收率最高，但只有在加入竞争性盐（磷酸二氢钾）以打破吸附剂与磷酸肽之间的库仑相互作用时，磷酸肽才能以较高的回收率洗脱出来。值得注意的是，HILIC 并不常用于乙酰化肽的富集。

　　（二）自下而上的蛋白质组学

　　样品按照标准方法将蛋白质消化成肽，然后分离消化样品，记录肽的 m/z 比值（MS）和碎片模式（MS/MS）。根据数据库搜索生成已识别肽段列表，并据此推断特定样品中蛋白质的种类[132]。在过去 20 多年中，质谱仪在灵敏度、分辨力和扫描速度等性能方面都有了大幅提高，甚至出现了包括离子淌度技术在内的 4D 蛋白质组学技术，使得肽段的数量和准确度得到极大的提升。

　　1. 广义蛋白质组学。

　　自下而上的蛋白质组学涉及在单次实验中分析整个蛋白质组，是目前使用最多、方法最为成熟的蛋白质组学分析策略。Zachrie[133]在传统的基于疏水性的反相色谱（RPC）之前，采用静电斥力－亲水相互作用色谱（ERLIC）进行离线分馏，为了增加可获得的裂解位点数量，在胰蛋白酶消化前和消化过程中引入了 Lys－C 处理，通过比较发现了 134 个驻留蛋白，平均拷贝数小于 1，包括大脑中非普遍存在的神经递质的囊泡转运体。Liu 等[134]研究了纳米级 HILIC 色谱柱的分离效率和 Van Deemter 曲线，用长达 1 m 并装填 5 nm 颗粒的纳米级 HILIC 色谱柱，实现了高达 130 的峰容量，比较了纳米级 HILIC 和纳米级 RPLC 的分辨率和蛋白质鉴定能力。结果结果表明，纳米级 HILIC 和纳米级 RPLC 都能为蛋白质测序提供高分辨率谱图，但这两种模式都没有明显的优越性。在鉴定出的 99 个消化肽中，17 个是纳米 HILIC－MS 唯一鉴定出的，20 个是纳米

RPLC-MS 唯一鉴定出的，62 个是这两种方法鉴定出的。

2. 修饰蛋白质组学。

与 RPLC-MS 相比，直接使用 HILIC-MS 分析糖肽并不常见，在 HILIC 中，糖肽通常会被更强地保留下来，并从非糖基化肽中分离出来。但是 HILIC 对肽或糖蛋白中糖的数量和类型具有独特的选择性。这对研究糖蛋白的结构异质性很有吸引力，特别是 HILIC-MS 分析可以分离糖的异构体。在 Molnarova 等[135] 最近的一项研究中，使用 3 种不同的 HILIC 材料（带电和中性）和 C18 色谱柱比较了基于 LC-MS 的人血清 IgG（IgG1 和 IgG2）分离效果。此外，Van der Burgt 等[136] 发表的一篇文章利用 HILICMS（中性、酰胺基）的异构体分辨能力，采用多反应监测检测（MRM）方法对作为前列腺癌生物标记物的人类前列腺特异性抗原（PSA）进行了临床表征。与 IgG 分析类似，HILIC 提供了足够的分离能力来区分在 α_{2-3} 和 α_{2-6} 连接上不同的硅氨酰化 N-聚糖异构体。通过适当的校准，这种基于 HILIC 的方法既能通过 PSA 的蛋白型肽对 PSA 进行定量，又能鉴定糖肽的存在和异构性。

脱酰胺是一种破坏蛋白质结构和功能的蛋白质修饰，研究的重点通常是天冬酰胺（Asn）脱酰胺作用，在受影响蛋白质中与 Asn 相同位置上生成 L-天冬氨酸（LAsp）、D-天冬氨酸（D-Asp）、L-异天冬氨酸（L-isoAsp）或 D-异天冬氨酸（D-isoAsp）残基。脱酰胺作用最常在肽水平上进行研究，但由于疏水性高度相似，异构肽通常无法用 RPLC 进行分辨；由于不同的残基具有不同的侧链 pK_a 值，肽应表现出不同的 pI 值（如 isoAsp<n-Asp<Asn）。因此，电荷差异驱动的分离适用于区分 Asn 和 Gln 脱酰胺；在这一特定案例中，使用了 1200 分钟的梯度来最大限度地分离人脑组织胰蛋白酶消化液中的所有肽段[137]。LERLIC-MS/MS 在分离 Asn 脱酰胺产物方面表现出一致的能力，根据 pI 值差异，Asp 的洗脱时间早于 isoAsp。此外，LERLIC-MS/MS 还成功表征了更复杂的肽段组合，包括显示两种独立脱酰胺 Asn 和 Gln 蛋白形式的肽段组合。在展示了 ERLIC-MS 在脑组织中的分离效率后，同一研究小组进一步使用这种方法研究了与痴呆症相关的淀粉样变性。对可溶性和聚集性淀粉样斑块的分析表明：各种蛋白质都有显著的富集和脱酰胺作用[138]。利用一维和二维选择性的不同，还可以提高脱酰胺肽（以及蛋白质）的覆盖率。在一维中使用 RPLC 可根据疏水性分离肽，确保特定肽及其脱酰胺物种的共洗脱。将这一馏分送入基于 ERLIC 的第二维度，就能对其进行鉴定。Hao 等[139] 应用这种方法分析了大鼠肝脏组织中的脱酰胺作用。经过 60 分钟的纳米级 RPLC 分离，离线收集到 24 个馏分，随后进行 ERLIC-MS/MS 测定，共收集了约 250000 个 MS/MS 图谱，鉴定出 1305 个至少含有 2 个特征肽段的蛋白质。

蛋氨酸氧化是一种常见的 PTM，其已被证明会影响多种蛋白质的结构、稳定性和生物功能[140]。Badgett 等[141] 使用羟基（中性）固定相进行多肽分离，能够同时分离修饰肽段和原生肽段，即使使用低分辨率质谱仪也能对峰面积或峰高进行可靠的定量。值得注意的是，氧化肽的选择性总是非常相似。这使他们能够将这一 PTM 作为保留时间建模的一个参数，用于 HILIC 分离。Khaje 和 Sharp[142] 在以肽氧化为重点的研究中结合使用了含反式脂肪酸的洗脱液，使用了一种齐聚物 HILIC 材料，这种组合最大限度地减少了氧化位置对特定肽保留的影响。

只有两项研究表明 HILIC 可用于自下而上的蛋白质组学研究。第一项研究侧重于组蛋白 H3 修饰[143]，而第二项研究则关注恶性疟原虫完整蛋白质组中的精氨酸甲基化[144]。在前一项研究中，研究者希望分析所有三种不同组蛋白 H3 变体的 K27/K36 修饰。样品消化后，同时用 RPLC-MS/MS 和 HILIC-MS/MS 进行分析。通过这种组合分离方法，对所有可能的组合修饰（该单个肽可能有 69 种不同的修饰）进行全面鉴定。通过 HILIC，鉴定并量化了 34 种肽段。

（三）中间向下的蛋白质组学

在组蛋白乙酰化和甲基化研究中，自上而下的蛋白质组学方法存在一些弊端，原因是此类重度修饰蛋白数据分析限制。于是人们建立中间向下的蛋白质组学质谱方法，这种方法侧重于分析由特定蛋白酶产生的大分子肽段，并结合有效的生物动力学策略，对异构体进行定量分析。这种方法在组蛋白分析中也得到了广泛的应用，使用的是涉及 HILIC 的单维[145]或多维分离[146]。首先，使用 RPLC 分离组蛋白家族。然后，利用 AspN 消化特定部分，生成大肽片段，再用 RPLC 进行纯化，以聚焦于特定区域（如 H4 N 端尾部），根据肽的乙酰化程度进行 ERLIC 分离。通过 MS/MS 实验，可以对肽段进行全面测序，并确认乙酰化和甲基化位点的存在。通过这种方法，总共鉴定和量化了 230 多种组蛋白 H4 的蛋白形式。在另一项研究中，利用直接 ERLICUVPD-MS/MS 方法在未分馏的 HeLa 细胞裂解液中发现了 300 多种蛋白形式[147]。

（四）自上而下的蛋白质组学

1. 广义的蛋白质组学。

自下而上的蛋白质组学只能揭示蛋白质在蛋白形态中的有限分布信息。蛋白质形态的鉴定对于描述蛋白质的活性、它们之间的关系以及最终的活性状态至关重要。因此，需要发展自上而下的蛋白质组学。使用 HILIC 分离完整蛋白质的方法越来越受到关注。不同类型的色谱柱已成功应用于蛋白质的分离。通常使用的两大类固定相包括弱离子交换固定相和中性（多羟基化）固定相。迄今为止，HILIC-MS 已被应用于组蛋白、膜蛋白、肽链蛋白、单克隆抗体、生物制药和新糖蛋白等的研究。Andrea 等[148]使用 RPLC 捕集柱装载和进样，避免了毛细管柱（内径 200 μm）中蛋白质溶解性和体积装载性的问题。低流速和电喷雾界面中掺杂气体的使用，提高了蛋白质电离效率，减少了反式脂肪酸的抑制。模型蛋白质混合物的分析结果所显示：这种方法可以分离和检测少量蛋白质（柱上注入量最低为 5 纳克）。

2. 修饰蛋白质组学。

在基于 HILIC 的蛋白质组学乙酰化和甲基化研究中，重点几乎都放在组蛋白的表征上。核心组蛋白有多种 PTM，其中包括赖氨酸乙酰化和赖氨酸或精氨酸甲基化。这些 PTM 生成了"组蛋白密码"，与各种染色质相关的细胞过程有关[149]。由于这些并发的 PTM 非常复杂，因此自下而上的肽图绘制变得十分复杂。虽然可以在肽水平上精确定位修饰，但却失去了蛋白质的整体组成。由于组蛋白的分子量相当低（例如，H2-4 家族的分子量为 11~18 kDa），完整分离和 MS 检测就可以变为现实。然而，由于组蛋白数量庞大，不可能通过单维分离进行全面鉴定。因此，完整的分析只能使用多维分离，将 RPLC 和 ERLIC 耦合，RPLC 用于分离组蛋白家族，而 ERLIC 则可根据乙酰化和（或）甲基化程度（由于带电残基的丢失）进行区分。

三、展望

人们已经在各个层面（肽和蛋白质层面）探索了使用 HILIC 或 ERLIC-MS 来表征复杂蛋白质组的方法，发现在分析肽和蛋白质时，HILIC 与 RPLC 相比具有独特的分离性和正交性。然而，HILIC 的峰容量较低，所需的条件也较为复杂，这限制了它在蛋白质组学研究中的应用。尽管如此，HILIC 的独特选择性已被证明是分馏复杂蛋白质样品的重要策略，其性能可与 SCX 和高 pH 值 RPLC 等参考方法相媲美，甚至更胜一筹。HILIC 和 ERLIC 已被证明是分析蛋白质修饰的绝佳方法。特别是 HILIC 保留亲水性化合物的能力可用于富集糖基化和磷酸化肽段，一些研究报告称同时富集了这两种PTM。此外，事实证明 HILIC 分离技术还能成功分离并加强对乙酰化、脱氨基、甲基化和氧化等 PTM 的检测。

总之，HILIC 有望在蛋白质组学中得到进一步应用，从而获取迄今仍未得到充分研究的病理生理信息。

参考文献

[1] Lu W, Bennett BD, Rabinowitz JD. Analytical strategies for LC-MS-based targeted metabolomics [J]. Journal of Chromatography B, 2008, 871 (2).

[2] Toniolo P, Boffetta P, Shuker DEG, et al. Application of biomarkers in cancer epidemiology, workshop report [J]. Iarc Scientific Publications, 1997, 142.

[3] Albertini R, Bird M, Doerrer N, et al. The use of biomonitoring data in exposure and human health risk assessments [J]. Environmental Health Perspectives, 2006, 114 (11).

[4] Chen C, Gonzalez FJ. LC-MS-based metabolomics in drug metabolism [J]. Drug Metabolism Reviews, 2007, 39 (2-3).

[5] Nicholson JK, Lindon JC, Homes E. "Metabonomics": understanding the metabolic responses of living systems to pathophysiological stimuli via multivariate statistical analysis of biological NMR data [J]. Xenobiotica, 1999, 29 (11).

[6] Robertson DG, Reily MD, Sigler RE, et al. Metabonomics: evaluation of nuclear magnetic resonance (NMR) and pattern recognition technology for rapid in vivo screening of liver and kidney toxicants [J]. The Journal of Toxicological Sciences, 2000, 57 (2).

[7] Gullberg J, Jonsson P, Nordstrom A, et al. Design of experiments: an efficient strategy to identify factors influencing extraction and derivatization of Arabidopsis thaliana samples in metabolomic studies with gas chromatography/mass spectrometry [J]. Analytical Biochemistry, 2004, 331 (2).

[8] Monton MRN, Soga T. Metabolome analysis by capillary electrophoresis-mass

spectrometry ［J］. Journal of Chromatography A，2007，1168 (1—2).

［9］ Sumner LW. Current status and forward looking thoughts on LC/MS metabolomics ［J］. Biotechnology in Agriculture and Forestry，2006，57.

［10］ Spagou K，Tsoukali H，Raikos N，et al. Hydrophilic interaction chromatography coupled to MS for metabonomic/metabolomic studies ［J］. Journal of Separation Science，2010，33 (6—7).

［11］ Lenz EM，Wilson ID. Analytical strategies in metabonomics ［J］. Journal of Proteome Research，2007，6 (2).

［12］ Wilson ID，Plum R，Granger J，et al. HPLC—MS—based methods for the study of metabonomics ［J］. Journal of Chromatography B—analytical Technologies in The Biomedical and Life Sciences B，2005，817 (1).

［13］ Cubbon S，Antonio C，Wilson J，et al. Metabolomic applications of HILIC—LC—MS ［J］. Mass Spectrometry Reviews，2010，29 (5).

［14］ Hollywood K，Brison DR，Goodacre R. Metabolomics：current technologies and future trends ［J］. Proteomics，2006，6 (17).

［15］ Soga T，Ueno Y，Naraoka H，et al. Simultaneous determination of anionic intermediates for Bacillus subtilis metabolic pathways by capillary electrophoresis electrospray ionization mass spectrometry ［J］. Analytical Chemistry，2002，74 (10).

［16］ Soga T，Ohashi Y，Ueno Y，et al. Quantitative metabolome analysis using capillary electrophoresis mass spectrometry ［J］. Journal of proteome research，2003，2 (5).

［17］ Ullsten S，Danielsson R，Backstrom D，et al. Urine profiling using capillary electrophoresis—mass spectrometry and multivariate data analysis ［J］. Journal of Chromatography A，2006，1117 (1).

［18］ Lu WY，Kimball E，Rabinowitz JD. A high—performance liquid chromatography—tandem mass spectrometry method for quantitation of nitrogen—containing intracellular metabolites ［J］. Journal of The American Society For Mass Spectrometry，2006，17 (1).

［19］ Keevil BG，Owen L，Thornton S，et al. Measurement of citrate in urine using liquid chromatography tandem mass spectrometry：Comparison with an enzymatic method ［J］. Annals of Clinical Biochemistry，2005，42.

［20］ Fernandez—Fernandez R，Lopez—Martinez JC，Romero—Gonzalez R，et al. Simple LC—MS determination of citric and malic acids in fruits and vegetables ［J］. Chromatographia，2010，72 (1—2).

［21］ Jaitz L，Mueller B，Koellensperger G，et al. LC—MS analysis of low molecular weight organic acids derived from root exudation ［J］. Analytical and Bioanalytical Chemistry，2011，400 (8).

［22］ Tsukamoto Y，Santa T，Saimaru H，et al. Synthesis of benzofurazan derivatization reagents for carboxylic acids and its application to analysis of fatty acids in rat plasma by high — performance liquid chromatography — electrospray ionization mass spectrometry [J]. Biomed Chromatogr, 2005, 19 (10).

[23] Luo B, Groenke K, Takors R, et al. Simultaneous determination of multiple intracellular metabolites in glycolysis, pentose phosphate pathway and tricarboxylic acid cycle by liquid chromatography — mass spectrometry [J]. Journal of Chromatography A, 2007, 1147 (2).

[24] Kiefer P, Delmotte N, Vorholt JA. Nanoscale ion—pair reversed—phase HPLC— MS for sensitive metabolome analysis [J]. Analytical Chemistry, 2011, 83 (3).

[25] Coulier L, Bas R, Jespersen S, et al. Simultaneous quantitative analysis of metabolites using ion—pair liquid chromatography — electrospray ionization mass spectrometry [J]. Analytical Chemistry, 2006, 78 (18).

[26] Zoppa M, Gallo L, Zacchello F, et al. Method for the quantification of underivatized amino acids on dry blood spots from newborn screening by HPLC— ESI MS/MS [J]. Journal of Chromatography B, 2006, 831 (1—2).

[27] Armstrong M, Jonscher K, Reisdorph NA. Analysis of 25 underivatized amino acids in human plasma using ion—pairing reversed—phase liquid chromatography/ time—offlight mass spectrometry [J]. Rapid Communications in Mass Spectrometry, 2007, 21 (16).

[28] Dettmer K, Aronov PA, Hammock BD. Mass spectrometry—based metabolomics [J]. Mass Spectrometry Reviews, 2007, 26 (1).

[29] Van DerWerf MJ, Overkamp KM, Muilwijk B, et al. Microbial metabolomics: Toward a platform with full metabolome coverage [J]. Analytical Biochemistry, 2007, 370 (1).

[30] Karala AR, Ruddock LW. Does S—methyl methanethiosulfonate trap the thiol— disulfide state of proteins? [J]. Antioxidants & Redox Signaling, 2007, 9 (4).

[31] Shortreed MR, Lamos SM, Frey BL, et al. Ionizable isotopic labeling reagent for relative quantification of amine metabolites by mass spectrometry [J]. Analytical Chemistry, 2006, 78 (18).

[32] Lamos SM, Shortreed MR, Frey BL, et al. Relative quantification of carboxylic acid metabolites by liquid chromatography — mass spectrometry using isotopic variants of cholamine [J]. Analytical Chemistry, 2007, 79 (14).

[33] Tsukamoto Y, Santa T, Saimaru H, et al. Synthesis of benzofurazan derivatization reagents for carboxylic acids and its application to analysis of fatty acids in rat plasma by high — performance liquid chromatography — electrospray ionization mass spectrometry [J]. Biomedical Chromatography, 2005, 19 (10).

[34] Xia YQ, Chang SW, Patel S, et al. Trace level quantification of deuterated 17β— estradiol and estrone in ovariectomized mouse plasma and brain using liquid

chromatography/tandem mass spectrometry following dansylation reaction [J]. Rapid Communications in Mass Spectrometry, 2004, 18 (14).

[35] Nelson RE, Grebe SK, O'Kane DJ, et al. Liquid chromatography－tandem mass spectrometry assay for simultaneous measurement of estradiol and estrone in human plasma [J]. Clinical Chemistry, 2004, 50 (2).

[36] Toran－Allerand CD, Tinnikov AA, Singh RJ, et al. 17α － estradiol: a brainactive estrogen? [J]. Endocrinology, 2005, 146 (9).

[37] Anari MR, Bakhtiar R, Zhu B, et al. Derivatization of ethinylestradiol with dansyl chloride to enhance electrospray ionization: application in trace analysis of ethinylestradiol in rhesus monkey plasma [J]. Analytical Chemistry, 2002, 74 (16).

[38] Kushnir MM, Rockwood AL, Bergquist J. Liquid chromatography－tandem mass spectrometry applications in endocrinology [J]. Mass Spectrometry Reviews, 2010, 29 (3).

[39] Nguyen HP, Li L, Gatson JW, et al. Simultaneous quantification of four native estrogen hormones at trace levels in human cerebrospinal fluid using liquid chromatography－tandem mass spectrometry [J]. Journal of Pharmaceutical and Biomedical Analysis, 2011, 54 (4).

[40] Nguyen HP, Li L, Nethrapalli IS, et al. Evaluation of matrix effects in analysis of estrogen using liquid chromatography－tandem mass spectrometry [J]. Journal of Separation Science, 2011, 34 (15).

[41] Furch T, Preusse M, Tomasch J, et al. Metabolic fluxes in the central carbon metabolism of Dinoroseobacter shibae and Phaeobacter gallaeciensis, two members of the marine Roseobacter clade [J]. BMC Microbiology, 2009, 9.

[42] Rhee KY, Sorio De Carvalho LP, Bryk R, et al. Central carbon metabolism in Mycobacterium tuberculosis: an unexpected frontier [J]. Trends in Microbiology, 2011, 19 (7).

[43] Yang L, Kombu RS, Kasumov T, et al. Metabolomic and mass isotopomer analysis of liver gluconeogenesis and citric acid cycle [J]. Journal of Biological Chemistry, 2008, 283 (32).

[44] Ma S, Chowdhury SK. Analytical strategies for assessment of human metabolites in preclinical safety testing [J]. Analytical Chemistry, 2011, 83 (13).

[45] Stahlberg J. Retention models for ions in chromatography [J]. Journal of Chromatography A, 1999, 855 (1).

[46] Nguyen H, Schug KA. The advantages of ESI－MS detection in conjunction with HILIC mode separations: Fundamentals and applications [J]. Journal of Separation Science, 2008, 31 (9).

[47] Naidong W. Bioanalytical liquid chromatography tandem mass spectrometry methods on underivatized silica columns with aqueous/organic mobile phases [J].

Journal of Chromatography B，2003，796（2）.

［48］ Dejaegher B，Heyden YV. HILIC methods in pharmaceutical analysis ［J］. Journal of Separation Science，2010，33（6－7）.

［49］ Sheng Q，Liu M，Lan M，et al，Hydrophilic interaction liquid chromatography promotes the development of bio－separation and bio－analytical chemistry ［J］. Trends in Analytical Chemistry，2023，165.

［50］ Pesek JJ，Matyska MT，Fischer SM，et al. Analysis of hydrophilic metabolites by high－performance liquid chromatography － mass spectrometry using a silica hydride－based stationary phase ［J］. Journal of Chromatography A，2008，1204（1）.

［51］ Yoshida H，Yamazaki J，Ozawa S，et al. Advantage of LC－MS metabolomics methodology targeting hydrophilic compounds in the studies of fermented food samples ［J］. Journal of Agricultural and Food Chemistry，2009，57（4）.

［52］ Tolstikov VV，Fiehn O. Analysis of highly polar compounds of plant origin：Combination of hydrophilic interaction chromatography and electrospray ion trap mass spectrometry ［J］. Analytical Biochemistry，2002，301（2）.

［53］ Langrock T，Czihal P，Hoffmann R. Amino acid analysis by hydrophilic interaction chromatography coupled on － line to electrospray ionization mass spectrometry ［J］. Amino Acids，2006，30（3）.

［54］ Bajad SU，Lu W，Kimball EH，et al. Separation and quantitation of water soluble cellular metabolites by hydrophilic interaction chromatography － tandem mass spectrometry ［J］. Journal of Chromatography A，2006，1125（1）.

［55］ Pesek JJ，Matyska MT，Fischer SM，et al. Analysis of hydrophilic metabolites by high－performance liquid chromatography － mass spectrometry using a silica hydride－based stationary phase ［J］. Journal of Chromatography A，2008，1204（1）.

［56］ Onorato JM，Langish R，Bellamine A，et al. Applications of HILIC for targeted and non－targeted LC/MS analyses in drug discovery ［J］. Journal of Separation Science，2010，33（6－7）.

［57］ Padivitage NLT，Armstrong DW. Sulfonated cyclofructan 6 based stationary phase for hydrophilic interaction chromatography ［J］. Journal of Separation Science，2011，34（14）.

［58］ Qiu H，Loukotkova L，Sun P，et al. Cyclofructan 6 based stationary phases for hydrophilic interaction liquid chromatography ［J］. Journal of Chromatography A，2011，1218（2）.

［59］ Khamis MM，Adamko DJ，El－Aneed A. Mass spectrometric based approaches in urine metabolomics and biomarker discovery ［J］. Mass Spectrometry Reviews，2017，36（2）.

［60］ Alvarez－Sanchez B，Priego－Capote F，Mata－Granados JM，et al. Automated determination of folate catabolites in human biofluids（urine，breast milk and serum) by on-line SPE-HILIC-MS/MS [J]. Journal of Chromatography A, 2010, 1217 (28).

[61] Georgakakou S, Kazanis M, Panderi I. Hydrophilic interaction liquid chromatography/positive ion electrospray ionization mass spectrometry method for the quantification of perindopril and its main metabolite in human plasma [J]. Analytical and Bioanalytical Chemistry, 2010, 397 (6).

[62] Kolmonen M, Leinonen A, Kuuranne T, et al. Hydrophilic interaction liquid chromatography and accurate mass measurement for quantification and confirmation of morphine, codeine and their glucuronide conjugates in human urine [J]. Journal of Chromatography B, 2010, 878 (29).

[63] Eckert E, Drexler H, Goen T. Determination of six hydroxyalkyl mercapturic acids in human urine using hydrophilic interaction liquid chromatography with tandem mass spectrometry (HILIC-ESI-MS/MS) [J]. Journal of Chromatography B, 2010, 878 (27).

[64] Jian W, Edom RQ, Xu Y, et al. Potential bias and mitigations when using stable isotope labeled parent drug as internal standard for LC-MS/MS quantitation of metabolites [J]. Journal of Chromatography B, 2010, 878 (31).

[65] Berthod A, Chang SSC, Kullman JPS, et al. Practice and mechanism of HPLC oligosaccharide separation with a cyclodextrin bonded phase [J]. Talanta, 1998, 47 (4).

[66] Nguyen HP, Yang SH, Wigginton JG, et al. Retention behavior of estrogen metabolites on hydrophilic interaction chromatography stationary phases [J]. Journal of Separation Science, 2010, 33 (6-7).

[67] Jandera P. Stationary and mobile phases in hydrophilic interaction chromatography: a review [J]. Analytica Chimica Acta, 2011, 692 (1-2).

[68] McCalley DV. Is hydrophilic interaction chromatography with silica columns a viable alternative to reversed-phase liquid chromatography for the analysis of ionisable compounds [J]. Journal of Chromatography A, 2007, 1171 (1-2).

[69] Chirita RL, West C, Zubrzycki S, et al. Investigations on the chromatographic behaviour of zwitterionic stationary phases used in hydrophilic interaction chromatography [J]. Journal of Chromatography A, 2011, 1218 (35).

[70] Liu M, Chen EX, Ji R, et al. Stability-indicating hydrophilic interaction liquid chromatography method for highly polar and basic compounds [J]. Journal of Chromatography A, 2008, 1188 (2).

[71] Guo Y, Gaiki S. Retention behavior of small polar compounds on polar stationary phases in hydrophilic interaction chromatography [J]. Journal of Chromatography A, 2005, 1074 (1-2).

[72] Olsen BA. Hydrophilic interaction chromatography using amino and silica columns

for the determination of polar pharmaceuticals and impurities [J]. Journal of Chromatography A, 2001, 913 (1-2).

[73] Swaim LL, Johnson RC, Zhou Y, et al. Quantification of organophosphorus nerve agent metabolites using a reduced-volume, high-throughput sample processing format and liquid chromatography-tandem mass spectrometry [J]. Journal of Analytical Toxicology, 2008, 32 (9).

[74] Qin F, Zhao YY, Sawyer MB, et al. Hydrophilic interaction liquid chromatography-tandem mass spectrometry determination of estrogen conjugates in human urine [J]. Analytica Chimica Acta, 2008, 80 (9).

[75] Johnson RC, Zhou Y, Statler K, et al. Quantification of saxitoxin and neosaxitoxin in human urine utilizing isotope dilution tandem mass spectrometry [J]. Journal of Analytical Toxicology, 2009, 33 (1).

[76] Park EJ, Lee HW, Ji HY, et al. Hydrophilic interaction chromatography-tandem mass spectrometry of donepezil in human plasma: Application to a pharmacokinetic study of donepezil in volunteers [J]. Archives of Pharmacal Research, 2008, 31 (9).

[77] Mawhinney DB, Hamelin EI, Fraser R, et al. The determination of organophosphonate nerve agent metabolites in human urine by hydrophilic interaction liquid chromatography tandem mass spectrometry [J]. Journal of Chromatography B, 2007, 852 (1-2).

[78] Onarato JM, Langish RA, Shipkova PA, et al. A novel method for the determination of 1, 5-anhydroglucitol, a glycemic marker, in human urine utilizing hydrophilic interaction liquid chromatography/MS3 [J]. Journal of Chromatography B, 2008, 873 (5).

[79] Kopp EK, Sieber M, Kellert M, et al. Rapid and sensitive HILIC-ESI-MS/MS quantitation of polar metabolites of acrylamide in human urine using column switching with an online trap column [J]. Journal of Agricultural and Food Chemistry, 2008, 56 (21).

[80] Little JL, Wempe MF, Buchanan CM. Liquid chromatography-mass spectrometry/mass spectrometry method development for drug metabolism studies: Examining lipid matrix ionization effects in plasma [J]. Journal of Chromatography B, 2006, 833 (2).

[81] Chambers E, Wagrowski-Diehl DM, Lu Z, et al. Systematic and comprehensive strategy for reducing matrix effects in LC/MS/MS analyses [J]. Journal of Chromatography B, 2007, 852 (1-2).

[82] Park EJ, Lee HW, Ji HY, et al. Hydrophilic interaction chromatography-tandem mass spectrometry of donepezil in human plasma: application to a pharmacokinetic study of donepezil in volunteers [J]. Archives of Pharmacal

Research，2008，31（9）.

［83］ Jian W，Edom RW，Xu Y，et al. Recent advances in application of hydrophilic interaction chromatography for quantitative bioanalysis［J］. Journal of Separation Science，2010，33（6－7）.

［84］ Tippens HD，Nguyen HP，Schug KA. Evaluation of matrix effects from urine for estrogen metabolites using HILIC coupled with ESI－MS. Proc 59th ASMS Conference on Mass Spectrometry and Allied Topics，2011.

［85］ Song Q，Naidong W. Analysis of omeprazole and 5－OH omeprazole in human plasma using hydrophilic interaction chromatography with tandem mass spectrometry（HILIC－MS/MS）－eliminating evaporation and reconstitution steps in 96－well liquid/liquid extraction［J］. Journal of Chromatography B，2006，830（1）.

［86］ Swaim LL，Johnson RC，Zhou Y，et al. Quantification of organophosphorus nerve agent metabolites using a reduced－volume，high－throughput sample processing format and liquid chromatography－tandem mass spectrometry［J］. The Journal of Analytical Toxicology，2008，32.

［87］ Qin F，Zhao YY，Sawyer MB，et al. Hydrophilic interaction liquid chromatography－tandem mass spectrometry determination of estrogen conjugates in human urine［J］. Analytical Chemistry，2008，80.

［88］ Johnson RC，Zhou Y，Statler K，et al. Quantification of saxitoxin and neosaxitoxin in human urine utilizing isotope dilution tandem mass spectrometry［J］. The Journal of Analytical Toxicology，2009，33.

［89］ Mawhinney DB，Hamelin EI，Fraser R，et al. The determination of organophosphonate nerve agent metabolites in human urine by hydrophilic interaction liquid chromatography tandem mass spectrometry［J］. Journal of Chromatography B，2007，852.

［90］ Onarato JM，Langish RA，Shipkova PA，et al. A novel method for the determination of 1，5－anhydroglucitol，a glycemic marker，in human urine utilizing hydrophilic interaction liquid chromatography/MS3［J］. Journal of Chromatography B，2008，873.

［91］ Matuszewski BK，Constanzer ML，Chavez－Eng CM. Strategies for the assessment of matrix effect in quantitative bioanalytical methods based on HPLC－MS/MS［J］. Analytical Chemistry，2003，75.

［92］ Grant RP. High throughput automated LC－MS/MS analysis of endogenous small molecule biomarkers［J］. Clinical Chemistry and Laboratory Medicine，2011，31.

［93］ Mashego MR，Wu L，Van Dam JC，et al. Mass isotopomer ratio analysis of U－13C－labeled extracts. A new method for accurate quantification of changes in concentrations of intracellular metabolites［J］. Biotechnol Bioeng，2004，85.

[94] Wu L, Mashego MR, Van Dam JC, et al. Quantitative analysis of the microbial metabolome by isotope dilution mass spectrometry using uniformly 13C－labeled cell extracts as internal standards [J]. Analytical Biochemistry, 2005, 336.

[95] Akbal L, Hopfgartner G. Supercritical fluid chromatography－mass spectrometry using data independent acquisition for the analysis of polar metabolites in human urine [J]. Journal of Chromatography A, 1609 (2020), 460449.

[96] Masher AD, Zirah SF, Holmes E, et al. Experimental and analytical variation in human urine in 1H－NMR spectroscopy－based metabolic phenotyping studies [J]. Analytical Chemistry, 2007, 79 (14).

[97] King AM, Mullin LG, Wilson ID, et al. Development of a rapid profiling method for the analysis of polar analytes in urine using HILIC－MS and ion mobility enabled HILIC－MS [J]. Metabolomics, 2019, 15 (2).

[98] Nelis M, Decraecker L, Boeckxstaens G, et al. Development of a HILIC－MS/MS method for the quantification of histamine and its main metabolites in human urine samples [J]. Talanta, 2020, 220.

[99] Zhu QF, Zhang TY, Qin LL, et al. Method to Calculate the Retention Index in Hydrophilic Interaction Liquid Chromatography Using Normal Fatty Acid Derivatives as Calibrants [J]. Analytical Chemistry, 2019, 91 (9).

[100] Hosseinkhani F, Huang L, Dubbelman AC, et al. Systematic evaluation of HILIC stationary phases for global metabolomics of human plasma [J]. Metabolites, 2022, 12 (2).

[101] Prinsen H, Schiebergen－Bronkhorst BGM, Roeleveld MW, et al. Rapid quantification of underivatized amino acids in plasma by hydrophilic interaction liquid chromatography (HILIC) coupled with tandem mass－spectrometry [J]. Journal of Inherited Metabolic Disease, 2016, 39 (5).

[102] Zhu B, Li L, Wei H, et al. A simultaneously quantitative profiling method for 40 endogenous amino acids and derivatives in cell lines using hydrophilic interaction liquid chromatography coupled with tandem mass spectrometry [J]. Talanta, 2020, 207.

[103] Gao L, Zhang Z, Feng Z, et al. Fast determination of 16 circulating neurotransmitters and their metabolites in plasma samples of spontaneously hypertensive rats intervened with five different Uncaria [J]. Journal of Chromatography B, 2021, 1179.

[104] Reçber T, Nemutlu E, Beksaç K, et al. Optimization and validation of a HILIC－LC－ESI－MS/MS method for the simultaneous analysis of targeted metabolites: cross validation of untargeted metabolomic studies for early diagnosis of breast cancer [J]. Microchemical Journal, 2020, 159.

[105] Southam A D, Pursell H, Frigerio G, et al. Characterization of monophasic

solvent−based tissue extractions for the detection of polar metabolites and lipids applying ultrahigh − performance liquid chromatography − mass spectrometry clinical metabolic phenotyping assays [J]. Journal of Proteome Research, 2021, 20.

[106] Chapel S, Rouvière F, Heinisch S. Pushing the limits of resolving power and analysis time in on−line comprehensive hydrophilic interaction x reversed phase liquid chromatography for the analysis of complex peptide samples [J]. Journal of chromatography A, 2020, 1615.

[107] Klavins K, Drexler H, Hann S, et al. Quantitative metabolite profiling utilizing parallel column analysis for simultaneous reversed−phase and hydrophilic interaction liquid chromatography separations combined with tandem mass spectrometr [J]. Analytical Chemistry, 2014, 86 (9).

[108] Dupree EJ, Jayathirtha M, Yorkey H, et al. A critical review of bottom−up proteomics: the good, the bad, and the future of this field [J]. Proteomes, 2020, 8 (3).

[109] Zubarev RA. The challenge of the proteome dynamic range and its implications for in−depth proteomics [J]. Proteomics, 2013, 13 (5).

[110] Harper JW, Bennett EJ. Proteome complexity and the forces that drive proteome imbalance [J]. Nature, 2016, 537 (7620).

[111] Fang ZZ, Gonzalez FJ. LC−MS−based metabolomics: an update [J]. Archives of Toxicology, 2014, 88 (8).

[112] Thomas CJ, Yan Victoria Z, Patricia JS, et al. Development of an accurate and sensitive method for lactate analysis in exhaled breath condensate by LC MS/MS [J]. Journal of Chromatography B, 2017, 1061−1062.

[113] Rampler E, Schoeny H, Mitic BM, et al. Simultaneous non−polar and polar lipid analysis by on−line combination of HILIC, RP and high resolution MS [J]. Analyst, 2018, 143 (5).

[114] David VM. Understanding and manipulating the separation in hydrophilic interaction liquid chromatography [J]. Journal of Chromatography A, 2017, 1523.

[115] Periat A, Krull IS, Guillarme D. Applications of hydrophilic interaction chromatography to amino acids, peptides, and proteins [J]. Journal of Separation Science, 2015, 38 (3).

[116] Alpert AJ. Electrostatic repulsion hydrophilic interaction chromatography for isocratic separation of charged solutes and selective isolation of phosphopeptides [J]. Analytical Chemistry, 2008, 80 (1).

[117] Petr K, Miloslav S, Radoslav G. Nano reversed phase versus nano hydrophilic interaction liquid chromatography on a chip in the analysis of hemopexin glycopeptides [J]. Journal of Chromatography A, 2017, 1519.

[118] Gargano AFG，Roca LS，Fellers RT，et al. Capillary HILIC—MS：a new tool for sensitive top—down proteomics [J]. Analytical Chemistry，2018，90 (11).

[119] Petr K，Miloslav S，Radoslav G. Nano reversed phase versus nano hydrophilic interaction liquid chromatography on a chip in the analysis of hemopexin glycopeptides [J]. Journal of Chromatography A，2017，1519.

[120] Nguyen HP，Schug KA. The advantages of ESI—MS detection in conjunction with HILIC mode separations：Fundamentals and applications [J]. Journal of Separation Science，2008，31 (9).

[121] Romain S，Quentin E，Jordane B，et al. Evaluation of hydrophilic interaction chromatography（HILIC）versus C18 reversed—phase chromatography for targeted quantification of peptides by mass spectrometry [J]. Journal of Chromatography A，2012，1264.

[122] Gilar M，Olivova P，Daly AE，et al. Orthogonality of separation in two—dimensional liquid chromatography [J]. Analytical Chemistry，2005，77 (19).

[123] Davis JM，Stoll DR，Carr PW. Effect of first—dimension undersampling on effective peak capacity in comprehensive two—dimensional separations [J]. Analytical Chemistry，2008，80 (2).

[124] Marchetti N，Fairchild JN，Guiochon G. Comprehensive off—line，two—dimensional liquid chromatography. Application to the separation of peptide digests [J]. Analytical Chemistry，2008，80 (8).

[125] Vonk RJ，Gargano AFG，Davydova E，et al. Comprehensive two—dimensional liquid chromatography with stationary—phase—assisted modulation coupled to high—resolution mass spectrometry applied to proteome analysis of saccharomyces cerevisiae [J]. Analytical Chemistry，2015，87 (10).

[126] Washburn MP，Wolters D，Yates JR. Large—scale analysis of the yeast proteome by multidimensional protein identification technology [J]. Nature Biotechnology，2001，19 (3).

[127] Ongay S，Boichenko A，Govorukhina N，et al. Glycopeptide enrichment and separation for protein glycosylation analysis [J]. Journal of Separation Science，2012，35 (18).

[128] Palaniappan KK，Bertozzi CR. Chemical glycoproteomics [J]. Chemical Reviews，2016，116 (23).

[129] Zhu R，Zacharias L，Wooding KM，et al. Chapter twenty—one—glycoprotein enrichment analytical techniques：advantages and disadvantages [M] //Arun K S. Proteomics in Biology，Part A. Academic Press，2017.

[130] Zacharias LG，Hartmann AK，Song E，et al. HILIC and ERLIC enrichment of glycopeptides derived from breast and brain cancer cells [J]. Journal of Proteome Research，2016，15 (10).

[131] Cui Y，Yang K，Tabang D N，et al. Finding the sweet spot in ERLIC mobile phase for simultaneous enrichment of N－glyco and phosphopeptides [J]. Journal of the American Society for Mass Spectrometry，2019，30 (12).

[132] Neue K，Mormann M，Peter－Katalinić J，et al. Elucidation of glycoprotein structures by unspecific proteolysis and direct nanoesi mass spectrometric analysis of zic－hilic－enriched glycopeptides [J]. Journal of Proteome Research，2011，10 (5).

[133] Poss Z C，Ebmeier C C，Odell A T，et al. Identification of mediator kinase substrates in human cells using cortistatin A and quantitative phosphoproteomics [J]. Cell reports，2016，15 (2).

[134] Liu Y，Wang X，Chen Z，et al. Towards a high peak capacity of 130 using nanoflow hydrophilic interaction liquid chromatography [J]. Analytica Chimica Acta，2019，1062.

[135] Alpert AJ，Hudecz O，Mechtler K. Anion－exchange chromatography of phosphopeptides：weak anion exchange versus strong anion exchange and anion－exchange chromatography versus electrostatic repulsion－hydrophilic interaction chromatography [J]. Analytical Chemistry，2015，87 (9).

[136] Zhang C，Ye Z，Xue P，et al. Evaluation of different n－glycopeptide enrichment methods for n－glycosylation sites mapping in mouse brain [J]. Journal of Proteome Research，2016，15 (9).

[137] Strahl BD，Allis CD. The language of covalent histone modifications [J]. Nature，2000，403 (6765).

[138] Altelaar AFM，Munoz J，Heck AJR. Next－generation proteomics：towards an integrative view of proteome dynamics [J]. Nature Reviews Genetics，2013，14 (1).

[139] Molnarova K，Duris A，Jecmen T，et al. Comparison of human IgG glycopeptides separation using mixed－mode hydrophilic interaction/ion－exchange liquid chromatography and reversed－phase mode [J]. Analytical and Bioanalytical Chemistry，2021，413 (16).

[140] Van Der Burgt YEM，Siliakus KM，Cobbaert CM，et al. HILIC－MRM－MS for linkage－specific separation of sialylated glycopeptides to quantify prostate－specific antigen proteoforms [J]. Journal of Proteome Research，2020，19 (7).

[141] Serra A，Gallart－Palau X，Wei J，et al. Characterization of glutamine deamidation by long－length electrostatic repulsion－hydrophilic interaction chromatography－tandem mass spectrometry (lerlic－ms/ms) in shotgun proteomics [J]. Analytical Chemistry，2016，88 (21).

[142] Adav SS，Gallart－Palau X，Tan KH，et al. Dementia－linked amyloidosis is associated with brain protein deamidation as revealed by proteomic profiling of human brain tissues [J]. Molecular Brain，2016，9 (1).

［143］Hao P，Qian J，Dutta B，et al. Enhanced separation and characterization of deamidated peptides with rp−erlic−based multidimensional chromatography coupled with tandem mass spectrometry ［J］. Journal of Proteome Research，2012，11（3）.

［144］Walther V. Oxidation of methionyl residues in proteins：tools，targets，and reversal ［J］. Free Radical Biology and Medicine，1995，18（1）.

［145］Badgett MJ，Boyes B，Orlando R. The Separation and quantitation of peptides with and without oxidation of methionine and deamidation of asparagine using hydrophilic interaction liquid chromatography with mass spectrometry（HILIC−MS）［J］. Journal of the American Society for Mass Spectrometry，2017，28（5）.

［146］Yu Y，Chen J，Gao Y，et al. Quantitative profiling of combinational k27/k36 modifications on histone h3 variants in mouse organs ［J］. Journal of Proteome Research，2016，15（3）.

［147］Zeeshan M，Kaur I，Joy J，et al. Proteomic identification and analysis of arginine−methylated proteins of plasmodium falciparum at asexual blood stages ［J］. Journal of Proteome Research，2017，16（2）.

［148］Gargano AFG，Roca LS，Fellers RT，et al. Capillary HILIC−MS：a new tool for sensitive top−down proteomics ［J］. Analytical Chemistry，2018，90（11）.

［149］Coradin M，Mendoza MR，Sidoli S，et al. Bullet points to evaluate the performance of the middle−down proteomics workflow for histone modification analysis ［J］. Methods，2020，184.

（王希希　张　珂）

第八章　亲水作用色谱的现状与发展

第一节　亲水作用色谱固定相的现状与发展

HILIC 是一种常用的色谱技术，用于分离极性化合物和水溶性分子。HILIC 色谱柱包含各种各样的极性固定相，从裸硅胶到复杂的混合模式相。与 RPLC 和 NPLC 类似，固定相是 HILIC 分离的核心，其不仅由各种配体组成，还由填料表面的吸附水层组成。配体和吸附水层之间的相互作用使 HILIC 色谱柱的分类、评估和选择非常具有挑战性。极性化合物可能通过表面吸附与极性官能团直接相互作用，如极性－极性相互作用、氢键、静电相互作用。因此，HILIC 中的保留机制要比反相液相色谱（RPLC）或正相液相色谱（NPLC）复杂得多。

一、亲水作用色谱商业化固定相

固定相根据带电情况，分为带电固定相和中性固定相。中性固定相在配体类型方面的种类最多。大多数固定相含有羟基（二醇、戊二醇、环果糖、环糊精）、多羟基或酰胺（天冬酰胺、聚丙烯酰胺和尿素相）基。二醇相在中性固定相中最为常见，其具有适度的吸附水层和对极性化合物的保留率[1]。环糊精（CD）和环果糖相是基于环状低聚糖[2]的具有多褶的羟基。与二元醇相相比，环果糖相已被证明对核酸碱基的保留更强[3]。聚羟基相包括交联二元醇相，是基于含有多个羟基的聚合物，由于聚合物表面的羟基数量减少，其保留率较低。其他聚羟基相对极性化合物的保留更强[1]。此外，化学键脲相可能与二元醇和化学键酰胺相在吸附水层和保留率方面具有相似性。Bicker 等[4]评估了一系列具有不同键合密度的脲相，发现更高的键合密度可以更有效地掩盖表面的硅烷醇基团，从而获得更高的保留率。

二、亲水作用色谱非商业固定相

近年来，设计和开发新的极性固定相的研究仍然非常活跃。许多新型的固定相已经被报道，但还没有商业化。其中，中性固定相主要是基于聚合物研发而成。聚丙烯酰胺通过化学键、物理涂层连接到水解的聚甲基丙烯酸缩水甘油酯－二乙烯基苯（GMA－DVB）微球上，由此产生的水解稳定的固定聚合物表面同时带有酰胺基和羟基，提高了固定相的极性和稳定性。交联聚乙烯醇（PVA）附着在用苄基硫代乙基官能化的二氧化硅上合成，并被证明具有低流失的特点[5]。聚乙烯吡咯烷酮被固定在二氧化硅颗粒上，并可引发在二氧化硅颗粒表面的聚合反应，合成超支化甘油相[6]，通过控制单体的数量可以合成多层的聚甘油，增加保留和改善化合物的分离。通过使用双烷基化的 L-赖氨酸，将不同长度的烷基链（6 或 12 个碳）和多个尿素基团相结合[7]，烷基链的长度与极性化合物的保留有关。

阴离子固定相通常含有羧酸盐、磷酸盐或磺酸盐基团，通过将 1,6-二磷酸果糖螯合到涂有 ZrO 的硅微球的路易斯酸位点上，制备二磷酸果糖相[8]，由此产生的固定相在碱性条件下更具有水解稳定性。磺化壳寡糖相经过壳寡糖首先与 4-甲酰苯磺酸钠进行磺化反应，然后将改性的壳寡糖化学地结合到二氧化硅表面。氨基酸（半胱氨酸、赖氨酸、精氨酸和酪氨酸）和小肽已被用作 HILIC 中阴离子相的配体，半胱氨酸加入聚异丙基丙烯酰胺涂层[9]，可能会增强相的极性。将半胱氨酸附着在 GMA-DVB 微球的表面，可以制备出一种基于聚合物的半胱氨酸相[10]；除氨基酸外，二肽和三肽也被用作 HILIC 中固定相的配体。谷胱甘肽通过化学方法连接到二氧化硅表面[11]。甘氨酰二肽相是通过两步合成，把氨基酸连接到改性二氧化硅上制备的[12]。Buszewski 等[13]制备了一系列含有氨基酸和二肽、三肽的固定相。其他类型的固定相包括：磺酸盐-吡啶相，其包含磺酸酯和吡啶基团，并通过乙烯连接；该聚合物中可能含有未反应的吡啶，在使用低 pH 值流动相时，会产生残留的正电荷。羧酸盐-叔胺相和磺酸盐-叔胺相是通过两种单体的共聚得到的，这两种单体带有正电荷（叔胺）和负电荷（磺酸盐或羧酸），由于正电荷和负电荷来自不同的单体，因此可以通过改变合成中起始单体的比例来控制正负电的数量。

阳离子固定相主要包括两类：一是基于麦芽糖的固定相，尽管麦芽糖本身是中性的，但其中的三唑分子是碱性的。二是基于含有季胺基团的 PVA-阳离子纤维素共聚物[14]，其具有与酰胺相类似的亲水性，但阴离子交换能力低于氨基相。

三、混合模式固定相

混合模式分离涉及不同的保留机制，混合模式固定相有多个配体（如疏水、极性或带电基团），可以产生不同的相互作用。在 HILIC 中，由于涉及分离、吸附和静电作用的复杂保留机制，分离本身就是混合模式。混合模式的概念通常可以解释为以下两种情况：一是当分析物带电时，在 RPLC/IEX 或 HILIC/IEX 混合模式下，静电作用可能同时参与 HILIC 和 RPLC 分离。二是当 RPLC/HILIC 混合模式用于分离低乙腈流动相中的疏水性分析物时，它在 RPLC 模式下工作；如果它被用来在高乙腈的流动相中分离极性化合物，它就在 HILIC 模式下工作。

（一）HILIC/IEX 混合模式

理论上，任何带有带电功能团的极性固定相都可以被视为 HILIC/IEX 混合模式。GlycanPac AXH 柱基于亲水分配和弱阴离子交换机制被用于糖的分离。磺酸盐/叔胺和磺酸盐/吡啶相也被开发用作混合模式固定相[15]。一种基于铝硅酸盐的聚合物材料作为 HILIC 的固定相[16]能够进行阳离子交换，并表现出与二氧化硅和二元醇相类似的离子交换选择性。

（二）RPLC/HILIC 混合模式

分离是 RPLC 和 HILIC 的一个基本保留行为，因此 HILIC/RPLC 混合模式固定相被开发出来。由于 RPLC 或 HILIC 模式需要不同比例的有机溶剂，为了使 RPLC/HILIC 混合模式发挥作用，固定相需要同时具有亲水和疏水的功能团。其优势在于同一根柱子可用于 RPLC 和 HILIC 应用，从而扩大了分析物的极性范围。然而，这种潜在的优势无法在任何一种模式的单次运行中实现，只能通过在 RPLC 和 HILIC 模式下对同一样品的两次单独运行来实现。Aral 等[17]使用 L-异亮氨酸和 4-苯基丁胺作为起始材料，制备了一种含有疏水性苯基丁基分子和亲水性二肽的表面键合混合模式固定相，该固定相被证明在 RPLC 和 HILIC 模式下都具有保留特性。Ferreira 等[18]通过五氟苯基相添加一个酰胺基进行改进，使其极性增强，由此产生的五氟苯酰胺相在 RPLC 模式下比传统的五氟苯基相的保留率低，但在 HILIC 模式下的保留率更高。使用来自苯甘氨酸和甲基丙烯酸酐的 2-氨基-2-4-甲基丙烯酰氧基苯乙酸，通过硫醇引发的表面聚合制备了表面结合的苯甘氨酸两性离子相[19]。所得固定相在 RPLC 模式下用于分离烷基苯和多环芳烃（PAHs），其表现出比传统 C18 相更低的保留。当在 HILIC 模式下操作时，该相比化学键合的酰胺相对核苷酸碱基和核苷的保留率更高。通过两步表面引发的原子转移自由基聚合，将甲基丙烯酸十二酯和甲基丙烯酸羟乙酯连接到二氧化硅表面[20]，这种混合模式相含有疏水（十二烷基）和亲水（羟乙基）基团，由于十二烷基和羟乙基是由不同的单体提供的，固定相的极性可以通过控制两种单体的起始比例进行调整。此外，基于三嗪的共价有机框架制备的表面多孔固定相，相互连接的三苯和三氮烯给固定相带来了疏水和亲水的特性。

（三）RPLC/IEX/HILIC 混合模式

在 RPLC/HILIC 混合模式固定相上添加带电或可电离的基团，可以创建一个适用于三种色谱模式（RPLC、IEX 和 HILIC）的固定相。1,4-丁二醇二缩水甘油醚和多巴胺的重复连接，在改性二氧化硅表面产生了具有疏水性（苯基和乙烯基）的树枝状聚合物相、亲水（羟基）、可电离和带电（二元胺和四元胺）基团。Bo 等[21]通过添加第三个单体（甲基丙烯酸二甲胺基乙酯）改进了十二烷基/甲基丙烯酸羟乙酯固定相，为固定相提供了带电的四元胺基团。该固定相的特性可通过控制三种单体的比例来调整，并可影响 RPLC 和 HILIC 模式下的保留和选择性。黏合在二氧化硅支持物上的聚醚酰亚胺（Polyetherimide，PEI）可被乙二醇苯醚和 N-乙酰-L-苯丙氨酸修饰，以产生聚醚酰亚胺嵌入的混合模式固定相[22]，为聚合物提供苯基分子。

四、基于非常规材料的固定相

（一）离子液体

离子液体已被用作 NPLC、RPLC 和 HILIC 模式的固定相，离子液体是由盐形式的阳离子和阴离子组成的，其中咪唑是最常用的阴离子。修饰过的咪唑通常通过硫醇-烯结构化学反应与二氧化硅表面结合。离子液体固定相的明显趋势是开发混合模式固定相。目前，离子液体混合模式固定相用于 HILIC 的报道较少，大多数基于离子液体的固定相是通过使用各种官能团修饰而来，然后将修饰后的离子液体黏合到二氧化硅表面来制备。Zhou 等[23]用 C18 和 CD 基团分别修饰了咪唑啉离子液体，并将功能化的离子液体配体连接到二氧化硅表面。由于 C18 和 CD 基团存在，分离可以在 RPLC 或 HILIC 模式下进行，并且还具备了手性分离能力。在混合配体固定相中，一个咪唑阳离子和一个有机酸（戊酸或癸酸）修饰的咪唑被连接到二氧化硅表面[24]，由于脂肪族链和极性基团（咪唑和羧酸）的存在，该相可用于 RPLC 或 HILIC 模式。有研究者观察到与咪唑类阳离子和羧酸类阴离子的静电相互作用。类似的想法被应用于制备在二氧化硅支持物上用 C18 和丙烯基磺酸盐修饰的离子液体[25]。Zhou 等[26]首先将聚奎宁连接到硫醇改性的二氧化硅表面，然后通过氨基甲酸酯连接剂将 N-甲基咪唑连接到奎宁上。咪唑阳离子的加入增加了聚合的奎宁相的极性，并使修饰后的固定相同时适用于 RPLC 和 HILIC 分离。

（二）碳点基固定相

碳点是一种新型的碳纳米材料，因其多样化的物理化学特性而被广泛应用[27]。碳点的表面存在多种极性官能团，使其适合作为 HILIC 的固定相。用于制备碳点的常见前体包括柠檬酸和含胺的化合物（如 1,8-二氨基辛烷、PEI 和聚乙二胺）。将色氨酸和乌头酸的混合物加热到 220℃，然后把得到的碳点固定在用 3-缩水甘油醚改性的二氧化硅颗粒上[28]。Cai 等[29]在 PEI 的水溶液中采用一次性热解柠檬酸制备碳点，然后将碳点（Sil-PEI/CD）在深共晶溶剂中连接到 3-缩水甘油酯硅烷化硅颗粒上。为了进行固定相性能比较，还制备了化学键合的 PEI 相（Sil-PEI）。在 HILIC 模式下，纯 PEI 相（Sil-PEI）对一组核酸碱基和核苷的保留率最高，而碳点相（Sil-PEI/CD）的保留率最低。混合配体 Sil-PEI/CD 相对一组人参皂苷表现出较强的保留作用，而 Sil-PEI 相的保留作用最弱，推测与固定相的氢键能力有关。Yang 等[30]采用溶解在乙醇中的聚乙二胺，通过溶热法制备红色发光碳点。然后将获得的碳点附着在 3-缩水甘油氧烷改的二氧化硅上。聚乙二胺基碳点相显示出比聚乙二胺相好得多的色谱性能。Wu 等[31]使用柠檬酸和 1,8-二氨基辛烷的混合前体，获得了用于混合模式分离的两面体碳点，在 RPLC 模式下，两面性碳点相的保留率低于传统的 C18，在 HILIC 模式下，两面性碳点相的保留率低于氨基相的保留率。此外，咪唑啉离子液体与柠檬酸结合制成碳点，用于 HILIC 固定相时，对核酸碱基、核苷、磺胺和糖类进行分析，表明离子液体衍生碳点与氨基、咪唑 IL 相具有不同的选择性。除了碳点之外，由一个或几个石墨烯片组成的石墨烯量子点（GQD）也被制备为混合模式的固定相。Wu 等[31]使用水热法从氧化石墨烯水分散体中合成了 GQD，然后将 GQD 附着在氨丙基改性的二氧化硅颗粒上。与典型的 C18、二氧化硅和氨基相相比，GQD 固定相在 RPLC、NPLC 和 HILIC 模式下被证明具有不同的选择性。这种 GQD 相能够被 C18 进一步修饰，使其更具疏水性[32]。

第二节　亲水作用色谱流动相的现状与发展

HILIC 中使用的溶剂与反相液相色谱中使用的溶剂相似（如水、甲醇和乙腈），也可以使用缓冲剂和改性剂，有机相的比例是影响样品在固定相上保留行为的最主要因素，例如乙腈含量的增加会显著增加组分的保留因子。一般采用乙腈－水体系作为流动相，其中水相的比例为5％～40％，以保证其显著的亲水作用。在HILIC分离模式中，流动相中的水是强洗脱溶剂[33]。

缓冲剂用于保持洗脱液的pH值恒定，利用其的缓冲/质子化作用，以改善色谱峰形，提高分离能力。Alpert等[34]在pH值为3情况下，用4种三乙基铵盐研究了阴离子的影响，范围从各向同性的硫酸盐到各向异性的高氯酸盐，浓度范围为5～120 mmol/L。在pH值为3时，分析物除了胞嘧啶和胞苷带有正电荷，其余都是中性的。硫酸盐明显地促进了胞嘧啶、胞苷的保留。在高硫酸盐水平下，胞嘧啶和胞苷的保留再次降低，可能是由于盐化效应的作用。使用高氯酸盐阴离子时，随着盐浓度的增加，胞嘧啶的保留率稳步下降，而其他标准物质的保留率增加或保持不变。结果表明，在HILIC中，水合性好的反离子有助于促进带电溶质向固定水层的分离，而水合性差的反离子则有相反的作用；对中性溶质的影响较为温和，随着盐浓度的增加，保留时间保持不变或略有增加。

在HILIC分离中，缓冲剂的浓度是需要考虑的，主要有两个原因。第一个原因是流动相中的高有机物含量会导致缓冲盐在自动进样器、色谱柱之间的传输管和色谱柱上沉淀，导致仪器故障。第二个原因是典型的HILIC流动相条件下，二氧化硅表面带有负电荷，因此带正电荷的缓冲离子与目标分析物竞争保留。如果缓冲液的浓度很高，分析物的保留就会减少。与pH值一样，需要对方法进行优化，通常以10 mmol/L作为缓冲液浓度起点。为了在梯度洗脱过程中保持离子强度恒定，A和B两组流动相的缓冲强度应该相同。

许多HILIC使用质谱仪作为检测器，因此甲酸铵和乙酸铵这样的挥发性缓冲剂非常常见。甲酸铵和乙酸铵在有机溶剂中的溶解度有限，虽然能够使得大部分的洗脱峰实现有效分离，但也表现出对于某些化合物的离子抑制作用和洗脱对象峰形较差的现象。在HILIC中加入微摩尔浓度的磷酸铵已被证明对色谱峰形有很大的影响，同时在一定程度上改善了质谱信号强度。

柱后改性剂也被用来改善化合物的电离，如在ESI＋模式下加入异丙醇和ESI－模式下加入2－2－甲氧基乙氧基－乙醇。在反相液相色谱中，为了限制富水起始阶段造成的离子抑制，有研究者提出了具有电离增强作用的不同添加剂。其中氟化铵目前在反相液相色谱代谢组学中越来越受欢迎，它能够比甲酸铵或甲酸提高4～11倍的电离度，单个化合物的电离度甚至提高到22倍，从而增加了化合物检测的数量。除了反相液相色谱，氟化铵还作为色谱改性剂应用于水基正相色谱（ANP）中，结果表明，NAD、反式烟酸、3－羟戊二酸、3－甲基己二酸、L－苏氨酸和N－乙酰肉碱能够产生具有比甲酸铵更好的电离性能。鉴于ANP和HILIC色谱原理的相似性，Narduzzi等[35]利用ZIC－HILIC色谱柱，评估了氟化铵作为添加剂盐的性能，并将其与乙酸铵进行了比较，显示了更高的电离效率、信噪比以及更好的重复性和稳定性。通过在HILIC－ESI－MS甲酸铵流动相中加入1 mmol/L的甘氨酸，可以将普鲁卡因（ProcA）标记的糖的质谱响应提高到60倍以上，提高了离子强度和信噪比，并未影响色谱性能。此外，通过使用甘氨酸添加剂，不同的ProcA标记的聚糖之间实现了均匀电离，相对于基于荧光的定量而言，其定量结果更具可比性。

低共熔溶剂（Deep Eutectic Solvents，DESs）是一类比单个纯组分熔点更低的离子型溶剂，与离子液体有很多相似的性质，具有更为绿色环保、不易挥发、可降解、价格低廉、材料易于制备等特点。低共熔溶剂作为具有良好溶解性能的溶剂被广泛应用于有机合成、电化学、色谱分离分析以及复杂样品前处理等方面，并展现了很好的应用前景。低共熔溶剂可用于双水相体系中的蛋白质萃取。低共熔溶剂还可以用作色谱固定相制备新方法中的反应媒介。谭婷等[36]低以乙腈与低共熔溶剂［氯化胆碱－乙二醇（摩尔比为 1∶3)］的混合溶液为流动相，考察了 6 个碱基与核苷的色谱分离效果，结果表明，与传统的水相流动相条件相比，在加入低共熔溶剂改性后的流动相条件下，碱基与核苷分离效果得到明显的改善，尤其是胞嘧啶与胞苷能达到完全分离；同时，随着低共熔溶剂在乙腈中浓度的增加，6 个碱基与核苷在色谱柱上的保留均有不同程度的下降，其中胞苷的保留下降最为显著；随着柱温的升高，碱基与核苷的保留同样有所下降。

HILIC 模式下，使用富含有机溶剂的流动相时，我们面临着两大挑战。一是电离物一般溶解度较低，低浓度可能导致缓冲能力不足，在色谱分离过程中出现 pH 值变化，实际洗脱液的 pH 值可能比单独的水溶液部分高 1.0～1.5 个单位。二是水基缓冲液的 pH 值在与有机改性剂混合后会发生变化，洗脱液的最终 pH 值可能与初始水基缓冲液的 pH 值有很大差别。因此，当在 HILIC 条件下以等度模式工作时，需定期测量洗脱液的 pH 值。

第三节 亲水作用色谱柱平衡表征

确保 HILIC 成功的第一步是了解色谱柱在使用前必须进行适当的平衡，并在两次进样之间再进行充分的平衡。如果不能在两次进样之间对色谱柱进行调节和平衡，就会导致水层不能完全重新建立在颗粒表面，从而导致保留时间无法重复。一般来说，对于等度 HILIC，至少应使用 50 个柱体积，对于梯度 HILIC，至少应进行 10 次全时程序的空白注射[37]。当改变流动相组成或任何添加剂的浓度时，也需要进行调节，使用与第一次平衡柱子时相同数量的柱体积或空白进样。除了用流动相对色谱柱进行初始平衡外，在两次进样之间对色谱柱进行再平衡也很关键，建议在梯度程序恢复到初始条件时至少用 10 个柱体积进行平衡[38]，或者在等度分离中，从最后一个峰的保留时间开始至少用 10 个柱体积进行平衡。

在不同的条件下准确地表征色谱柱的平衡，对于了解如何减少色谱柱的平衡需求至关重要，其影响因素包括流速、柱子的种类、储存条件和流动相中是否有缓冲剂等。流动相中水的含量对平衡的速度有很大影响。而流动相中是否有缓冲剂对等度分离没有什么影响；目前描述 HILIC 色谱柱平衡的方法，是用流动相冲洗柱子，然后重复注入测试样品，在柱子平衡到测试条件时跟踪保留时间。当保留时间与目标值一致或稳定时，就认为该柱子已经平衡，此种方式每次测试产生的数据点有限，时间分辨率低。

MISER[39]指在一次实验运行中进行多次注射，是一种用于高通量分析的技术，可以在分离过程中进行多次进样，而不必等待最初的分离完成。当应用于柱子平衡的研究时，这使得每次测试的数据点比传统方式要多。Berthelette 等[40] 使用 MISER 方法对 ACQUITY UPLC BEH Amide 2.1 mm×50 mm 1.7μm 色谱柱从乙腈到乙腈/100 mmol/L 甲酸铵（pH 值为 3.0，V/V＝95/5）进行了 5 次校准应用，所有测试化合物完全平衡的平均柱量和相对标准偏差小于 9%。与常规方法相比，MISER 具有良好的重现性和相似的结果。该方法进一步描述了 ACQUITY BEH Amide 柱从乙腈到 3 种不同分析流动相的平衡情况，当流动相中使用较高浓度的水时，5 个被评估的测试对象更快达到预计的保留时间，与流动相中使用 3% 的水相比，使用 10% 的水可使平衡量减少约 65%。酸性、碱性和中性探针的不同平衡曲线表明，HILIC 色谱柱的平衡涉及吸附的含水层和颗粒表面的缓冲反离子层的逐步建立，这些过程以不同的速度发生。

第四节　亲水作用色谱联用技术

HILIC 联用技术在代谢组学、蛋白质组学和药物代谢研究等领域得到广泛应用，可以提供更准确的定量和结构鉴定，加快样品分析速度，并对复杂样品进行高通量分析。

一、HILIC 固定相萃取模式

糖基化是哺乳动物细胞中最常见和重要的蛋白质翻译后修饰类型之一。为了解读蛋白质的糖基化，从复杂的生物样本中富集糖肽或分离糖类是非常重要的。HILIC 在分离亲水物质和富集糖肽方面具有固有的优势。传统的 HILIC 显示出与亲水溶质的无偏差保留，导致对糖肽的富集选择性不理想。近年来，许多新型 HILIC 材料，包括组氨酸、二肽、麦芽糖和酰胺基材料被开发出来，显示出对硅烷基化糖肽的特异性结合能力，对中性糖肽有更强的保留。因此，HILIC 已经发展为一种同时获取糖基化位点和糖结构信息的高效方法[41]。You 等[42] 利用 Click－麦芽糖材料来富集 O－linked 糖肽，从人类血清中鉴定出多达 185 个 O－GalNAc 修饰的肽。Xia 等[43] 通过整合 MoS2 和 L－半胱氨酸设计了一种新型 ZIC－HILIC，从 50 mg HeLa 细胞外泌体的蛋白质中鉴定出 775 种糖蛋白的 1920 种糖肽，该方法对糖肽的富集回收率达到 93%。

二、HILIC－DAD

真菌导致水果和蔬菜变质是一个大问题。因此，杀菌剂经常被用来控制植物真菌病害，提高农业产量。Yasmeen 等[44] 开发了一种新的、灵敏、快速、经济且有效的高效液相色谱/二极管阵列检测器（HPLC/DAD）方法，用于测定 5 种杀菌剂，即多菌灵（MBC）、噻菌灵（TBZ）、甲霜灵（MET）、咪鲜胺（IMA）和丙环唑（PCZ）。分析方法采用与二元醇化学键合 HILIC 色谱柱，使用乙腈和水进行等度洗脱，显示出最佳的分辨效果和峰形，因为所有峰的洗脱都远离空白时间，具有良好的基线分离效果、出色的灵敏度和可接受的运行时间。

三、HILIC－CAD

葡萄糖胺是骨关节炎患者最广泛使用的补充剂。葡萄糖胺的噬菌体动力学，尤其是其口服吸收方面的患者间差异，可能是临床效果不一致的原因之一。Chhavi 等[45]开发并验证了一种新颖而简单的亲水作用液相色谱－带电气溶胶检测器（HILIC－CAD）联用方法。样品通过简单的蛋白质沉淀制备，使用氨基柱和乙腈/100 mmol/L 甲酸铵梯度洗脱进行分析。所建立的方法线性良好（12.5～800 ng/mL，$R^2=0.999$），日内和日间准确度、精密度和重复性的相对标准偏差均小于 6%。该方法的灵敏度允许对每天服用 1500 mg 氨基葡萄糖的 12 名骨关节炎患者的内源性和外源性氨基葡萄糖水平进行定量分析。此方法克服了以往的药代动力学研究采用高通量液相色谱法（HPLC）结合紫外检测法（UVD）[46]、荧光检测法（FLD）[47]的主要局限性：需要对葡萄糖胺进行预衍生，过程费时费力，而且由于副产物和过量衍生剂的存在，有可能导致分析复杂化。

四、HILIC－UV－MS

牛奶糖蛋白的生物活性与 N/O－糖有关，HILIC 与紫外电喷雾离子化－串联质谱联用（HILIC－UV－MS）是对聚糖进行定性和定量分析的有力工具。高效液相色谱法能有效分离聚糖异构体，以便随后使用 MS/MS 和定量分析进行结构表征。硅烷基酸残基极不稳定，在质谱分析过程中会降解，因此无法检测硅烷基化寡糖[48]。为了稳定其结构并提高 MS 的检测能力，可通过过甲基化[49]、酯化或酰胺化[50]等方法对硅铝酸残基进行衍生。

五、HILIC－ELSD－MS

多糖被认为是具有免疫调节和抗肿瘤活性的主要活性成分，其检测方法主要包括阴离子交换色谱法[51]、尺寸排阻色谱法[52]、排阻色谱法－蒸发光散射检测（ELSD）[53]、尺寸排阻色谱法－多角度激光光散射折射率检测（ELSD）[54]、高性能尺寸排阻色谱法－多角度激光光散射折射率检测（ELSD）检测和近红外光谱法。然而，这些方法都存在分辨率低、衍生过程复杂、电喷雾质谱耦合不方便等不足，限制了它们在糖分析和表征中的应用。HILIC 含有极性固定相，在分离极性天然产物（包括核苷和核酸[55]、酚酸[56]、黄酮[57]，当然还有单糖[58]和寡糖[59]）方面具有巨大潜力。此外，它还可以在等度洗脱或梯度洗脱模式下与 ELSD 相结合，无需使用其他添加试剂和衍生化处理；与折射率检测相比，灵敏度更高。此外，它使用简单的洗脱相（如乙腈－水），与电喷雾质谱兼容性更强。

六、HILIC－ESI－MS 和 ICP－MS

铀（U）在环境中的存在是自然和人为造成的[60]。作为锕系元素的一部分，铀没有生物功能，但具有化学和辐射毒性。天然铀主要通过铀酰阳离子（UO^{2+}）与体内目标生物大分子的相互作用而显示出化学毒性[61]。基于 HILIC 与电喷雾离子化质谱法（ESI－MS）和电感耦合等离子体质谱法（ICP－MS）的同步耦合[62]，UO_2（肽）复合物可被分离，ESI－MS 在线鉴定，ICP－MS 同时定量。因此，只需一步即可确定 UO^{2+} 在不同复合物中的定量分布，从而进一步确定亲和力。

七、HILIC/AEX－MS

代谢组学领域的技术挑战之一是开发一种单一的方法来检测生物样品中的全部极性代谢物。然而，满足这一需求的理想方法还没有被开发出来。利用 HILIC/AEX－MS 对极性代谢物进行全面、同步的分析，HILIC 分离阳离子、无电荷的极性代谢物和 AEX 分离极性阴离子代谢物。通过优化流动相洗脱条件，同时分析了 400 种极性代谢物。使用 HILIC/AEX 高分辨率质谱的非靶向代谢组学方法也比传统的 HILIC/HRMS 方法（2068 个代谢特征）提供了关于 HeLa 细胞提取物中极性代谢物（3242 个代谢特征）的更全面信息[63]。

八、毛细管 HILIC－MS

HILIC－MS 在分析低含量蛋白质方面的应用受到两个主要问题的限制：①蛋白质洗脱所需的流动相添加剂对蛋白质电离的抑制以及与样品洗脱液有关的溶剂兼容性问题。②注入溶剂的成分。为了规避这些问题，使用在线 RPLC 捕，将蛋白质样品装入装有酰胺功能化硅胶的毛细管 HILIC 色谱柱中并进行分离，用于完整蛋白质的高分辨质谱分析，5 ng 的蛋白上样量，25 分钟洗脱窗口获得约 200 个峰的容量。

参考文献

[1] Guo Y，Bhalodia N，Fattal B．Evaluating relative retention of polar stationary phases in hydrophilic interaction chromatography [J]．Separations，2019，6（3）.

[2] Wang C，Jiang C，Armstrong DW．Considerations on HILIC and polar organic solvent－based separations：use of cyclodextrin and macrocyclic glycopetide stationary phases [J]．Journal of Separation Science，2008，31（11）.

[3] Haixiao Q，Lucie L，Ping S，et al．Cyclofructan 6 based stationary phases for hydrophilic interaction liquid chromatography [J]．Journal of Chromatography A，2011，1218（2）.

[4] Wolfgang B，Junyan W，Helen Y，et al．Retention and selectivity effects caused by bonding of a polar urea－type ligand to silica：a study on mixed－mode retention mechanisms and the pivotal role of solute－silanol interactions in the hydrophilic interaction chromatography elution mode [J]．Journal of Chromatography A，2011，1218（7）.

[5] Kun Q，Yahui P，Feifang Z，et al．Preparation of a low bleeding polar stationary phase for hydrophilic interaction liquid chromatography [J]．Talanta，2018，182.

[6] Huiliang G，Jie J，Feifang Z，et al．A polar stationary phase obtained by surface－initiated polymerization of hyperbranched polyglycerol onto silica [J]．Talanta，2020，209.

[7] Mallik AK，Guragain S，Rahman MM，et al．L－lysine－derived highly selective stationary phases for hydrophilic interaction chromatography：effect of chain length

on selectivity, efficiency, resolution, and asymmetry [J]. Separation Science Plus, 2019, 2 (2).

[8] Zhihua S, Chunfeng D, Meng S, et al. One—step preparation of zirconia coated silica microspheres and modification with d — fructose 1, 6 — bisphosphate as stationary phase for hydrophilic interaction chromatography [J]. Journal of Chromatography A, 2017, 1522.

[9] Fangbin F, Licheng W, Yijing L, et al. A novel process for the preparation of Cys—Si—NIPAM as a stationary phase of hydrophilic interaction liquid chromatography (HILIC) [J]. Talanta, 2020, 218.

[10] Shuxiang L, Zongying L, Feifang Z, et al. A polymer—based zwitterionic stationary phase for hydrophilic interaction chromatography [J]. Talanta, 2020, 216.

[11] Aijin S, Xiuling L, Xuefang D, et al. Glutathione—based zwitterionic stationary phase for hydrophilic interaction/cation—exchange mixed—mode chromatography [J]. Journal of Chromatography A, 2013, 1314.

[12] Skoczylas M, Bocian S, Buszewski B. Dipeptide—bonded stationary phases for hydrophilic interaction liquid chromatography [J]. RSC Advances, 2016, 6 (98).

[13] Buszewski B, Skoczylas M. Multi—Parametric characterization of amino acid — and peptide—silica stationary phases [J]. Chromatographia, 2019, 82 (1).

[14] Peng Y, Zhang F, Pan X, et al. Poly (vinyl alcohol)—cationic cellulose copolymer encapsulated SiO_2 stationary phase for hydrophilic interaction liquid chromatography [J]. RSC Advances, 2017, 7 (34).

[15] Takafuji M, Shahruzzaman M, Sasahara K, et al. Preparation and characterization of a novel hydrophilic interaction/ion exchange mixed — mode chromatographic stationary phase with pyridinium—based zwitterionic polymer—grafted porous silica [J]. Journal of Separation Science, 2018, 41 (21).

[16] Nimisha T, Wahab MF, Durga DK, et al. Synthetic aluminosilicate based geopolymers — second generation geopolymer HPLC stationary phases [J]. Analytica Chimica Acta, 2019, 1081.

[17] Hayriye A, Çelik KS, Ramazan A, et al. Synthesis, characterization, and application of a novel multifunctional stationary phase for hydrophilic interaction/reversed phase mixed—mode chromatography [J]. Talanta, 2017, 174.

[18] Ferreira CDC, Gama MR, Da Silva GS, et al. Synthesis and evaluation of a pentafluorobenzamide stationary phase for HPLC separations in the reversed phase and hydrophilic interaction modes [J]. Journal of Separation Science, 2018, 41 (20).

[19] Peng H, Wang X, Peng J, et al. Preparation and evaluation of surface—bonded phenylglycine zwitterionic stationary phase [J]. Analytical and Bioanalytical

Chemistry，2018，410（23）.

［20］ Chunmiao B，Xiaomeng W，Chaozhan W，et al. Preparation of hydrophilic interaction/ion－exchange mixed－mode chromatographic stationary phase with adjustable selectivity by controlling different ratios of the co－monomers［J］. Journal of Chromatography A，2017，1487.

［21］ Chunmiao B，Zhuanhong J，Xiaojun D，et al. Facile preparation of polymer－brush reverse－phase/hydrophilic interaction/ion－exchange tri－mode chromatographic stationary phases by controlled polymerization of three functional monomers［J］. Journal of Chromatography A，2020，1619.

［22］ Meijun W，Qiurong L，Xiujun R，et al. Preparation and performance of a poly （ethyleneimine）embedded N－acetyl－L－phenylalanine mixed-mode stationary phase for HPLC［J］. Microchemical Journal，2020，157.

［23］ Jingqiu Z，Xiujun R，Qiurong L，et al. Ionic liquid functionalized β－cyclodextrin and C18 mixed－mode stationary phase with achiral and chiral separation functions［J］. Journal of Chromatography A，2020，1634.

［24］ Xiang W，Jingdong P，Huanjun P，et al. Preparation of two ionic liquid bonded stationary phases and comparative evaluation under mixed－mode of reversed phase/hydrophilic interaction/ion exchange chromatography［J］. Journal of Chromatography A，2019，1605.

［25］ Xiujun R，Chengxia H，Die G，et al. Preparation of a poly （ethyleneimine） embedded phenyl stationary phase for mixed－mode liquid chromatography［J］. Analytica Chimica Acta，2018，1042.

［26］ Hang Z，Jia C，Hui L，et al. Imidazolium ionic liquid－enhanced poly （quinine）－modified silica as a new multi－mode chromatographic stationary phase for separation of achiral and chiral compounds［J］. Talanta，2020，211.

［27］ Liu J，Li R，Yang B. Carbon dots：a new type of carbon－based nanomaterial with wide applications［J］. ACS Central Science，2020，6（12）.

［28］ Zhang H，Qiao X，Cai T，et al. Preparation and characterization of carbon dot－decorated silica stationary phase in deep eutectic solvents for hydrophilic interaction chromatography［J］. Analytical and Bioanalytical Chemistry，2017，409（9）.

［29］ Tianpei C，Haijuan Z，Jia C，et al. Polyethyleneimine－functionalized carbon dots and their precursor co－immobilized on silica for hydrophilic interaction chromatography［J］. Journal of Chromatography A，2019，1597.

［30］ Yang G，Kuwahara Y，Masuda S，et al. PdAg nanoparticles and aminopolymer confined within mesoporous hollow carbon spheres as an efficient catalyst for hydrogenation of CO 2 to formate［J］. Journal of materials chemistry A，2020，8（8）.

［31］ Qi W，Xiudan H，Xiangfei Z，et al. Amphipathic carbon quantum dots — functionalized silica stationary phase for reversed phase/hydrophilic interaction chromatography ［J］. Talanta，2021，226.

［32］ Qi W，Yaming S，Xiaoli Z，et al. Multi—mode application of graphene quantum dots bonded silica stationary phase for high performance liquid chromatography ［J］. Journal of Chromatography A，2017，1492.

［33］ Subirats X，Casanovas L，Redón L，et al. Effect of the solvent on the chromatographic selectivity in reversed — phase and HILIC ［J］. Advances in Sample Preparation，2023，6.

［34］ Alpert AJ. Effect of salts on retention in hydrophilic interaction chromatography ［J］. Journal of Chromatography A，2018，1538.

［35］ Narduzzi L，Royer A—L，Bichon E，et al. Ammonium fluoride as suitable additive for hilic—based lc—hrms metabolomics ［J］. Metabolites，2019，9 (12).

［36］ 谭婷. 低共熔溶剂的制备及其在一些食品和中药分析中的应用研究 ［D］. 南昌大学，2016.

［37］ Adam PS，Dwight RS，Peter WC. High speed gradient elution reversed phase liquid chromatography of bases in buffered eluents：part Ⅱ. Full equilibrium ［J］. Journal of Chromatography A，2008，1192 (1).

［38］ David VM. A study of column equilibration time in hydrophilic interaction chromatography ［J］. Journal of Chromatography A，2018，1554.

［39］ Berthelette KD，Walter TH，Gilar M，et al. Evaluating MISER chromatography as a tool for characterizing HILIC column equilibration ［J］. Journal of Chromatography A，2020，1619.

［40］ Berthelette K D，Walter T H，Gilar M，et al. Evaluating MISER chromatography as a tool for characterizing HILIC column equilibration ［J］. Journal of Chromatography A，2020，1619：460931.

［41］ Qing G，Yan J，He X，et al. Recent advances in hydrophilic interaction liquid interaction chromatography materials for glycopeptide enrichment and glycan separation ［J］. Trends in Analytical Chemistry，2020，124.

［42］ You X，Qin H，Mao J，et al. Highly efficient identification of o — galnac glycosylation by an acid—assisted glycoform simplification approach ［J］. Proteomics，2018，18 (17).

［43］ Xia C，Jiao F，Gao F，et al. Two—dimensional mos2—based zwitterionic hydrophilic interaction liquid chromatography material for the specific enrichment of glycopeptides ［J］. Analytical Chemistry，2018，90 (11).

［44］ Hassan YA，Ayad MF，Hussein LA，et al. Hydrophilic interaction liquid chromatography (HILIC) with DAD detection for the determination of relatively non polar fungicides in orange samples ［J］. Microchemical Journal，2023，193.

［45］Asthana C，Peterson GM，Shastri MD，et al. A novel and sensitive HILIC－ CAD method for glucosamine quantification in plasma and its application to a human pharmacokinetic study ［J］. Journal of Pharmaceutical and Biomedical Analysis，2020，178.

［46］Ali A－H，John C，Tassos A，et al. High performance liquid chromatographic determination of N－butyryl glucosamine in rat plasma ［J］. Journal of Chromatography B，2005，819 (1).

［47］Jamali F，Ibrahim A. Improved sensitive high performance liquid chromatography assay for glucosamine in human and rat biological samples with fluorescence detection ［J］. Journal of Pharmacy & Pharmaceutical Sciences，2010，13 (2).

［48］Sekiya S，Wada Y，Tanaka K. Derivatization for stabilizing sialic acids in MALDI－MS ［J］. Analytical Chemistry，2005，77 (15).

［49］Alley WR，Jr，Mann BF，Novotny MV. High－sensitivity analytical approaches for the structural characterization of glycoproteins ［J］. Chemical Reviews，2013，113 (4).

［50］Miura Y，Shinohara Y，Furukawa J－I，et al. Rapid and simple solid－phase esterification of sialic acid residues for quantitative glycomics by mass spectrometry ［J］. Chemistry－A European Journal，2007，13 (17).

［51］Behan JL，Smith KD. The analysis of glycosylation：a continued need for high pH anion exchange chromatography ［J］. Biomedical Chromatography，2011，25 (1－2).

［52］Lv GP，Hu DJ，Cheong KL，et al. Decoding glycome of Astragalus membranaceus based on pressurized liquid extraction，microwave－assisted hydrolysis and chromatographic analysis ［J］. Journal of Chromatography A，2015，1409.

［53］Xie J，Zhao J，Hu D－J，et al. Comparison of polysaccharides from two species of ganoderma ［J］. Molecules，2012，17 (1).

［54］Xiaomei S，Haohao W，Xiaofeng H，et al. Fingerprint analysis of polysaccharides from different ganoderma by HPLC combined with chemometrics methods ［J］. Carbohydrate Polymers，2014，114.

［55］Zhao H，Chen J，Shi Q，et al. Simultaneous determination nucleosides in marine organisms using ultrasound－assisted extraction followed by hydrophilic interaction liquid chromatography－electrospray ionization time－of－flight mass spectrometry ［J］. Journal of Separation Science，2011，34 (19).

［56］Kalili KM，De Villiers A. Off－line comprehensive two－dimensional hydrophilic interaction×reversed phase liquid chromatographic analysis of green tea phenolics ［J］. Journal of Separation Science，2010，33 (6－7).

［57］Aleksandra S，Magdalena B，Krystyna P. Effects of the operation parameters on HILIC separation of flavonoids on zwitterionic column ［J］. Talanta，2013，115.

[58] Stefan L, Alberto SP, Frédéric L, et al. Serial coupling of reversed−phase and hydrophilic interaction liquid chromatography to broaden the elution window for the analysis of pharmaceutical compounds [J]. Journal of Chromatography A, 2008, 1208 (1).

[59] Xiaojun S, Zhimou G, Mengqi Y, et al. Hydrophilic interaction chromatography−multiple reaction monitoring mass spectrometry method for basic building block analysis of low molecular weight heparins prepared through nitrous acid depolymerization [J]. Journal of Chromatography A, 2017, 1479.

[60] Eric A, Odette P, Philippe M, et al. Actinide speciation in relation to biological processes [J]. Biochimie, 2006, 88 (11).

[61] Blanchard E, Nonell A, Chartier F, et al. Evaluation of superficially and fully porous particles for HILIC separation of lanthanide−polyaminocarboxylic species and simultaneous coupling to ESIMS and ICPMS [J]. RSC Advances, 2018, 8 (44).

[62] Ivanisevic J, Zhu Z−J, Plate L, et al. Toward omic scale metabolite profiling: a dual separation−mass spectrometry approach for coverage of lipid and central carbon metabolism [J]. Analytical Chemistry, 2013, 85 (14).

[63] Gargano AFG, Roca LS, Fellers RT, et al. Capillary HILIC−MS: a new tool for sensitive top−down proteomics [J]. Analytical Chemistry, 2018, 90 (11).

（王希希）